U0251819

编 委 会

主　　编　张力军

副 主 编　田为勇　张志敏　张　迅　马建华

编　　委　（按姓氏笔画排序）

　　　　　　冯晓波　齐燕红　任隆江　刘相梅

　　　　　　张　胜　陈　明　陈　怡　金冬霞

　　　　　　高建平　隋筱婵

编写人员　（按姓氏笔画排序）

　　　　　　毛剑英　毛显强　王树义　王新建　刘　方

　　　　　　刘　青　刘彬彬　何向红　余　巍　宋永会

　　　　　　张　龙　李　刚　李小婧　李政禹　李　浩

　　　　　　李　巍　杨　岚　杨志新　周广飞　范　娟

　　　　　　赵坤荣　赵　越　姬　钢　徐亦刚　徐　燚

　　　　　　龚　宇　彭剑峰　葛小雷　韩　静　樊　彤

全国环境应急管理培训教材

环境应急管理概论

环境保护部环境应急指挥领导小组办公室　编著

中国环境出版社·北京

图书在版编目（CIP）数据

环境应急管理概论/环境保护部环境应急指挥领导小组办公室编著. —北京：中国环境出版社，2011.1（2013.11 重印）
全国环境环境应急管理培训教材
ISBN 978-7-5111-0442-7

Ⅰ．①环…　Ⅱ．①环…　Ⅲ．①环境污染—紧急事件—环境管理—技术培训—教材　Ⅳ．①X5

中国版本图书馆 CIP 数据核字（2010）第 259241 号

出 版 人	王新程	
责任编辑	黄晓燕	
文字编辑	连　斌	李卫民
	孟亚莉	陈雪云
	邵　葵	王天一
责任校对	扣志红	
封面设计	中通世奥	

出版发行　**中国环境出版社**
　　　　　（100062　北京市东城区广渠门内大街 16 号）
　　　　　网　　址：http://www.cesp.com.cn
　　　　　电子邮箱：bjgl@cesp.com.cn
　　　　　联系电话：010-67112765（编辑管理部）
　　　　　　　　　　010-67112735（环评与监察图书出版中心）
　　　　　发行热线：010-67125803，010-67113405（传真）

印　　刷　北京市联华印刷厂
经　　销　各地新华书店
版　　次　2011 年 1 月第 1 版
印　　次　2013 年 11 月第 2 次印刷
开　　本　787×1092　1/16
印　　张　17.25
字　　数　280 千字
定　　价　80.00 元

序 言

　　环境应急管理工作是在党和国家推动科学发展、构建和谐社会的大背景下应运而生的，深刻反映了时代发展的要求和人民群众的愿望，充分体现了党和政府工作的与时俱进。2003 年，在全国防治"非典"工作会议上，胡锦涛总书记和温家宝总理强调指出，要加快建立健全各种突发事件应急机制，大力增强应对风险和突发事件的能力。党的十六大以来，党中央、国务院在深刻总结历史经验、科学分析公共安全形势的基础上，审时度势，作出了全面加强应急管理工作的重大决策。党的十七大再次强调，要进一步健全突发事件应急管理机制。《中华人民共和国突发事件应对法》、《中华人民共和国水污染防治法》等法律相继颁布、修订、施行，是我国社会主义和谐社会建设和民主法制建设的一件大事，对提高依法应对突发事件能力，更好地维护人民生命财产安全，促进社会和谐稳定，具有重大而深远的影响。

　　全国环境保护部门认真贯彻落实中央的部署和要求，始终坚持妥善应对各类突发环境事件，完善和落实应急预案，加强环境应急管理体制机制建设，加大风险隐患预防和排查化解力度，及时组织处置突发环境事件。经过几年的努力，我们认真总结历史经验，积极探索、勇于实践，逐步建立了中国环境应急管理体系，应急工作从思想观念、体制机制、方式方法等各个方面都发生了深刻变化，初步实现了由传统应急模式向现代应急管理模式的转变。

　　一是应急管理方针政策更加明确。按照中央确立的居安思危、预防为主的方针和预防与处置并重、常态与非常态结合的原则。环境保护部每年召开全国应急管理工作会议、全国环境应急管理工作座谈会议。一年一个重点，从各个层面对推进"一案三制"和应急体系建设、加强基层基础工作进行了安排部署。各地环境保护部门狠抓落实，并结合实际细化工作部署，制定了相应的配套措施。

二是应急预案体系全面建立。全国环境保护部门已制定各级环境应急预案数千余件，覆盖了各类突发环境事件，"纵向到底、横向到边"的预案体系基本形成。预案修订和完善工作得到加强，动态管理制度初步建立。预案编制工作加快向社区、乡村和各类企事业单位深入推进。多部门联合、专业力量和社会组织共同参与的应急演练有序开展。应急预案体系的建立，为应对突发环境事件发挥了极为重要的基础性作用。

三是应急管理组织体系不断健全。国家建立了统一领导、综合协调、分类管理、分级负责、属地管理为主的应急管理体制，明确了各级政府的领导责任和相关部门的工作职责。全国环境应急管理机构得到充实和加强，履行了应急值守、信息汇总、综合协调职能。各相关领域专项机构应急指挥与协调职能进一步强化。专家队伍建设继续推进。应急管理体制的建立健全，为突发事件应对工作提供了强有力的组织保证。

四是应急保障更加有力。各级政府积极整合应急资源，加大财政投入，加强应急保障能力建设。全国突发环境事件监测网络日趋完善，信息收集处理和预警能力明显增强。应急处置和救援队伍不断发展扩大。应急物资保障制度进一步完善，抗灾救灾和灾后恢复重建能力不断提高。环境保护部正在编制"十二五"期间环境应急体系建设规划，应急平台等重点建设项目稳步推进。应急管理培训全面开展，各级领导干部和工作人员应急管理素质普遍提高。

五是应急处置效能大幅提升。应对突发环境事件事前、事中、事后各个环节的运行机制全面形成，处置工作协调性、时效性大大增强。重大灾害次生环境事件防范应对、重点行业安全隐患整改，污染事件引发社会矛盾纠纷排查化解工作深入开展。突发环境事件信息报告更加及时、准确，条块之间信息共享机制进一步完善。应急响应速度显著提高，应急处置措施更加科学有效。突发环境事件信息发布和舆论引导机制不断健全，社会效果明显。调查评估逐步深入，对改进环境应急管理工作发挥了积极作用。

六是应急管理社会参与程度日益提高。各地采取多种形式，广泛开展公共安全和应急知识普及宣传活动，积极引导社会团体、民间组织参与应急管理工作。目前，广大群众的环境安全意识和防灾避险能力普遍提高，"12369"环保举报热线主渠道作用日显突出。

  这些成绩的取得来之不易，是党中央、国务院统揽全局、坚强领导的结果，是各地政府、环境保护部门真抓实干、开拓创新的结果，是各级干部勤奋工作、团结奋战的结果，是人民群众和社会各界大力支持、积极参与的结果。突发环境事件往往具有突如其来、成因复杂、蔓延迅速、危害严重、影响广泛等特点，应对不力、处置不好会产生连锁反应。但突发环境事件也是有规律可寻、有办法应对的。总结几年来的经验，科学分析环境安全的整体形势，我们逐步摸索环境应急管理工作的一些客观规律。不断探索、认知环境应急管理的内在规律，可以使我们增强趋利避害、化险为夷、转危为安的能力，牢牢掌握应对的主动权。

  要以深入实践科学发展观为统领，全面把握新时期环境应急管理工作的历史任务。建设生态文明，必须牢固确立和深入落实科学发展观，实现经济社会全面协调可持续发展；全面履行政府职能，既要抓好经济调节和市场监管，又要加强社会管理和公共服务；建设和谐社会，既要搞好常态管理，更要加强非常态下的应急管理。我国正处在改革发展的关键时期，妥善应对各种风险和危机尤为重要。要牢牢把握深入贯彻落实科学发展观、推动经济社会又好又快发展这个大局，站在提高党的执政能力、建设人民满意政府的高度，坚持把常态管理与非常态管理统一于政府工作的各个方面，坚持把加强应急管理贯穿于实现科学发展、安全发展、和谐发展的全过程，为全面建设小康社会、加快推进社会主义现代化创造良好的环境和条件。

  要以创新促发展，全面推进中国环境应急管理体系建设。30 多年来，中国环保事业得益于改革开放而发展壮大，正是不断创新的结果。每一次创新都是对环保实践的总结、升华和推动；每一次创新，都迸发出强大的生机和活力。我们处在一个新的时期，新形势、新任务，对环境保护提出了更高的要求。在此形势下唯有积极探索中国环保新道路，将其作为指导环保工作的普遍共识和自觉行动，才能履行时代赋予我们的光荣使命。环境应急管理工作是一项系统化、综合化、全过程化的管理工作，是我们面对的一项重要而崭新的课题，要将其纳入积极探索中国环境保护新道路的轨道上，按照构建符合国情的环境保护战略体系、全防全控的防范体系、高效的环境治理体系、完善的环境法规政策标准体系、健全的环境管理体系和全民参与的社会行动体系的要求全面予以推进。

  要紧紧抓住制度建设这个根本，建立健全科学应对、依法应对突发环境事件的长效机制。环境应急管理的效能来源于科学完备的制度保障。具体的经验做法和规律性认识，需要通过制度建设予以规范和升华，更好地指导实际工作。这几年环境应急管理工作最突出的特点，就是在深入总结各地实践经验的基础上，制定了各级各类应急预案，形成了环境应急管理体制机制，并不断上升为一系列的法律、法规和规章，使突发环境事件应对工作基本上做到有章可循、有法可依。建立健全应对突发环境事件的长效机制，本质上就是要不断推进以"一案三制"为核心内容的应急管理制度建设。

要强化基层、夯实基础，充分依靠人民群众战胜各种风险和灾难。预防突发环境事件的关键一环在基层，处置突发环境事件的第一现场也在基层。基层的应急能力，是全部应急管理的基础。抓好基层基础工作，对于最大限度地减少和消除不安全、不和谐因素，最大限度地降低突发事件造成的损失，具有决定性意义。各级环境保护部门结合实际，努力提升自身能力，充分发挥政治优势、组织优势，广泛宣传动员群众，积极整合社会资源，建立突发环境事件群众自防自治、社区群防群治、部门联防联治、相关单位协防协治的网络体系，对避免和战胜重大灾害起到至关重要的作用。"基础不牢、地动山摇"、"基层扎实、坚如磐石"，要坚持把强化基层基础作为环境应急管理的重中之重，坚持一切为了群众、一切依靠群众，真正构筑起应对突发环境事件的铜墙铁壁。

环境应急管理是关系经济社会发展全局、关系国家环境安全、关系人民群众根本利益的重要工作，责任重大、使命光荣。我们要围绕党和国家的中心工作，求真务实，开拓进取，将中国环境应急管理体系建设不断推向前进，为实现全面建设小康社会、生态文明的奋斗目标作出更大贡献！

前　言

随着工业化、城镇化的快速发展，环境污染问题已经成为我国可持续发展进程中亟须解决的一个重要问题，尤其是频发的突发环境事件更直接威胁着人民群众的身体健康和财产安全，综合采取法律、经济以及全过程的行政管理手段，切实加强环境应急管理，确保国家环境安全已经成为各级环境保护部门乃至全社会的共识。

2003 年"非典"事件以来，我国应急管理工作整体迈上一个新的台阶，2004年沱江污染事件、2005 年松花江污染事件、2008 年汶川地震次生环境事件、2010年大连油污染事件……中国环境应急管理体系伴随着一系列重特大环境事件不断建立和完善。但是，与当前严峻的环境安全形势比较，环境应急管理工作起步晚、底子薄、能力弱、发展不平衡的局面尚未扭转，重事中应对、轻事前预防的思想在一些地方依然存在。同时，关于环境应急管理的理论尚处于研究和发展阶段，没有形成统一、完整的理论体系，有些概念、原则、技术等还比较模糊，缺乏系统、有机的指导规范，与我国快速发展的社会经济活动极不适应，难以满足环境应急管理工作的需要。

本书力求以《中华人民共和国突发事件应对法》为依据和框架，梳理环境应急管理的理论、规范环境应急管理的有关概念、明确环境应急管理中各环节的任务和要求，总结多年来我国环境应急管理工作中的实践经验，探索和展望环境应急管理工作的未来发展趋势，指导和帮助各级政府部门尤其是环境保护部门领导干部更好地认识和完成确保国家环境安全、切实维护人民群众环境权益的任务。

本书共分六章，第一章"环境应急管理概述"、第二章"环境应急管理体系"是理论篇，侧重于介绍环境应急管理的法律依据、基本概念和内容。第三章"预防、预警与准备"、第四章"环境应急响应"、第五章"突发环境事件后评估与恢复重建"是实用篇，侧重于介绍应急管理事前、事中、事后环节中的任务、要求和实用方法。第六章"中国环境应急管理展望"介绍了环境应急管理近期工作重点，展望了远期设想以资从事此项光荣事业的同志们进行探讨。

目前，关于环境应急管理的研究方兴未艾，各种新的理论、方法在不断发展之中。本书作为抛砖引玉之作，可作为从事环境应急管理工作的基础培训教材和参考资料，也希望能为我国环境应急管理这一新兴学科的形成与发展作出应有的贡献。同时，鉴于环境应急管理作为一门新兴学科正在蓬勃发展，对其理论与实践的研究在不断深入之中，加之时间较短及编者水平所限，难免有疏漏或错误之处，请读者不吝更正，以便再版修正，在此一并表示感谢。

目　录

第一章　环境应急管理概述

当前，全国突发环境事件居高不下，环境应急管理面临严峻挑战。做好环境应急管理工作，有效防范和妥善应对突发环境事件，减少突发环境事件的危害，对于深入贯彻落实科学发展观，保障人民群众生命财产和环境安全，促进经济社会又好又快发展，维护社会和谐稳定具有非常重要的现实意义。

本章从我国应急管理的基本理论出发，以突发环境事件的类型、特点为着手点，阐述了中国特色环境应急管理的理论框架，分析了当前我国环境应急管理现状，为进一步做好环境应急管理工作提供充分的理论支撑和现实指引。

第一节　环境应急管理基本法律依据

一、《中华人民共和国突发事件应对法》

《中华人民共和国突发事件应对法》（以下简称《突发事件应对法》）于 2007 年 8 月 30 日由第十届全国人民代表大会常务委员会第二十九次会议通过，自 2007 年 11 月 1 日起施行。其立法目的是通过体制、机制和制度上的规范，增强政府应对突发事件的能力，增强社会公众的危机意识、自我保护、自救与互救能力，提高全社会对突发事件的应对能力。该法的施行把应急工作从法律制度上予以规范和明确，确立应急工作的基本框架，使其有法可依，是我国应急管理工作的基本法律依据。

一般而言，有关公民权利和国家制度的现行法都是按常态在经常性秩序的前提下设计制定的，但是国家和社会也会遭遇不测风云，主要表现为社会基本安全利益遭受威胁或者危害，无法按照平时那样按部就班地工作和生活，原来的法律安排就需要改动，因此国家有必要在突发事件的应对方面作出新的安排，这种立法可以称为"雨天法案"。《突发事件应对法》所涉及的非常状态与正常状态划分，主要是指所谓"严重社会危害的出现"。"社会性、危害性、严重性"是构成《突发事件应对法》所涉非常状态的三个要素。首先是"社会"的，突发事件只有超越个案和局部地点，其影响范围足以达到所谓"社会性"的程度才有可能进入非常态法制的视野；其次是突发事件具有"危害性"，包括危害性威胁和危害性损害，主要是对社会、政府、国家安全利益的威胁和损害；再次是前述突发事件的社会危害性达到"严重"的程度。常态法律中也有处理突发事件的制度，如果突发事件的社会危害可以由常态法律解决，当然也就不需要引用处理非常态的专门应急立法了。如何判断这种"严重程度"是非常复杂的事情，简单地说就是某一突发事件将导致某一方面、某一区域乃至更大范围内常态法律制度的失灵，例如某一地区治安秩序的混乱已经达到政府用常态类的治安管理法和刑法不足以维护当地治安秩序的程度等。

　　应急立法的重要任务，就是要在常态、非常态之间尽量划出清晰的法律界限，以便最大限度地保护常态法律规定的公民自由权利。《突发事件应对法》规定的突发事件限于自然灾害、事故灾难、公共卫生和社会安全方面，重点是前三个方面。《突发事件应对法》授予行政机关的应急权力，只能在应对法律规定的突发事件种类中使用。在划分"特别重大、重大、较大、一般"社会危害四个等级的基础上，首先规定应对措施应当与突发事件社会危害程度相适应的原则，进而按照危害等级规定有关应对措施的授权条款，最后规定危害程度达到最高等级的时候，就应当适用宪法意义上的紧急状态制度。

　　《突发事件应对法》分为七章，共 70 条，对突发事件的预防与应急准备、监测与预警、应急处置与救援等作出规定，有利于从制度上预防突发事件的发生，或者防止一般突发事件演变为需要实行紧急状态予以处置的特别严重事件，减少突发事件造成的损害。该法突出政府的主导作用，规定政府的主要职责；明确"预防为主"原则，确立风险评估机制；规定了我国建立应急管理体制的要求；以人为本，提高全社会的避险救助能力；突出了企事业单位在突发事件处置中的义务和责任。《突发事件应对法》重要贡献之一，就是通过确立制度，防止混淆突发事件的普通社会危害和极端社会危害，使得国家民主决策制度和公民基本权利少受非常状态的影响，行政机关在处理危机时有了制度框架和依据。

在建立突发事件应急管理体制方面，该法提出以下要求：（1）统一领导。横向由各级人民政府成立应急指挥机构，各有关部门开展具体工作；纵向上应急管理体制实行垂直领导，下级服从上级。（2）综合协调。针对参与主体多样的特点，该法要求明确政府和有关部门的职责，明确具体类型突发事件管理的牵头部门。综合协调人力、物力、技术、信息等资源；综合协调各方面力量，形成合力。（3）分类管理。针对突发事件的类型、发生原因、表现形式、涉及范围各不相同的情况，该法要求每一大类的突发事件应由相应的部门进行管理。重大决策必须由政府作出。不同类型的公共危机日常管理应该依托相应的专业管理部门。（4）分级负责。针对突发事件的性质、发生原因、涉及范围、造成的危害等各不相同，因此需动用的人力、物力等也不同的情况。该法要求首先由当地政府负责，其次不同级别的突发事件，应由相对应的不同级别的政府负责。（5）属地管理。针对事发地政府最早知道事故信息，便于迅速反应，有效应对的情况。该法要求出现重大突发事件，地方政府必须及时、如实向上报告，必要时可以越级上报；同时根据预案马上动员或调集资源进行救助或处置，如果出现本级政府无法应对的突发事件时，应当马上请求上级政府直接管理。此外，《突发事件应对法》还确立了重大突发事件风险评估（第5条）、各级人民政府和有关部门分工负责（第7条）、应急预案（第17条）、应急管理培训（第25条）、建立健全监测（第41条）、预警发布和报告、通报（第43条）、信息上报（第46条）等一系列制度。

总之，《突发事件应对法》不是简单地对现行做法进行法律确认，而是着眼于整体应急框架的建立，着眼于基本法律原则和规则的实现，总结提炼了近年来我国应急管理实践创新和理论创新的成果，集中体现了我们对应急管理工作的一些规律性认识。《突发事件应对法》的出台建立了一个完备、系统的应急框架体系，是与应急管理的全过程相适应的。从内容上看，它覆盖了"预防、预备、监测、预警、处置、恢复重建"的全过程。以前的应急法律法规一般都重点着眼于"应急处置"，而该法做到了以"应急处置"为中心向两端延伸，前端以"监测"为重点，重在规范判断进入应急管理阶段的依据，保证信息畅通和判断准确；后端延伸到"恢复重建"。这样该法实现了"从预防开始到重建结束"的整体覆盖，提供了一个系统、完备的权利、义务框架，是开展环境应急管理工作的基本法律依据。

二、《国家突发公共事件总体应急预案》

从本质上讲，应急预案并不是一种法律规范，并至少在以下三个方面区别于后者。第一，应急预案在内容上并不创设新的权利义务，而仅仅是根据特定区域、部门、行业的个别需求，对法律业已创设的权利、义务进行抽取、梳理、组合、解释的结果，是各种应急法律规范在特定范围内的具体实施方案。第二，政府编制应急预案的目的是在既有的制度安排下尽量提高应急反应的速度，而非从无到有地创制一种建立在假设、预测、推理基础之上的较优备选方案，不排除在危机来临时被更优方案取代的可能。第三，应急预案在外部功能上，主要不是为了谋求一般民众的遵守和服从，而是通过预案的启动对社会产生感召、动员、宣示等作用。因此，无论在理论上还是实务中，人们都将各级各类预案作为在法律上具有同一属性的事物来看待，即把预案视为应急法律规范的具体实施方案，其差别只在于所实施的法律有所不同。但在我国，应急预案体系的建设是在应急法律规范体系远未完善的前提下进行的，因此，部分应急预案的性质和功能已经在实践中发生了变化，大部分高阶预案（主要是国家和省级预案）以大量篇幅对应急管理各环节中的权利、职责、义务进行分配。一些预案还对某些法律上没有完整设定的权利、义务作出了重要补充，诸如对突发事件分级标准和危机预警分级标准的确定。而从这些规定的目的来看，对内对外都具有显而易见的约束力，已经具备了法律规范的属性，对应急管理实践发挥着重要的规范和指引功能，其自身已经成为应急法律体系的一部分。

国务院于 2006 年 1 月 8 日发布了《国家突发公共事件总体应急预案》（以下简称总体预案）。总体预案是全国应急预案体系的总纲，是指导预防和处置各类突发公共事件的规范性文件。编制突发公共事件应急预案，完善应急机制、体制和法制，对于提高政府预防和处置突发公共事件的能力，全面履行政府职能，构建社会主义和谐社会具有十分重要的意义。基于此，总体预案开宗明义，编制目的是"提高政府保障公共安全和处置突发公共事件的能力，最大限度地预防和减少突发公共事件及其造成的损害，保障公众的生命财产安全，维护国家安全和社会稳定，促进经济社会全面协调、可持续发展"。总体预案的编制，是在认真总结我国历史经验和借鉴国外有益做法的基础上，经过集思广益、科学民主化的决策过程，按照依法行政的要求，并注重结合实践而形成的，既是对客观规律的理性总结，也是一项制度创新。

　　总体预案中的"突发公共事件"是指突然发生，造成或者可能造成重大人员伤亡、财产损失、生态环境破坏和严重社会危害，危及公共安全的紧急事件。突发公共事件主要分自然灾害、事故灾难、公共卫生事件、社会安全事件四类；按照其性质、严重程度、可控性和影响范围等因素分成四级，特别重大的是Ⅰ级，重大的是Ⅱ级，较大的是Ⅲ级，一般的是Ⅳ级。

　　在总体预案中"预测和预警"被明确规定为一项重要内容，要求各地区、各部门要完善预测预警机制，建立预测预警系统，开展风险分析，做到早发现、早报告、早处置。在这个基础上，根据预测分析结果进行预警。总体预案依据突发公共事件可能造成的危害程度、紧急程度和发展态势，把预警级别分为4级，特别严重的是Ⅰ级，严重的是Ⅱ级，较重的是Ⅲ级，一般的是Ⅳ级，依次用红色、橙色、黄色和蓝色表示。预警信息的主要内容应该具体、明确，要向公众讲清楚突发公共事件的类别、预警级别、起始时间、可能影响范围、警示事项、应采取的措施和发布机关等。

　　基于对突发公共事件危害性的认识，总体预案对信息报告的第一要求就是快。为了做到"快"，总体预案强调，特别重大或者重大突发公共事件发生后，省级人民政府、国务院有关部门要在4小时内向国务院报告，同时通报有关地区和部门。应急处置过程中，要及时续报有关情况。在报告的同时，事发地的省级人民政府或者国务院有关部门必须做到"双管齐下"，根据职责和规定的权限启动相关应急预案，及时、有效地进行处置，控制事态。

　　发生突发公共事件后，及时准确地向公众发布事件信息，是负责任的重要表现。对于公众了解事件真相，避免误信谣传，从而稳定人心，调动公众积极投身抗灾救灾，具有重要意义。总体预案要求，突发公共事件的信息发布应当及时、准确、客观、全面。要在事件发生的第一时间向社会发布简要信息，随后发布初步核实情况、政府应对措施和公众防范措施等，并根据事件处置情况做好后续发布工作。

　　发生突发公共事件，尤其是自然灾害，人民群众的生活必然会受到影响。考虑到这些，总体预案强调，要做好受灾群众的基本生活保障工作。

　　总体预案明确，在党中央的领导下，国务院是突发公共事件应急管理工作的最高行政领导机构。在国务院总理领导下，由国务院常务会议和国家相关突发公共事件应急指挥机构负责突发公共事件的应急管理工作；必要时，派出国务院工作组指导有关工作；国务院办公厅设国务院应急管理办公室，履行值守应急、信息汇总和综合协调职责，发挥运转枢纽作用；国务院有关部门依据有关法律、行政法规和各自职责，负责相关类别突发公共事件的应急管理工作；地方各级人民政府是本行政区域突发公共事件应急管理工作的行政领导机构。同时，根据实际需要聘请有关专家组成专家组，为应急管理提供决策建议。这样就形成了"统一指挥、分级负责、协调有序、运转高效"的应急联动体系，可以使日常预防和应急处置有机结合，常态和非常态有机结合，从而减少运行环节，降低行政成本，提高快速反应能力。

对于迟报、谎报、瞒报和漏报突发公共事件重要情况，或者应急管理工作中有其他失职、渎职行为的，总体预案明确规定，"要依法对有关责任人给予行政处分；构成犯罪的，依法追究刑事责任"。同时，总体预案规定，"对突发公共事件应急管理工作中作出突出贡献的先进集体和个人要给予表彰和奖励"。

总体预案按照不同的责任主体，把全国突发公共事件应急预案体系设计为 6 个层次。其中，总体预案是全国应急预案体系的总纲，适用于跨省级行政区域，或超出事发地省级人民政府处置能力的，或者需要由国务院负责处置的特别重大突发公共事件的应对工作；专项应急预案主要是国务院及其有关部门为应对某一类型或某几种类型突发公共事件而制定的应急预案，由主管部门牵头会同相关部门组织实施；部门应急预案由制定部门负责实施；地方应急预案指的是省市（地）、县及其基层政权组织的应急预案，明确各地政府是处置发生在当地突发公共事件的责任主体；企事业单位应急预案则确立了企事业单位是其内部发生的突发事件的责任主体。除此之外，举办大型会展和文化体育等重大活动，主办单位也应当制定应急预案并报同级人民政府有关部门备案。

总体预案确定了应对突发公共事件的六大工作原则：以人为本，减少危害；居安思危，预防为主；统一领导，分级负责；以法规范，加强管理；快速反应，协同应对；依靠科技，提高素质。

把保障公众健康和生命财产安全作为首要任务，最大限度地减少突发公共事件及其造成的人员伤亡和危害——这体现了现代行政理念对人民政府"切实履行政府的社会管理和公共服务职能"的根本要求。总体预案特别要求："充分动员和发挥乡镇、社区、企事业单位、社会团体和志愿者队伍的作用，依靠公众力量，形成统一指挥、反应灵敏、功能齐全、协调有序、运转高效的应急管理机制"。

第二节　突发环境事件基本概念

一、突发环境事件定义

2006 年 1 月，国务院正式颁布实施了《国家突发环境事件应急预案》，该预案对环境事件的定义是：由于违反环境保护法律法规的经济、社会活动与行为，以及意外因素的影响或不可抗拒的自然灾害等原因致使环境受到污染，人体健康受到危害，社会经济与人民群众财产受到损失，造成不良社会影响的突发性事件。明确突发环境事件的定义首先要理解事故与事件的区别。事件在词典中的解释中有：事情、事项、案件等意义，尤其是指历史上或社会上已经发生的大事情。同时，事件还是法律事实的一种，指与当事人意志无关的那些客观现象，即这些事实的出现与否，是当事人无法预见或控制的。

事故一般是指造成死亡、疾病、伤害、损坏或者其他损失的意外情况。在事故的种种定义中，伯克霍夫（Berckhoff）的定义较著名。伯克霍夫认为，事故是人（个人或集体）在为实现某种意图而进行的活动过程中，突然发生的、违反人的意志的、迫使活动暂时或永久停止的事件。事故的含义包括：

（1）事故是一种发生在人类生产、生活活动中的特殊事件，人类的任何生产、生活活动过程中都可能发生事故。

（2）事故是一种突然发生的、出乎人们意料的意外事件。由于导致事故发生的原因非常复杂，往往包括许多偶然因素，因而事故的发生具有随机性质。在一起事故发生之前，人们无法准确地预测什么时候、什么地方、发生什么样的事故。

（3）事故是一种迫使进行着的生产、生活活动暂时或永久停止的事件。事故中断、终止人们正常活动的进行，必然给人们的生产、生活带来某种形式的影响。因此，事故是一种违背人们意志的事件，是人们不希望发生的事件。

归纳上述解释，可以看出事件、事故都是不以人的意志为转移而突然发生的意外事情，但是事件较事故对社会的影响程度更深、范围更大；事故的发生一般都具有明确的责任人，如企业安全生产事故，而事件的发生则不一定具有明确的责任人，如自然灾害以及次生的突发环境污染和生态破坏。有时候，小的安全生产事故却可以引发大的污染事件。可见，事故与事件是密切联系，又有所区别的。

关于突发事件的定义有多种说法，《突发事件应对法》中将突发事件定义为：突然发生，造成或者可能造成严重社会危害，需要采取应急处置措施予以应对的自然灾害、事故灾难、公共卫生和社会安全事件。《突发事件应对法》第一条明确指出其立法目的"为了预防和减少突发事件的发生，控制、减轻和消除突发事件引起的严重社会危害，规范突发事件应对活动，保护人民生命财产安全，维护国家安全、公共安全、环境安全和社会秩序"。《国家突发公共事件总体应急预案》将突发公共事件分为自然灾害、事故灾难、公共卫生事件、社会安全事件，明确提出事故灾难包括环境污染和生态破坏事件，突发公共卫生事件包括造成或者可能造成严重影响公众健康的事件。由此可见，突发环境事件是突发事件的一种类型。

结合目前正在修订《国家突发环境事件应急预案》，我们认为突发环境事件是指，突然发生，造成或可能造成环境污染或生态破坏，危及人民群众生命财产安全，影响社会公共秩序，需要采取紧急措施予以应对的事件。

二、突发环境事件类型

（一）按事件等级分类

《国家突发环境事件应急预案》按照突发事件严重性和紧急程度，将突发环境事件分为特别重大环境事件（Ⅰ级）、重大环境事件（Ⅱ级）、较大环境事件（Ⅲ级）和一般环境事件（Ⅳ级）四级。

1. 特别重大环境事件（Ⅰ级）

凡符合下列情形之一的，为特别重大环境事件：

（1）因环境污染直接导致 10 人以上死亡或 100 人以上中毒的；

（2）因环境污染需疏散、转移群众 5 万人以上；

（3）因环境污染造成直接经济损失 1 亿元以上的；

（4）造成区域生态功能丧失或国家重点保护物种灭绝的；

（5）因环境污染造成重要河流、湖泊、水库及沿海水域严重污染，或地市级以上城市集中式饮用水水源地取水中断或影响正常取水的；

（6）船舶溢油 1 000 t 以上的；

（7）1、2 类放射源失控造成大范围严重辐射污染后果的；核设施发生需要进入场外应急的严重核事故，或事故辐射后果可能影响邻省和境外的，或按照"国际核事件分级标准（INES）"属于 3 级以上的核事件；台湾核设施中发生的按照"国际核事件分级标准"属于 4 级以上的核事故；周边国家核设施中发生的按照"国际核事件分级标准"属于 4 级以上的核事故；

（8）跨国界突发环境事件。

2. 重大环境事件（Ⅱ级）

凡符合下列情形之一的，为重大环境事件：

（1）因环境污染直接导致 3 人以上 10 人以下死亡或 50 人以上 100 人以下中毒的；

（2）因环境污染需疏散、转移群众 1 万人以上 5 万人以下的；

（3）因环境污染造成直接经济损失 2 000 万元以上 1 亿元以下的；

（4）造成区域生态功能部分丧失或国家重点保护野生动植物种群大批死亡的；

（5）因环境污染造成重要河流、湖泊、水库及沿海水域大面积污染，或县级城市集中式饮用水水源地取水中断或影响正常取水的；

（6）重金属污染或危险化学品生产、贮运、使用过程中发生爆炸、泄漏等事件，或因倾倒、堆放、丢弃、遗撒危险废物等造成的突发环境事件发生在国家重点流域、国家级自然保护区、风景名胜区或居民聚集区、医院、学校等敏感区域的；

（7）船舶溢油 500 t 以上不足 1 000 t 的；

（8）因环保用微生物发生变异造成大面积环境污染的和转基因生物释放后，因基因漂移造成污染的；

（9）1、2 类放射源丢失、被盗或失控，或核设施和铀矿冶炼设施发生的达到进入场区应急状态标准的，或进口货物严重辐射超标的事件；

（10）跨省（自治区、直辖市）界突发环境事件。

3. 较大环境事件（Ⅲ级）

凡符合下列情形之一的，为较大环境事件：

（1）因环境污染直接导致 3 人以下死亡或 10 人以上 50 人以下中毒的；

（2）因环境污染需疏散、转移群众 5 000 人以上 1 万人以下的；

（3）因环境污染造成直接经济损失 500 万元以上 2 000 万元以下的；

（4）国家重点保护的动植物物种受到破坏的；

（5）因环境污染造成乡镇集中式饮用水水源地取水中断或影响正常取水的；

（6）船舶溢油 100 t 以上不足 500 t 的；

（7）3 类放射源丢失、被盗或失控；

（8）跨地市界突发环境事件。

4．一般环境事件（Ⅳ级）

除特别重大突发环境事件、重大突发环境事件、较大突发环境事件以外的突发
环境事件。

（二）按照污染介质分类

根据突发环境事件发生后的污染介质的不同，我国突发环境事件主要包括突发
水环境污染事件，如"松花江水污染事件""广东北江镉污染事件"等；突发大气
环境污染事件，如"秸秆焚烧引起江苏大范围烟霾天气事件""江苏泰州新浦化工
厂氯气泄漏事件"等；突发土壤环境污染事件，如"内蒙古乌拉特前旗溃坝事件"
等；固体废弃物引起的突发环境事件，如安徽涡阳、利辛倾倒危险化学品事件等。

（三）按污染物类型分类

按照污染物类型可将突发环境事件分为有机物污染事件、无机物污染事件、重
金属污染事件以及其他类污染事件，其中有机物污染事件是主要类型，约占总数的
48.7%。

（四）按污染源类型分类

按照污染源来源分类，可划分为本地源和外地源。

（五）按事件起因分类

突发环境事件的形成有两种情况：一种是不可抗力造成的，包括在"自然灾害"
类中；另一种是人为原因造成的，包括在"事故灾难"类中。目前，我国突发环境
事件诱发原因主要集中在安全生产、交通事故、违法排污、自然灾害这四个方面。

三、突发环境事件特点

目前我国突发环境事件种类覆盖了所有环境要素，时间和季节特点较为突出，
地域、流域分布不均，具有起因复杂、难以判断的典型特征，损害也多样，除可能
造成死亡外，也可引起人体各器官系统暂时性或永久性的功能性或器质性损害；可

能是急性中毒也可以是慢性中毒；不但影响受害者本人，也可影响后代；可以致畸，也可以致癌。同时，环境严重污染后，消除污染极为困难，处置措施不当，不仅浪费大量人力物力，还可能造成二次污染。具体来看，突发环境事件包括以下特点：

（一）发生发展的不确定性

突发环境事件往往是由同一系列微小环境问题相互联系、逐渐发展而来的，有一个量变的过程，但事件爆发的时间、规模、具体态势和影响深度却经常出乎人们的意料，即突发环境事件发生突如其来，一旦爆发，其破坏性的能量就会被迅速释放，其影响呈快速扩大之势，难以及时有效地予以预防和控制。同时，突发环境事件大多演变迅速，具有连带效应，以至于人们对事件的进一步发展，如发展方向、持续时间、影响范围、造成后果等很难给出准确的预测和判断。

（二）类型成因的复杂性

每种类型的突发环境事件的发生与发展具有不同的情景，在表现形式上多种多样，涉及的行业与领域众多，包含的影响因素很多，相互关系错综复杂。而就同一类型的污染危害表现形式，其事故的发生内因及所含的污染因素也可能较复杂或差别巨大，不同类型的突发环境事件在一定条件下还可以相互转化，甚至是不可分割、无法区分的。新时期下，更多的情况是不同类型的突发环境事件之间，甚至是突发环境事件与其他突发公共事件之间是共生或者相互衍生的关系。突发环境事件类型成因的复杂性赋予了突发环境事件新的内涵，为突发环境事件的预防、准备、处置和善后增加了困难，同时也为环境应急管理工作的发展提供了新的思路。

（三）时空分布的差异性

据统计，2004 年环境保护部（原国家环保总局）直接调度处理的突发环境事件为 62 起，2005 年为 76 起，2006 年为 161 起，2007 年为 110 起，2008 年为 135 起，2009 年为 171 起，呈现居高不下的态势。其中，浙江、江苏、广东、湖北、四川五省每年发生次数都超过 40 起，超过总数的 35%，在地域上呈现突发环境事件较集中在经济发达省份的特点。时间和季节特点较为突出。每年"五一""十一"前夕和第四季度，安全生产事故、交通事故频发，引发的危险化学品污染事件较多；枯水期间，水污染事件较多；冬季，大气污染事件较多，等等。

（四）侵害对象的公共性

突发环境事件归根结底是突发事件的一种。因此，和其他突发事件一样，突发环境事件涉及和影响的主体可以包括个体、组织和社会等各种主体，可能影响面和涉及范围巨大。但也有一些突发事件直接涉及的范围不一定很大，但却会因为事件的迅速传播引起社会公众的普遍关注，成为社会热点问题，并可能造成巨大的公共损失、公众心理恐慌和社会秩序混乱等。也就是说，突发事件可能源于他人、他地，但是在一个开放的社会系统中，会使公众对事态的关注程度越来越高，甚至使社会公众的身心变得紧张，从而使政府有必要通过调动相当的公共资源，进行有序地组织协调才能妥善解决。

（五）危害后果的严重性

突发环境事件往往涉及的污染因素较多，排放量也较大，发生又比较突然，危害强度大。排放有毒有害物质进入环境中，其破坏性强，不仅会打乱一定区域内的正常生活、生产秩序，还会造成人员的伤亡、财产的巨大损失和生态环境的严重破坏。有些有毒有害物质对人体或环境的损害是短期的，有些则是累积到一定程度之后才反映出来的，而且持续时间较长，难以恢复。因此，突发环境事件的监测、处置比一般的环境污染事件的处理更为艰巨与复杂，难度更大。值得关注的是，随着经济的高速发展，目前我国正处于突发环境事件的高发期，对国家环境安全构成潜在的巨大威胁，成为我国建设和谐社会、生态文明的重大障碍。

第三节　环境应急管理主要内容

应急管理是政府行政管理职能的有机组成部分，具有公共性、强制性、系统性、综合性的特征。环境应急管理是应急管理在环境保护领域的应用和延伸，是环保工作在应急管理领域的实践和深化。正确认识环境应急管理的内涵、特点，把握好加强应急管理工作的基本原则，完成其主要任务，是遏制当前突发环境事件高发态势的基本前提。

一、环境应急管理内涵

（一）应急管理的定义

应急管理作为一门新兴的学科，目前还没有一个公认的标准定义。传统的突发事件应急管理注重发生后的即时响应、指挥和控制，具有较大的被动性和局限性。从 20 世纪 70 年代后期起，更加全面更具综合性的现代应急管理理论逐步形成，并在许多国家的实践中取得了重大成功。美国联邦紧急事态管理局将"应急管理"定义为"组织分析、规划、决策和对可用资源的分配以实施对灾难影响的减除、准备、应对和从中恢复。其目标是拯救生命，防止伤亡，保护财产和环境。"澳大利亚紧急事态管理署将"应急管理"定义为"处理针对社区和环境危险的一系列措施。它包括建立的预案、机构和安排，将政府、志愿者和私人部门的努力结合到一起，以综合的、协调的方法满足对付全部类型的紧急事态需求，包括预防、应对和恢复。"

在我国，关于应急管理的定义主要有两种观点，一种观点认为应急管理是基于突发事件风险分析的全过程、全方位、一体化的应对过程，通过准备、预防、反应和恢复等一系列的运作决策，以避免突发事件的发生或减少突发事件所造成的冲击。另一种观点认为应急管理是指在突发事件的发生前、发生中、发生后的各个阶段，用有效方法对其加以干预和控制，使其造成的损失减至最小。并进一步强调，应急管理包括为避免或减少突发事件所造成的损害而采取的突发事件预防、识别、决策、处理以及事后评估等行为，目的是提高对突发事件发生前的预见能力、事件发生中的防控能力以及事件发生后的恢复能力。

两种观点既有共同点也有侧重点，共同点是都明确了应急管理的目的是避免或减少突发事件所造成的损害，强调应急管理的环节包括预防、识别、决策、处理以及事后评估等。不同点在于第一种观点特别强调了应急管理全过程、全方位、一体化的应对过程，体现了应急管理的全面性和系统性。

在应急管理的研究中，对应急管理的定义主要有以下几种认识：

（1）应急管理是在应对突发事件的过程中，为了降低突发事件的危害，达到优化决策的目的，基于对突发事件的原因、过程及后果进行分析，有效集成社会各方面的相关资源，对突发事件进行有效预警、控制和处理的过程。

（2）应急管理是指组织或者个人通过实施监测、预警、预控、预防、应急处理、评估、恢复等措施，防止可能发生的突发事件，处理已经发生的突发事件，以减少损失，甚至将危险转化为机会的过程。

（3）应急管理是指为了应对突发事件而进行的一系列有计划有组织的管理过程，主要任务是如何有效地预防和处置各种突发事件，最大限度地减少突发事件的负面影响。

无论在理论还是实践上，现代应急管理主张对突发事件实施综合性应急管理。通过对上述概念的归纳总结，突发事件应急管理就是针对可能发生或已经发生的突发事件，为了减少突发事件的发生或降低其可能造成的后果和影响，达到优化决策的目的，而基于对突发事件的原因、过程及后果进行的一系列有计划、有组织的管理。它涵盖在突发事件发生前、中、后的各个过程，包括为应对突发事件而采取的预先防范措施、事发时采取的应对行动、事发后采取的各种善后措施及减少损害的行为。

（二）环境应急管理的定义

环境应急是指，为避免突发环境事件的发生或减轻突发环境事件的后果，所进行的预防与应急准备、监测与预警、应急处置与救援、事后恢复与重建等应对行动。

按照《突发事件应对法》第二条，应急管理应包括突发事件的预防与应急准备、监测与预警、应急处置与救援、事后恢复与重建等活动。环境应急管理是应急管理的具体类别之一，同时也是环境综合管理的具体工作之一，根据应急管理的定义，结合环境综合管理的特点，我们可以将环境应急管理定义为，环境应急管理是为预防和减少突发环境事件的发生，控制、减轻和消除突发环境事件引起的危害，保护人民群众生命财产及环境安全，组织开展的预防与应急准备、监测与预警、应急处置与救援、事后恢复与重建等管理行为。

其内涵体现在以下四个方面：

（1）环境应急管理是有组织的政府行为，是政府对公权的行使，这种公权的实现，需要政府的专门机构对政府的、民间的、社区的和个人的努力实施组织和协调。

（2）环境应急管理必须整合各种社会资源。环境应急管理的主体是政府，但仅靠政府的力量远远不够，必须协调发动全社会共同参与，整合利用全社会各种资源。

（3）环境应急管理的目标是保护人民群众的生命财产和环境安全，从过去只注重生命和财产安全，进步到同时关注生态环境保护。

（4）环境应急管理的主要功能在于防范和化解危机，具体包括事前预防、应急准备、应急响应和事后管理四个基本阶段，超越了传统意义上事件发生后的被动应对的范畴。

二、环境应急管理特点

环境应急管理作为应急管理的具体类型之一，是政府的一项基本职能。它具有各类应急管理的共性特点，但从属于环境综合管理的工作性质也决定了其具有其他应急管理所不具有的个性特点。

（一）系统管理的特点

环境应急管理的目的是最大限度地避免和减小突发环境事件对公众造成的生命健康和财产损失，维护公共利益和公共安全。这种公共性特点决定了环境应急管理涉及政府、部门、企事业单位、社会团体、公民等多个参与主体，这些主体在参与环境应急管理过程中所形成的政府与部门、政府与企业、政府与公众、环境保护部门与其他部门、上级环境保护部门与下级环境保护部门、上级环境保护部门与下级政府、地区与地区等多重利益关系需要协调和理顺。此外，在环境应急管理过程中特别是突发环境事件应急响应时需要大量的人力、财力、物力、信息和技术等资源，而政府掌握的资源是有限的，必须依靠和借助全社会资源的共享和互助来保障。因此，环境应急管理是一项复杂的社会系统工程，客观上要求政府从全局的高度实行综合协调，围绕应急预案、应急管理体制、机制、法制建设，构建起"一案三制"的核心框架，统筹各方利益，整合各种资源，协同各种要素，形成管理合力。

（二）常态管理与非常态管理相结合的特点

在应对突发环境事件的过程中，政府常常需要采取异于常态管理的紧急措施和程序，因此环境应急管理具有典型的非常态管理的属性，但是环境应急管理绝不仅仅是一种非常态管理，按照事前预防、应急准备、应急响应、事后管理的环境应急管理主线，事前预防和应急准备环节是环境应急管理不可分割的两个重要组成部分。毫不夸张地说，环境应急管理的基础建立在常态管理之上，常态管理做好了可以最大限度地减少突发环境事件的发生，减轻非常态管理的压力。从这个意义上讲，应对突发环境事件的过程直接检验的是非常态管理的能力，体现的却是常态时的管理水平和效能。

（三）全过程管理的特点

环境应急管理是环境综合管理的重要组成部分，环境应急管理理念渗透于环境综合管理的各个方面，环境应急管理职责存在于环境综合管理的各个过程，环境应急管理制度分散于环境综合管理的各个环节。无论是环境规划管理、环境影响评估管理，还是污染防控、环境监测和执法监督等，都要始终贯彻防范环境风险的理念，反映环境应急管理的要求，健全环境应急综合管理机制，以事前预防、应急准备、应急响应、事后管理为主线，将环境应急管理具体职责渗透到环境综合管理的全过程、全方位，将应急与项目审批、污控、总量、监察、监测等相关部门有机串联起来，围绕环境应急工作互通信息、协调联动、综合应对、形成合力，努力架构全防全控的防范体系。

（四）协同管理的特点

环境具有媒介性特点，突发环境事件首先对环境造成危害，进而对人民群众的生命财产安全造成威胁；环境还具有开放性以及流动性的特点，环境各组成要素不断流动、迁移、变化。环境的这些特点决定了：一是相当部分突发环境事件是由自然灾害、安全生产、交通运输等突发事件引发的次生、衍生突发环境事件；二是部分突发环境事件是由相邻区域环境污染引发或污染向相邻区域发展的跨界突发环境事件。突发环境事件这种时间上的次生衍生性、空间上的迁移变化性决定了某一地域的环境应急管理不是独立、封闭的管理系统，需要与其他类别的应急管理、其他地域的环境应急管理协同联动、有机衔接，需要进行延伸管理、靠前管理、协同管理，最大限度地消除环境风险隐患，最大可能地避免或减少突发环境事件发生，最大限度地保护人民群众生命财产及环境安全。

三、环境应急管理基本原则

（一）以人为本原则

《突发事件应对法》在其立法宗旨中充分确立并体现了以人为本的应急工作理念。突发环境事件的不可抗性和一般公众在危机面前的脆弱性，迫切需要政府在环境应急管理中，切实履行政府的社会管理和公共服务职能，将公众利益作为一切决策和措施的出发点，把保障公众生命财产及环境安全作为首要任务，最大限度地减少突发环境事件造成的人员伤亡和其他危害。

环境应急管理活动中坚持以人为本，要求将人民群众的生命健康、财产安全以及环境权益作为一切工作的出发点和落脚点，并充分肯定人在环境应急管理活动中的主体地位和作用。

首先，要将保障人的生命健康、财产安全以及环境权益作为环境应急管理工作的最高目标，将其落实到突发环境事件事前预防、应急准备、应急响应及事后管理各个环节，最大限度地减少或避免突发环境事件及其造成的人员伤亡、财产损失以及环境危害。

其次，要提高全社会的环境风险意识、事件应对能力以及应急管理参与程度。广泛开展环境风险意识教育和科普宣传，深入宣传各类突发环境事件应急预案，全面普及预防、避险、自救、互救、减灾等知识和技能。完善环境应急管理的公众参与机制，提高环境应急管理的社会参与度。

最后，要不断提高各类环境应急管理参与主体的环境应急响应能力。加强环境应急管理人员和应急处置队伍培训，加强高危行业和领域生产人员的岗前、岗中教育培训，提高安全操作水平，掌握第一时间处置突发环境事件技能。积极开展突发环境事件应急预案演习，全面提高环境应急响应能力。

（二）预防为主原则

传统突发事件处置工作主要是突发事件发生后的应对和处置，是在无准备或准备不足状态下的仓促抵御，具有很大的被动性，处理成本高，灾害损失大。现代应急管理则强调管理重心前移，预防为主、预防与应急相结合，强调做好应急管理的基础性工作。

预防为主原则有两层含义：一是通过风险管理、预测预警等措施防止突发环境事件发生；二是通过应急准备措施，使无法防止的突发环境事件带来的损失降低到最低限度。

首先，政府要高度重视突发环境事件事前预防，增强忧患意识，建立健全风险防控、监测监控、预测预警系统，建立统一、高效的环境应急信息平台，及早发现引发突发环境事件的线索和诱因，预测出将要出现的问题，采取有效措施，力求将突发环境事件遏制在萌芽状态，化解于萌芽之中。

其次，要健全环境应急预案体系，建设精干实用的环境应急处置队伍，构建环境应急物资储备网络，为应对突发环境事件做好组织、人员、物资等各项应急准备，在突发环境事件发生后，力求能够及时、快速、有效地控制或减缓突发环境事件的发展，最大限度地减轻事件造成的影响及危害。

（三）科学统筹原则

环境应急管理工作是一项系统工程，需要在突发环境事件发生的每一个阶段制定出相应的对策，采取一系列必要措施，包含对突发环境事件事前、事中、事后所有事务的管理。按照系统原理和系统开放原则，必须深入研究政治环境、技术环境及资源环境等对应急管理的影响，设置相应的组织管理系统，提高环境应急管理对各方面环境的适应能力。

科学统筹原则要求把环境应急管理工作置于系统形式中，立足系统观点，从系统与要素、要素与要素、系统与环境之间的相互联系和相互作用出发，将环境应急管理工作的各主体、各环节、各要素予以统筹规划、综合协调、有机衔接、形成合力，以达到最佳管理效果。

首先，建立健全"统一领导、综合协调、分类管理、分级负责、属地管理为主"的环境应急管理体制，开创政府统一领导、部门分工协作、企业主要落实、公众有序参与的有序局面。

其次，加快环境保护部门与相关部门之间建立协同联动关系，推动相邻地域之间建立协同联动机制，互通信息、共享资源、交流经验、优势互补。环境保护部门内部将应急管理涉及的部门有机串联起来，明确职责、互通信息、综合应对、形成合力。

最后，立足现实国情，有针对性地开展环境应急管理体系建设，以"一案三制"

为核心，不断完善风险防控、应急预案、指挥协调、恢复评估以及政策法律、组织管理、应急资源等子体系，全面提升环境应急管理基础水平。

（四）依法行政原则

依法行政、加强环境应急法制建设是从根本上解决政府环境应急管理行为的正当性与合法性，实现政府环境应急管理行为及程序的规范化、制度化与法定化，防止在非常态下行政权力被滥用，公民权利受损害的基本前提。

依法行政原则要求首先要建立健全环境应急法律、法规、标准及预案体系，确保环境应急管理工作有法可依。政府要坚持依法行政、依法管理、依法应急，确保有法必依、行政行为合法。

其次要坚持适当行政、合理行政，确保行政行为在形式合法的前提下应尽可能合理、适当和公正。《突发事件应对法》第十一条规定，"有关人民政府及其部门采取的应对突发事件的措施，应当与突发事件可能造成的社会危害的性质、程度和范围相适应；有多种措施可供选择的，应当选择有利于最大限度地保护公民、法人和其他组织权益的措施"，就是行政适当原则在应急管理领域的具体要求。

（五）权责一致原则

管理工作强调责任性，环境应急管理机构及各相关主体由于具有相应职权，必须履行一定的职责，未履行或不适当地履行其职责，就是失职、渎职。实施责任追究，加大环境应急问责力度，是落实环保责任、保障环境安全的有力措施，有助于增强环境应急管理主体的责任意识和忧患意识，确保正确履行职责。

权责一致要求首先要划清环境应急管理职责的界限，职责要落实到地区、部门或个人。不同类别、级别的主体在环境应急管理中的职责应与其职权、级别相对应，保证不出现越位和缺位，使环境应急管理系统能够高效有序运转，一旦发生突发环境事件，可在最短的时间内调度必需的社会资源来协同应对。

其次要建立环境应急管理工作绩效评估制度与责任追究机制，一旦环境应急管理主体出现失职、渎职，必须有强力机制保证失职、渎职行为人受到责任追究和惩处，切实做到"事件原因没有查清不放过，事件责任者没有严肃处理不放过，整改措施没有落实不放过"。

四、环境应急管理主要内容

根据突发环境事件的特点和实际，环境应急管理应强调对潜在突发环境事件实施事前、事中、事后的管理，也可以分为预防、准备、响应和恢复 4 个阶段。这 4 个阶段并没有严格的界限，预防与应急准备、监测与预警、应急处置与救援、事后恢复与重建等应急管理活动贯穿于每个阶段之中，每个环节的任务各不相同又密切相关，构成了环境应急管理工作一个动态的循环改进过程。

（一）预防

预防是指为减少和降低环境风险，避免突发环境事件发生而实施的各项措施，主要包括建设项目环境风险评估、环境风险源的识别评估与监控、环境风险隐患排查监管、预测与预警等内容。它有两层含义：一是突发环境事件的预防工作，通过管理和技术手段，尽可能地防止突发环境事件的发生；二是在假定突发环境事件必然发生的前提下，通过预先采取一定的预防措施，达到降低或减缓其影响或后果的严重程度。

建设项目环境风险评估是指对建设项目建设和运行期间发生的可预测突发性事件或事故（一般不包括人为破坏及自然灾害）引起有毒有害、易燃易爆等物质泄漏，或突发事件产生的新的有毒有害物质，所造成的对人身安全与环境的影响和损害，进行评估，提出防范、应急与减缓措施。

环境风险源的识别与评估是指在识别风险源的基础上，进一步对风险源的危险性进行分级，从而有针对性地对重大或特大的风险源加强监控和预警。环境风险源的监控是指在风险源识别与分级的基础上，对环境风险源进行监控及动态管理，特别要对重大风险源进行实时监控。

环境风险隐患排查监管是指环境保护部门为及时发现并消除隐患，减少或防止突发环境事件发生，根据环保法律法规以及安全生产管理等制度的规定，督促生产经营单位（企业）就其可能导致突发环境事件发生的物的危险状态、人的不安全行为和管理上的缺陷进行的监督检查行为。

预测与预警是指通过对预警对象和范围、预警指标、预警信息进行分析研究，及时发现和识别潜在的或现实的突发环境事件因素，评估预测即将发生突发环境事件的严重程度并决定是否发出警报，以便及时地采取相应预防措施减少突发环境事件发生的突然性和破坏性，从而实现防患于未然的目的。

此外，加强公众环境应急知识的普及和教育，提高公众突发环境事件的预防意识及预防能力，加强突发环境事件事前预防的理论研究与科技研发等也是事前预防的重要内容。

（二）准备

应急准备是指为提高对突发环境事件的快速、高效反应能力，防止突发环境事件升级或扩大，最大限度地减小事件造成的损失和影响，针对可能发生的突发环境事件而预先进行的组织准备和应急保障。

组织准备主要是指根据可能发生突发环境事件的类型和区域，对应急机构职责、人员、技术、装备、设施（备）、物资、救援行动及其指挥与协调等方面预先有针对性地做好组织、部署。一般来说，组织准备主要通过编制应急预案并进行必要的演习来实现。应急预案是指针对可能发生的突发环境事件，为确保迅速、有序、高效地开展应急处置，减少人员伤亡和经济损失而预先制定的计划或方案。

应急保障主要是指确保环境应急管理工作正常开展，突发环境事件得到有效预防及妥善处置，人民群众生命财产和环境安全得到充分维护所需的各项保障措施，主要包括政策法律保障、组织管理保障、应急资源保障三大要素。政策法律保障指的是建立完善的环境应急法制体系；组织管理保障指的是建立专/兼职的环境应急管理机构并确保一定数量的人员编制；应急资源保障具体包括人力资源保障、装备资源保障、物资资源保障等内容。

此外，环境应急宣传教育培训、应急处置技术和设备的开发等工作也是应急准备的重要内容之一。

（三）响应

应急响应是指突发环境事件发生后，为遏制或消除正在发生的突发环境事件，控制或减缓其造成的危害及影响，最大限度地保护人民群众的生命财产和环境安全，根据事先制定的应急预案，采取的一系列有效措施和应急行动，具体包括事件报告、分级响应、警报与通报、信息发布、应急疏散、应急控制、应急终止等环节及要素。

事件报告是指突发环境事件发生后，法定的事件报告义务主体依照法定权限及程序及时向上级政府或部门报告事件信息的行为。

分级响应是指根据突发环境事件的类型，对照突发环境事件的应急响应分级，启动相应的分级响应程序。

警报是指为确保突发环境事件波及地区的公众及时做出自我防护响应，而采取的告知突发环境事件性质、对健康的影响、自我保护措施以及其他注意事项等信息的行为。通报是指突发环境事件发生后，承担法定通报义务的政府部门及时向毗邻和可能波及地区相关部门、所在区域其他政府部门通报突发环境事件情况的行为。

信息发布是指突发环境事件发生后，行政机关或被授权组织依照法定程序，及时、准确、有效地向社会受众发布突发环境事件情况、应对活动状态等方面信息的行为或过程。

应急疏散是指在突发环境事件发生后，为尽量减少人员伤亡，将安全受到威胁的公众紧急转移到安全地带的环境应急管理措施。

应急控制是指突发环境事件发生后，为尽快消除险情，防止突发环境事件扩大和升级，尽量减小事件造成的损失而采取各种处理处置措施的过程及总和，包括警戒与治安、人员的安全防护与救护、现场处置等内容。

应急终止是指应急指挥机构根据突发环境事件的处置及控制情况，宣布终止应急响应状态。

应急响应是应对突发事件的关键阶段、实战阶段，考验着政府和企业的应急处置能力，尤其需要解决好以下几个问题：一是要提高快速反应能力。反应速度越快，意味着越能减少损失。经验表明，建立统一的指挥中心或系统将有助于提高快速反应能力。二是应对突发环境事件，特别是重大、特别重大突发环境事件，需要政府具有较强的组织动员和协调能力，使各方面的力量都参与进来，相互协作，共同应对。三是要为一线救援、处置人员配备必要的防护装备和处置技术装备，以提高危险状态下的应急处置能力，并保护好一线工作人员。

（四）恢复

恢复指突发环境事件的影响得到初步控制后，为使生产、工作、生活和生态环境尽快恢复到正常状态所进行的各种善后工作。应急恢复应在突发环境事件发生后立即进行。它首先应使突发环境事件影响区域恢复到相对安全的基本状态，然后逐步恢复到正常状态。

要求立即进行的恢复工作包括：评估突发环境事件损失，进行原因调查，清理事发现场，提供赔偿等。在短期恢复工作中，应注意避免出现新的紧急情况。

突发环境事件环境影响评估包括现状评估和预测评估。现状评估是分析事件对环境已经造成的污染或生态破坏的危害程度。预测评估是分析事件可能会造成的中长期环境污染和生态破坏的后果，并提出必要的保护措施。

损害价值评估是指对事件造成的危害后果进行经济价值损失评估，便于统计和报告损失情况，并为后续生态补偿、人身财产赔偿做准备。

补偿赔偿是指由事件责任方或由国家对受损失的人群加以经济补偿、赔偿，这是体现社会公平，维护社会稳定的重要环节。

应急回顾评估是指对事件应急响应的各个环节存在的问题和不足进行分析、总结经验教训，为改进今后的事件应急工作提供依据，同时为事件应急工作中各方的表现进行奖惩提供依据。

长期恢复包括：重建被毁设施，开展生态环境修复工程，重新规划和建设受影响区域等。环境恢复是指对已经造成的危害或损失采取必要的控制发展和补救措施，对可能造成的中长期环境污染和生态破坏采取必要的预防措施，以减少危害程度。在长期恢复工作中，应汲取突发环境事件和应急处置的经验教训，开展进一步的突发环境事件预防工作。

第四节　我国环境应急管理现状

一、环境应急管理取得的进展

（一）国家环境应急管理机构基本建成

2002 年，原国家环保总局成立了环境应急与事故调查中心，与环境监察局"一套人马，两块牌子"。

2005 年印发的《国务院关于落实科学发展观　加强环境保护的决定》提出"健全环境监察、监测和应急体系"，"建立环境事故应急监控和重大环境突发事件预警体系"。

2006 年，国务院办公厅设置国务院应急管理办公室，印发《国务院关于全面加强应急管理工作的意见》，全国应急管理工作全面展开。此后又陆续印发《国务院办公厅转发安全监管总局等部门关于加强企业应急管理工作意见的通知》《国务院办公厅关于加强基层应急管理工作的意见》和《国务院办公厅关于加强基层应急队伍建设的意见》等重要文件，从不同层面对加强应急管理提出要求。为加强环境执法监督和应急管理工作，原国家环保总局决定重组环境应急领导小组，成立了环境应急管理办公室作为领导小组的办事机构，设在环境应急与事故调查中心，全国环境应急管理工作全面展开。

2008 年底，为加强应急管理和执法监督，环境保护部决定将环境应急与事故调查中心与环境监察局分设，各自独立运行，重新批复环境应急与事故调查中心职责、内设机构和人员编制，并将环境保护部环境应急指挥领导小组办公室设在环境应急与事故调查中心。

目前，环境保护部共组建了华东、华南、西北、西南、东北和华北六个区域环保督查中心，均已纳入环境保护部环境应急响应体系。江苏、辽宁、吉林等省相继成立了专职环境应急管理机构，为环境应急工作卓有成效地开展提供了组织保障。

（二）环境应急预案体系初具规模

1984 年 4 月，原国家环保局成立了"海上污染损害应急措施方案调查组"，1988 年出台的《海上污染损害应急措施方案》成为我国第一份突发性污染事故应急方案。1988—2004 年，原国家环保总局制定了 18 个专门领域的应急预案，如《黄河敏感河段水污染预警与应急预案》《处置化学恐怖袭击事件应急预案》《核恐怖袭击事件应急预案》《南水北调东线工程水环境应急预案》《三峡库区及其支流水环境应急预案》等。

2005 年 5 月和 2006 年 1 月，国务院分别颁布了《国家突发公共事件总体应急预案》和《国家突发环境事件应急预案》。在《国家突发公共事件总体应急预案》和《国家突发环境事件应急预案》的指导下，目前全国已制定政府部门的环境应急预案 3 500 多件，基本覆盖各类突发环境事件，全国环境应急预案体系基本形成。

（三）环境应急管理规章制度建设逐步开展

从 2000 年起，有关部门相继出台了一系列环境应急管理规章制度。
2000 年 6 月，原国家环保总局办公厅印发了《关于切实加强重大环境污染、生态破坏事故和突发事件报告工作的通知》，重申了对于环境污染事故、生态破坏事故和突发事件的上报工作的相关规定。

2002 年 11 月，原国家环保总局出台了《环境污染与破坏事故新闻发布管理办法》，加强和规范国家环保总局机关和直属单位、派出机构对环境污染与破坏事故新闻发布的管理。

2005 年 11 月，为认真贯彻落实中央领导"要求有关部门迅速采取有效措施，坚决遏制重特大事故多发势头，确保人民群众生命财产安全"的指示精神，进一步加强环境监督管理，防止环境污染事件发生，原国家环保总局印发了《关于进一步加强环境监督管理严防发生污染事故的紧急通知》，对加强环境监督管理严防发生污染事故工作提出了具体要求。

2006 年 3 月，原国家环保总局出台了《环境保护行政主管部门突发环境事件信息报告办法（试行）》，取代了《报告环境污染与破坏事故的暂行办法》（环办字[1987]317号），规范了突发环境事件的信息报告程序，提高了环境保护主管部门应对突发环境事件的能力。同年下半年，为进一步加强和改进环境应急管理工作，原国家环保总局印发了《关于加强突发环境事件应急管理工作的通知》（环办[2006]104 号）和《关于印发〈环保总局突发环境事件应急工作暂行办法〉的通知》（环发[2006]205 号）。

2009 年 11 月，环境保护部发布了《关于加强环境应急管理工作的意见》（环发[2009]130 号），从环境应急管理的意义、指导思想和基本原则、加快建设中国特色环境应急管理体系、推进环境应急全过程管理以及防范和应对突发环境事件、加强环境应急管理基础及保障 5 个方面对加强环境应急管理工作进行了规定。同年，下发了《关于印发〈环境应急与事故调查中心工作规则（试行）的通知〉》（环应急发[2009]1 号）。

2010 年底，环境保护部出台了《全国环保部门环境应急能力建设标准》（环发[2010]146 号）。该文件明确规定了省、市、县三级环保部门环境应急能力建设标准，旨在加强环境应急能力的标准化建设，提高防范和应对突发环境事件的能力，推进环境应急全过程管理，建立健全中国特色环境应急管理体系。

（四）环境应急联动机制开始建立

2009 年，环境保护部在《关于加强环境应急管理工作的意见》（环发[2009]130号）"加快建设中国特色环境应急管理体系"中指出"创新环境应急管理联动协作机制"，明确提出了"大力推动环保部门与公安消防部门等综合性及专业性应急救援队伍建立长效联动机制"以及"与交通、公安、安监等部门建立联动机制"等具体要求。张力军副部长在全国环境应急管理工作会议暨国家环境应急专家组成立大会上的讲话中指出,要积极开展部门合作,落实环保、安监部门应急联动机制,总结推广环保、消防部门联合应对突发事件的做法,推动建立环境保护部门与综合性、专业性应急救援队伍的长效联动机制。2009 年 12 月,环境保护部与国家安全生产监督管理总局签署了《关于建立应急联动工作机制的协议》,协议指出,双方建立长期、稳定、可靠的安全生产和突发环境事件应急联动机制,提高突发环境事件防范和处置能力,最大限度地减少因生产安全事故引发突发环境事件造成的危害,保障环境安全。该协议已经在实际工作中得到了具体落实。地方环境保护部门也在积极探索环境应急联动机制,如山西省朔州市环境保护部门与消防部门组建了突发环境事件应急救援指挥中心应对突发环境事件,在应急联动工作方式上进行了创新。

（五）环境应急管理专家库建设初步完成

多年来,在应对各类突发环境事件的过程中,来自各方面的专家发挥了极其重要的作用。实践证明,建立环境应急专家组是加强环境应急管理的重要基础工作,也是建设中国特色环境应急管理体系的重要组成部分。环境保护部高度重视这项工作,邀请科研院所、企事业单位、高等院校、军队和各行业协会,积极推荐了许多优秀人才,在此基础上,遴选了 300 多位专家纳入环境应急专家库,又精心挑选了 26 位专家组成国家环境应急专家组。这些专家来自多个不同的领域,在各自的专业领域有较深造诣、较高知名度和权威性,对于指导和配合当地政府开展应急处置,协调地方环境保护部门制定防控措施、水质监测方案,起到了至关重要的作用。

（六）环境应急技术积极探索

"十五"重大科技攻关项目环境应急方面已完成"重大环境污染事故防范和应急技术体系研究""环境污染对人体健康损害及补偿机制研究""受污染场地风险评估与修复技术规范研究"等方面的研究。

"十一五"国家科技支撑计划重点项目"国家环境管理决策支撑关键技术研究"环境应急方面包括"跨区域环境监管制度与若干监管技术规范研究""典型工业污染场地分类管理、风险评估与土壤修复技术筛选研究""环境污染的健康风险评估与管理技术研究"。2007 年年底科技部委托科研机构开展了"863"计划"重大环境污染事件应急技术系统研究开发与应用示范"项目。

2006 年，原国家环保总局编印了《突发环境事件应急响应实用手册》，为各地环境应急人员的应急处置工作提供了技术支持。针对尾矿库、石油泄漏事故频发的情况，组织有关专家编写了《尾矿事故环境保护应对技术措施》和《石油泄漏环境事故技术应急措施》。

（七）国际交流与合作日益频繁

近年来，环境保护部先后组织了赴美、德、意、英等国家开展环境应急培训和环境应急突发事件应急机制和能力建设考察，了解西方发达国家环境应急管理机制、体制和法制。由环境保护部和意大利环境、领土与海洋部合作开展的"应用遥感技术对油品/化学品溢漏进行预防、评估与管理"项目，为应急管理提供了新的技术应用手段；由中德联合召开的"流域危险预防与应急计划研讨会"，就环境应急预防工作进行了交流；与俄罗斯在京签署了《中华人民共和国环境保护部与俄罗斯联邦自然资源与生态部关于建立跨界突发环境事件通报和信息交换机制的备忘录》，中俄跨界环境应急联络机制正式建立；进行了中英化学品环境应急管理会谈，就英方提供的《中国消防机构危险品培训可行性建议书》有关环境应急管理部分展开了讨论，还就危险品处理人员培训和危险品事故响应指挥官培训达成了一致。通过考察、交流与合作，学习了国外应急管理先进经验，有效地推动了环境应急管理水平的提升。

二、环境应急管理面临的挑战

（一）突发环境事件高发，应急管理形势严峻

近几年，环境应急工作取得了积极进展，但我国处于工业化、城镇化加速发展时期，长期积累的环境矛盾尚未解决，新的问题不断出现，各种自然灾害和人为活动带来的环境风险加剧，突发环境事件呈高发态势，环境形势依然严峻。

一是突发环境事件总量居高不下。近几年，环境保护部直接调度、处置突发环境事件数量居高不下，平均每两三天发生一起。一些突发环境事件影响范围广、持续时间长、处置难度大、影响十分恶劣。2008 年，豫皖交界大沙河砷污染事件和 2009 年连续两次发生的鲁苏交界邳苍分洪道砷污染事件，不但对下游上百万人的饮用水安全构成危险，而且处置过程耗资巨大，耗时费力。

二是诱因复杂、覆盖面广。从诱因来看，由安全生产和交通事故引发的次生突发环境事件占总量的 60% 以上，由企业排污引发的占总量的 15% 左右，还有由自然灾害、人为破坏和历史遗留问题等引发的事件；从行业来看，主要集中在石化、化工、危险化学品运输、矿产资源开发、金属冶炼等行业；从类型来看，涵盖了水污染、大气污染、固体废物污染、海洋污染等领域；从发生区域来看，几乎覆盖内地所有省份（直辖市、自治区）。

三是重金属等有毒有害物质污染事件、群体性事件、新老问题等各种复杂情况相互交织叠加。2009 年 1—11 月，我国共发生 32 起重金属污染引发的群体性事件，规模大、反复多、性质恶劣。这些重金属污染事件，有的属于历史遗留问题，有的是长期环境污染累积造成的，有的是企业违法排污所致，有的是政府处置不当、媒体炒作造成矛盾激化，还有的是环境标准落后、污染防治能力薄弱等环境管理问题，严重危害群众身体健康、影响社会稳定。

四是人民群众对环境质量要求日益增高。工业化、城镇化发展的过程中，一部分污染较重企业纷纷由城市转移到农村，企业环境风险隐患重重；有的企业则被新建居民区包围，群众对企业污染反响很大。此外，一些城市大量生活垃圾得不到及时有效处理，是否建设垃圾焚烧厂处于激烈争论中，已建成的垃圾焚烧厂则成为群众投诉、上访的焦点，一旦合理的环境权益诉求得不到解决，便成为引发群体性事件的导火索。

（二）环境应急法制体系不完善，法律支持作用不足

环境应急管理法制体系尚不完善，对环境应急管理工作的法律支持作用有限。《突发事件应对法》没有相应的实施细则，法律实施依据不够充分，在重大突发事件风险评估、预警管理、损害评估和赔偿、社会动员、应急财产征收补偿、建立应急管理公益性基金、应急产业发展等方面，需进一步明确规定。现有法律法规中存在一些与环境应急响应相矛盾的条款需及时清理、调整，除新修订的《中华人民共和国水污染防治法》增加了"水污染事故处置"章节，其他现有的环境保护法律法规仍停留在控制和治理污染、防止环境质量恶化阶段，环境风险管理理念尚未得到充分体现。同时，政府、部门、企业、个人等在防范、处置突发环境事件方面责任不清，导致许多工作无法顺利开展，急需从国家层面加以明确。

（三）环境应急管理机构建设滞后，主动性欠缺

目前，只有个别地级市设立了专职的应急管理机构，多数省份（自治区、直辖市）尚未建立专门的环境应急管理机构，部分应急机构设在环境监察部门，或设在环境监测部门和污染控制部门。环境应急管理机构的缺失导致了环境应急管理涉及的各类资源和力量难以得到有效整合和合理利用，环保系统内部在突发环境事件隐患排查、预测预警、信息报告、应急处置等各环节，各自为战，缺乏有机衔接，各方面力量无法形成合力，难以实现环境应急管理的全过程控制。环境应急管理机构不健全导致了应急管理工作的主动性欠缺，引发应急管理能力不足。

（四）环境应急管理的机制不健全，联动机制缺乏

应对突发环境事件往往涉及多个部门、领域，但部门间协调联动的格局尚未建立；即便是环境保护部门内部，信息沟通、资源共享机制也不完善；跨区域、跨流域甚至跨国界应急响应联动机制有待健全完善。各级政府之间、上级环境保护部门与下级地方政府之间、环境保护部门与相关政府部门之间、上下级环境保护部门之间衔接不够紧密，多方协同处置重大或特别重大突发环境事件时，人员、信息、资源等难以快速集成，未形成制度化的联动协作机制。此外，高环境风险的企业建立专职或兼职环境应急救援队伍处于起步阶段，环境保护部门与公安消防部门等综合性及专业性应急救援队伍尚未建立长效联动机制。

（五）环境预测预警体系薄弱，预测预警能力有限

首先是预测预警的技术支撑体系薄弱。目前我国的突发环境事件应急预案体系尚不完善，应急预案体系的管理和使用可操作性较差。跨区域、跨流域突发环境事件应急预案有待建立，相当数量的企业未制定行之有效的应急预案，分行业、分类别的环境应急预案编制指南至今尚未完善；部分地方突发环境事件应急预案直接套用《国家突发环境事件应急预案》，针对性、实用性较弱；预案的动态管理不足，预案编制、修订和执行工作有待进一步规范。环境风险排查、环境风险源评估制度尚不完善，难以做到主动预防。重大环境风险源分布、分级、分类不清，重大环境隐患尚未得到有效治理，风险防范及预测预警能力亟待加强。

其次是环境监测能力不足，预测预警能力有限。目前，多数地区环境监测能力

不能满足预警监测的需要，部分环保重点城市不具备饮用水水源水质全指标分析能力，全国应急监测仪器平均装备水平低于监测站能力建设标准，且发展不平衡，中西部和县级监测能力建设相对滞后，监测手段、预测预警的精度有待增强。而技术支撑体系薄弱及监测能力的不足，使得风险信息、监测数据等信息的数量和质量受到很大影响，加上预警预测信息的分析评估能力欠缺，导致难以快速、准确确定风险的性质、发展趋势及影响范围。

（六）装备水平偏低，科技支撑不足，保障能力有限

在突发环境事件应急管理政府财力和社会保障方面，我国财政紧急储备基金制度还没有完善；财政预算、金融和税收措施不规范；社会保障制度不完善，如环境责任保险制度缺乏。这与发达国家除了有强大的财力支撑和保障外，还通过政府、民间机构、市民三者分担的形式，构建起了一个安全的多层次社会保障体系相比，还有很大的差距。目前，各地环境应急装备主要为自给，资金主要由各环保局环境应急管理资金支出。据统计，全国 31 个省（自治区、直辖市）中多数省份用于环境应急管理的资金比较缺乏，有部分省（市）严重不足。资金的匮乏直接导致各省（市）应急装备水平普遍较低，远不能满足实际工作的需求。与突发环境事件应对相匹配的监测标准、处置技术规范的制定尚处于起步阶段，紧急需要时不能及时、有序、有效地获取并应用，容易延误时机，影响救援，扩大危害。同时，受多种因素影响，全国环境应急装备水平发展不平衡，造成部分地区应急装备水平与应急处置救援需求不匹配。全国范围内的环境应急救援资源数量有限，且主要分散在大型环境风险企业中，政府层面储备应急装备的主动性不够，且未形成体系，未充分考虑各地的现实及潜在需求，针对性、实用性不强。

思考题

1. 突发环境事件的特点及类别有哪些？
2. 环境应急管理的涵义及特征是什么？
3. 环境应急管理的主要任务是什么？

第二章　环境应急管理体系

环境应急管理与事故灾难、自然灾害、公共卫生、社会安全事件应急管理都密切相关，是国家应急管理的重要支撑和组成部分。针对我国目前环境应急管理方面存在的主要问题，通过各级政府、部门、企业和全社会的共同努力，建立起一个统一协调指挥、结构完整、功能齐全、反应灵敏、运转高效、资源共享、保障有力、符合国情的环境应急管理体系，并与事故灾难、自然灾害、公共卫生、社会安全事件应急管理体系进行有机衔接，可以有效应对各类突发环境事件，并为应对其他类别的突发事件提供有力的支持。

第一节　建设中国环境应急管理体系的重要性和紧迫性

当前，全国突发环境事件居高不下，环境应急管理面临严峻挑战。发达国家上百年工业化过程中分阶段出现的环境问题，在我国近 20 多年来集中出现，呈现结构型、复合型、压缩型的特点，主要污染物排放量超过环境承载能力，多区域、多方面、多形式的环境风险相对集中爆发，近几年明显出现突发环境事件高发的态势。我国工业化、城镇化加速发展，经济增长方式比较粗放，重化工行业占国民经济比重较大，工业布局不够合理，加之自然灾害多发频发，环境应急管理起步晚、基础弱，环境安全形势非常严峻。

我国环境应急管理体系建设的探索和实践刚刚起步，还存在思想观念滞后、应急工作被动，法制存在空白，体制存在缺失，关系不够顺畅，机制尚不健全，能力严重不足，基础比较薄弱等突出问题。这些现实国情凸显了建立中国特色环境应急管理体系的必要性和紧迫性。

做好环境应急管理工作，对于深入贯彻落实科学发展观，有效防范和妥善应对突发环境事件，保障人民群众生命财产安全和环境安全，促进经济社会又好又快发展，维护社会和谐稳定，十分重要，不可或缺。

加强环境应急管理是贯彻落实党中央、国务院领导同志批示精神的职责所在。党中央、国务院高度重视环境应急管理工作，仅从 2009 年以来，中央领导同志就对 16 起突发环境事件作出 19 次批示。特别是针对频繁发生的重金属污染事件，温家宝总理批示要求：从源头查处污染企业，重视群众的反映和意见，统盘规划，研究提出方案，并作部署和检查。针对跨界水污染事件多发的形势，李克强副总理批示要求：采取措施治理跨区域河道污染，确保流域群众饮用水安全。中央领导同志的批示对环境应急管理提出了明确要求，为应急管理工作指明了努力方向，是进一步做好环境应急工作的强大动力。

加强环境应急管理是保障和改善民生的迫切需要。环境保护是重大的民生问题。环境应急管理是环保为民的前沿阵地，是保障民生、维护社会和谐稳定的重要举措。突发环境事件诱因复杂，影响面广，如果未能得到有效控制，将会迅速扩大，演变发展，难于处理，往往会对人民群众身体健康和财产安全带来无法挽回的损失。2009 年以来，接连发生的江苏盐城市水污染事件、鲁苏交界邳苍分洪道砷污染事件，严重威胁下游上百万群众的饮用水安全；12 起典型重金属污染事件共造成 4 000 多人体内铅镉超标，严重危害人民群众身体健康。特别是突发环境事件很容易成为各种社会矛盾集中爆发的导火索，据不完全统计，2009 年以来全国共发生 48 起由环境问题引发的群体性事件，其中湖南省浏阳市镉污染事件、邵阳武冈市和陕西凤翔县儿童血铅超标事件都引起较大规模的群体性事件，严重影响当地社会和谐稳定。

加强环境应急管理是维护国家环境安全的重要举措。加强环境应急管理，积极防范环境风险，妥善应对突发环境事件是保障国家环境安全最紧迫、最直接、最现实的任务。从根本上讲，突发环境事件是经济发展与环境保护之间矛盾的一种极端表现形式，是粗放式发展必然结出的恶果，是环境问题长期累积、叠加的破坏性释放，同时又进一步加剧了经济发展与环境保护之间的矛盾。各级环境保护部门要将应急管理各项工作落实到位，切实保障国家生态环境安全，努力实现经济发展与环境保护双赢，为建设生态文明作出应有贡献。

加强环境应急管理是忠实履行环保职能的直接体现。近年来，我国环境应急管理工作不断推进，环境应急能力得到加强，突发环境事件应对工作取得积极成效。但是，必须清醒地看到，一些地方在思想认识和行动上仍有较大差距，没有把应急管理工作摆上应有的位置，只满足于"扬汤止沸"，不重视"釜底抽薪"，事件发生后，见事迟、反应慢，贻误最佳时机，导致小事故最终演变为大事件，甚至漏报、瞒报突发事件，给上级政府和部门的决策造成很大被动；环境应急管理法制不完善、体制不顺畅、机制不健全的问题依然突出，应急预案不科学、保障措施不落实的情况相当普遍，应急管理工作基础薄弱，防范和处置重大突发事件的能力非常欠缺，凡此种种，都与国家加强环境管理的需要严重不适应，已经成为推进环保历史性转变的"短板"和"瓶颈"。环境应急管理作为应对突发环境事件的最后一道防线，必须积极探寻环境应急管理领域的新思路、新办法、新举措。

"天下难事必作于易，天下大事必作于细"。解决这一重大课题，必须以科学发展观为指导，坚持辩证思维和系统思维，加快建设中国特色的环境应急管理体系，是实现预防、预测、预警、指挥、协调、处置、救援、评估、恢复等环境应急管理各环节中各方面快速高效、有序反应，防止突发环境事件的发生，减少突发环境事件的负面影响的重要保障。

第二节　环境应急管理体系内涵

应急管理体系是指应对突发事件时的组织、制度、行为、资源等相关应急要素及要素间关系的总和。环境应急管理体系是指在政府领导下，以法律为准绳，全面整合各种资源，制定科学规范的应急机制和应急预案，建立以政府为核心、全社会共同参与的组织网络，预防和应对各类突发环境事件，保障公众生命财产和环境安全，保证社会秩序正常运转的工作系统。

中国环境应急管理体系以"事前预防—应急准备—应急响应—事后管理"四个阶段的全过程管理为主线，围绕应急预案、应急管理体制、机制、法制建设，构建起了"一案三制"的核心框架。该体系包括风险防控、应急预案、指挥协调、恢复评估四大核心要素，以及政策法律、组织管理、应急资源三大保障要素，各要素相互联系、相互作用，共同形成有机整体，是一个不断发展的开放的体系。

一、预案建设

预案建设是环境应急管理的龙头，是"一案三制"的起点。预案具有应急规划、纲领和指南的作用，是应急理念的载体，是应急行动的宣传书、动员令、冲锋号，是应急管理部门实施应急教育、预防、引导、操作等多方面工作的有力抓手。制定预案是依据宪法及有关法律、行政法规，把应对突发事件的成功做法规范化、制度化，明确今后如何预防和处置突发环境事件。实质上是把非常态事件中的隐性的常态因素显性化，也就是对历史经验中带有规律性的做法进行总结、概括和提炼，形成有约束力的制度性条文。启动和执行应急预案，就是将制度化的内在规定性转为实践中的外化的确定性。预案为突发环境事件中的应急指挥和处置、救援人员在紧急情态下行使权力、实施行动的方式和重点提供了导向，可以降低因突发环境事件的不确定性而失去对关键时机、关键环节的把握，或浪费资源的概率。

科学的环境应急预案体系应包括国家级应急预案、行业应急预案、各级政府应急预案、相关部门应急预案和企业应急预案，预案体系横向到边、纵向到底，符合综合化、系统化、专业化和协同化要求，预案之间相互衔接、统一协调、综合配套，发挥整体效用。国家突发事件应急预案分为两个层次，一是中央一级的突发事件总体应急预案、专项应急预案和部门应急预案；二是地方一级突发事件总体应急预案、专项应急预案和部门应急预案。企事业单位应当依法制定应急预案。举办重大活动，主办单位也要制定预案。截至 2009 年，国务院及其部门已经制定了《国家突发事件总体应急预案》、25 件专项预案、80 件部门预案和省级预案；各市、县政府也大都制定了总体应急预案。经过几年的努力，我国已制定各级应急预案 240 多万件，涵盖了各类突发事件，全国应急预案之网基本形成，预案修订和完善工作不断加强，动态管理制度初步建立。预案编制工作加快向社区、农村和各类企事业单位深入推进。地方和部门联合、专业力量和社会组织共同参与的应急演习有序开展。应急预案体系的建立，为应对突发事件发挥了极为重要的基础性作用。

就专门环境应急预案而言，从国家突发环境事件应急预案到各省、市突发环境事件等专项应急预案均编制完成，部分重点企业也编制完成企业突发环境事件应急预案。此外，编制完成了一系列专门领域的突发环境事件应急预案，如《黄河敏感河段水污染预警与应急预案》《处置化学恐怖袭击事件应急预案》《核恐怖袭击事件应急预案》《淮河流域环境应急预案》《海河流域敏感区域水环境应急预案》等，全国环境应急预案体系初步建立。

科学的环境应急预案应具备"准、活"的特点。所谓"准"，就是根据事件发生、发展和演变规律，针对本地区、本部门、本企业环境风险隐患和薄弱环节，科学制定和实施预案，实现预案的管用、扼要、可操作。所谓"活"，就是在认真总结经验教训的基础上，根据地区产业结构和布局的变动、行业技术和替代品的发展、企业作业条件与环境的变迁等，适时修订完善，实现动态管理。

二、体制建设

应急管理体制主要是指应急指挥机构、社会动员体系、领导责任制度、专业处置队伍和专家咨询队伍等组成部分。

我国应急管理体制按照"统一领导、综合协调、分类管理、分级负责、属地管理为主"的原则建立。从机构和制度建设看，既有中央级的非常设应急指挥机构和常设办事机构，又有地方政府对应的各级指挥机构，并建立了一系列应急管理制度。从职能配置看，应急管理机构在法律意义上明确了在常态下编制规划和预案、统筹推进建设、配置各种资源、组织开展演习、排查风险源的职能，规定了在突发事件中采取措施、实施步骤的权限。从人员配备看，既有负责日常管理的从中央到地方的各级行政人员和专职救援、处置的队伍，又有高校和科研单位的专家。

我国环境应急管理的组织体系由应急领导机构、综合协调机构、有关类别环境事件专业指挥机构、应急支持保障部门、专家咨询机构、地方各级人民政府突发环境事件应急领导机构和应急处置队伍组成（详见图2-1环境应急管理组织体系框架图）。

（一）应急领导机构

国务院是我国突发公共事件应急管理工作的最高行政领导机构。在国务院总理领导下，由国务院常务会议和国家相关突发公共事件应急指挥机构负责突发公共事件的应急管理工作；必要时，派出国务院工作组指导有关工作。

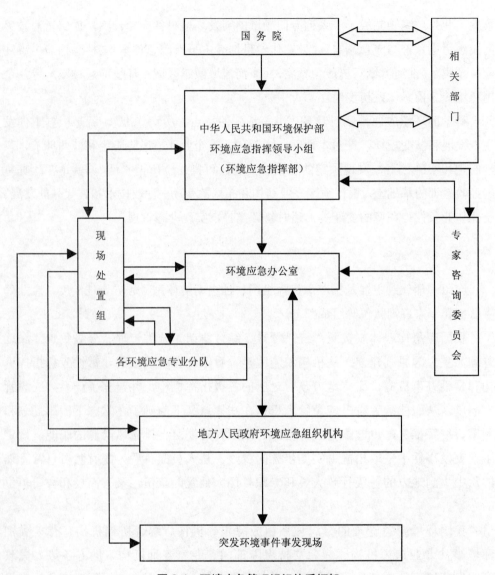

图 2-1　环境应急管理组织体系框架

　　国务院办公厅设国务院应急管理办公室，履行值守应急、信息汇总和综合协调职责，发挥运转枢纽作用。

　　我国的环境应急管理是在国务院的统一领导下，由全国环境保护部际联席会议负责统一协调突发环境事件的应对工作，各专业部门按照各自职责做好相关专业领域突发环境事件应对工作，各应急支持保障部门按照各自职责做好突发环境事件应急保障工作。

（二）综合协调机构

全国环境保护部际联席会议负责协调国家突发环境事件应对工作。贯彻执行党中央、国务院有关应急工作的方针、政策，认真落实国务院有关环境应急工作指示和要求；建立和完善环境应急预警机制，组织制定（修订）国家突发环境事件应急预案；统一协调重大、特别重大环境事件的应急救援工作；指导地方政府有关部门做好突发环境事件应急工作；部署国家环境应急工作的公众宣传和教育，统一发布环境污染应急信息；完成国务院下达的其他应急救援任务。

各有关成员部门负责各自专业领域的应急协调保障工作。

（三）环境保护部环境应急指挥领导小组办公室

2008 年 12 月 31 日，环境保护部根据《国务院办公厅关于印发环境保护部主要职责内设机构和人员编制规定的通知》（国办发[2008]73 号）和《关于印发〈环境保护部机关"三定"实施方案〉的通知》（环发[2008]104 号）有关规定，环境保护部环境应急指挥领导小组办公室（简称"应急办"）设在环境保护部环境应急与事故调查中心，负责重、特大突发环境污染事故和生态破坏事件的应急工作，承担重、特大环境事件的调查工作。其主要职责：组织拟定重、特大突发环境污染事故和生态破坏事件的应急预案，指导、协调地方政府重、特大突发环境事件的应急、预警工作；管理并发布突发环境事件的环境信息；承担重、特大环境事件的调查工作；管理 12369 电话投诉和网上投诉有关工作；参与环境监察局组织的环境执法检查工作；对存在环境风险隐患的行业或单位的建设项目提出环评审查意见；提出有关区域限批、流域限批、行业限批的建议；参与重、特大突发环境事件损失评估工作。

（四）有关类别环境事件专业指挥机构

全国环境保护部际联席会议有关成员单位之间建立应急联系工作机制，保证信息通畅，做到信息共享；按照各自职责制定本部门的环境应急救援和保障方面的应急预案，并负责管理和实施；需要其他部门增援时，有关部门向全国环境保护部际联席会议提出增援请求。必要时，国务院组织协调特别重大突发环境事件应急工作。

（五）突发环境事件处置指挥领导机构

环境应急处置指挥坚持属地为主的原则，特别重大环境事件发生地的省（区、市）人民政府成立现场应急处置指挥部。所有参与应急处置的队伍和人员必须服从现场应急救援指挥部的指挥。现场应急处置指挥部为参与应急处置的队伍和人员提供工作条件。地方政府建立以政府为主导，统辖各专业职能部门和有关处置队伍，成立突发环境事件的应急指挥领导机构。

地方各级人民政府的突发环境事件应急机构由地方人民政府确定。

（六）专家咨询机构

全国环境保护部际联席会议设立突发环境事件专家组，聘请科研单位和军队有关专家组成。2009 年 12 月环境保护部根据《国家突发环境事件应急预案》的要求，决定组建第一届环境应急专家组，并聘请 26 位专家为第一届环境应急专家组成员。为了充分发挥环境应急专家在突发环境事件处置和环境应急管理咨询等工作中的作用，保障环境应急专家有效开展工作，规范环境应急专家的遴选和管理，2010 年 7月环境保护部还出台了《环境保护部环境应急专家管理办法》。

（七）应急处置队伍

突发环境事件处置队伍由各相关专业的专/兼职应急处置队伍组成。

三、机制建设

应急管理机制是行政管理组织为保证环境应急管理全过程有效运转而建立的机理性制度。应急管理机制是为积极发挥体制作用服务的，同时又与体制有着相辅相成的关系，建立"统一指挥、反应灵敏、功能齐全、协调有力、运转高效"的应急管理机制。它既可以促进应急管理体制的健全和有效运转，也可以弥补体制存在的不足。经过几年的努力，我国初步建立了环境风险预测预警机制、环境应急预案动态管理机制、环境应急响应机制、信息通报机制、部门联动工作机制、企业应急联动机制、环境应急修复机制、环境损害评估机制等。我国在培育应急管理机制时，重视应急管理工作平台建设。国务院制定了"十一五"期间应急平台建设规划并启动了这一工程，其中，公共安全监测监控、预测预警、指挥决策与处置等核心技术难关已经基本攻克，国家统一指挥、功能齐全、先进可靠、反应灵敏、实用高效的公共安全应急体系技术平台正在加快建设步伐，为构建一体化、准确、快速应急决策指挥和工作系统提供了支撑和保障。环境应急管理的机制有：

（一）环境风险预测预警机制

加强国内外突发环境事件信息收集整理、研究，按照"早发现、早报告、早处置"的原则，开展对国内外环境信息、自然灾害预警信息、常规环境监测数据、辐射环境监测数据的综合分析、风险评估工作，包括对发生在境外、有可能对我国造成环境影响事件信息的收集与传报。开展环境安全风险隐患排查监管工作，加强环境风险隐患动态管理。加强日常环境监测，及时掌握重点流域、敏感地区的环境变化，根据地区、季节特点有针对性地开展环境事件防范工作。

（二）环境应急预案动态管理机制

进一步完善突发环境事件应急预案体系，指导社区、企业层面全面开展突发环境事件应急预案的编制工作，提高预案的实效性、针对性和可操作性，制定分行业、分类的环境应急预案编制指南，规范预案编制、内容、修订、评估、备案和演习等。

（三）环境应急响应机制

按照"统一领导，分类管理，分级负责，条块结合，属地为主"的原则，建立分级响应机制。事发地人民政府接到事件报告后，要立即启动本级突发环境事件应急预案，组织有关部门进行先期处置。出现本级政府无法应对的突发环境事件，应当马上请求上级政府直接管理。"属地管理为主"不排除上级政府及其有关部门对其工作的指导，也不能免除发生地其他部门的协同义务。

（四）信息通报机制

当突发环境事件影响到毗邻省（自治区、直辖市）或可能波及毗邻省（自治区、直辖市）时，事发地省级人民政府及时将情况通报有关省（自治区、直辖市）人民政府，使其能及时采取必要的防控和监控措施。必要时，环境保护部可直接通报受影响或可能波及的省（自治区、直辖市）环境保护部门。

（五）部门联动工作机制

各级政府建设综合性的、常设的、专司环境应急事务的协调指挥机构，采用统一接警，分级、分类出警的运行模式。公安、消防、安监、卫生、环保、质监、水利、土地等部门加强横向联系，建立信息通报、应急联动等工作机制。

（六）企业应急联动机制

建立各级人民政府与企业、企业与企业、企业与关联单位之间的应急联动机制，形成统一指挥、相互支持、密切配合、协同应对各类突发公共事件的合力，协调有序地开展应急管理工作。中央企业加强与其所在地人民政府有关部门的沟通衔接，主动接受环保、安全生产等部门的监管，发生突发公共事件后要及时报告有关情况，发布预警信息。

（七）环境紧急修复机制

环境紧急修复是指环境事件发生后，政府及有关部门采取的应急处置措施，控制和减少环境污染损害。包括水环境紧急修复、大气环境紧急修复、土壤环境紧急修复、固体废物转移和安全处置等。

（八）环境损害评估机制

环境损害评估包括：直接经济损失评估、间接经济损失评估等。环境损害评估涉及多个政府部门，如农业部门负责农作物、渔业损失的评估，林业部门负责林业损失的评估，卫生部门负责人员救治的评估，安全监管部门负责安全生产事故灾难直接损失的评估等。

四、法制建设

法律手段是应对突发事件最基本、最主要的手段。应急管理法制建设，就是依法开展应急工作，努力使突发事件的应急处置走向规范化、制度化和法制化轨道，使政府和公民在应对突发事件中明确权利、义务，使政府得到高度授权，维护国家利益和公共利益，使公民基本权益得到最大限度地保护。

目前，我国应急管理法律体系基本形成，主要体现在以下几个方面：

（一）《中华人民共和国宪法》的规定

在生态环境和自然资源的国家保护方面，《宪法》第九条第 2 款规定："国家保障自然资源的合理利用，保护珍贵的动物和植物。禁止任何组织或者个人用任何手段侵占或者破坏自然资源。"第二十六条规定："国家保护和改善生活环境和生态环境，防治污染和其他公害。国家组织和鼓励植树造林，保护林木。"虽然，我国宪法对国家环境保护任务的规定采取了最具普遍适用意义的措辞，并没有明确地使用"紧急状态""突发事件""应急处理"等具有特殊适用意义的词语。但是，在法律没有特别规定的情况下，具有普遍适用意义的"保障""保护""改善""防治"等措辞应适用于突发环境事件的应急处理。

在我国，紧急状态下的环境保护职责由全国人大、全国人大常委会、国务院和地方各级人民政府、军队分工履行。关于全国人大及全国人大常委会的职责问题，我国《宪法》第六十七条第 19 项规定，全国人民代表大会常务委员会行使下列职权：决定全国总动员或者局部动员；该条第 20 项规定全国人民代表大会常务委员会行使下列职权：决定全国或者个别省、自治区、直辖市进入紧急状态。可见，在突发环境事件影响面广、危害相当严重时，全国人大常委会有权采取与其地位相适应的动员和戒严措施。关于国务院的职权问题，《宪法》第八十九条第 6 项规定领导和管理经济工作和城乡建设；该条第 7 项规定领导和管理教育、科学、文化、卫生、体育和计划生育工作；该条第 16 项规定依照法律规定决定省、自治区、直辖市的范围内部分地区进入紧急状态。而环境保护的应急工作，无论从理论上还是实践的角度看，均渗透到了经济、城乡、文化和卫生等工作的方方面面，严重时还严重影响局部地域的正常状态，因此国务院享有突发环境事件的应急处理行政职权和省、自治区、直辖市的范围内部分地区的戒严决定职权。同样地，从宪法的有关规定也可以看出，地方政府也享有一定的环境保护应急处理职权。关于军队的角色问题，我国《宪法》第二十九条第 1 款规定："中华人民共和国的武装力量属于人民。它的任务是巩固国防，抵抗侵略，保卫祖国，保卫人民的和平劳动，参加国家建设事业，努力为人民服务。"由于参加突发环境事件的应急处理属于参加国家建设、努力为人民服务的范畴，因此军队参加突发环境事件的应急处理是有根本大法的依据的。

（二）《中华人民共和国突发事件应对法》的规定

起草《突发事件应对法》缘于 2003 年的 SARS 疫情和 2004 年修宪。2007 年 8 月 30 日，第十届全国人大常委会第 29 次会议通过了《中华人民共和国突发事件应对法》，并于 2007 年 11 月 1 日起施行。《突发事件应对法》的公布施行，是我国法制建设的一件大事，标志着突发事件应对工作全面纳入法制化轨道，对于提高全社会应对突发事件的能力，及时有效地控制、减轻和消除突发事件引起的严重社会危害，保护人民生命财产安全，维护国家安全、公共安全和环境安全，构建社会主义和谐社会，都具有重要意义。该法比较系统地规定了危机应对工作和应急法制的基本方面，是我国应急法律体系中起着总体指导作用的重要法律，成为我国应急法制快速发展、趋向完备的一个里程碑，它与其他的应急法律规范一道，会在我国社会生活中发挥重要的制度规范作用。

突发事件的应对是个动态的发展过程，一般包括预防与应急准备、监测与预警、应急处置与救援、事后恢复与重建等环节。《突发事件应对法》共七章 62 条，内容包括总则、预防与应急准备、监测与预警、应急处置与救援、事后恢复与重建、法律责任和附则。详细规定了政府及有关部门、军队、公民、法人和其他组织的责任和义务。

（三）环境保护法律的规定

在宪法规定的指导下，我国的综合性环境保护法律、环境污染防治单行法律、生态破坏防治与自然资源保护单行法律对突发环境事件的应急处理分别作出了综合性和专门的法律规定。

1. 综合性环境保护法律的规定

《中华人民共和国环境保护法》是我国的综合性环境保护法律，该法除了规定具有普遍适用意义的一般原则、基本制度和法律责任等内容之外，还针对突发环境事件的应急处理作出了专门的规定。该法第三十一条规定："因发生事故或者其他突然性事件，造成或者可能造成污染事故的单位，必须立即采取措施处理，及时通报可能受到污染危害的单位和居民，并向当地环境保护主管部门和有关部门报告，接受调查处理。可能发生重大污染事故的企业事业单位，应当采取措施，加强防范。"此规定衔接了各单行环境法律有关突发环境事件应急的规定，弥补自身规定的不足，并适用于各单行环境法律没有规制的突发环境事件，如突发环境噪声污染、次声波危害、振动危害、有毒有害物质污染、转基因食品和生物危害、生态安全危害等事件。

2. 环境污染防治单行法律的规定

在突发固体废物污染事件的应急处理方面，2004 年修订的《固体废物污染环境防治法》第六十二条规定了应急预案制度，即"产生、收集、贮存、运输、利用、处置危险废物的单位，应当制定意外事故的防范措施和应急预案，并向所在地县级以上地方人民政府环境保护主管部门备案；环境保护主管部门应当进行检查。"第六十三条规定了原因者的应急义务，即"因发生事故或者其他突发性事件，造成危险废物严重污染环境的单位，必须立即采取措施消除或者减轻对环境的污染危害，及时通报可能受到污染危害的单位和居民，并向所在地县级以上地方人民政府环境保护主管部门和有关部门报告，接受调查处理。"第六十四条规定了政府及其环境保护主管部门的应急职责，即"在发生或者有证据证明可能发生危险废物严重污染环境、威胁居民生命财产安全时，县级以上地方人民政府环境保护主管部门或者其他固体废物污染环境防治工作的监督管理部门必须立即向本级人民政府和上一级人民政府有关行政主管部门报告，由人民政府采取防止或者减轻危害的有效措施。有关人民政府可以根据需要责令停止导致或者可能导致环境污染事故的作业。"在突发水污染事件的应急处理方面，2008 年修订的《水污染防治法》第六章专门就水污染事故的处置做了详细规定，既规定了各级人民政府及其有关部门应急准备、处置和事后恢复的义务，又规定了原因者的预防义务、应急义务、通报和报告的义务以及接受调查处理的义务。在突发大气污染事件的应急处理方面，2000 年修订的《大气污染防治法》第二十条"单位因发生事故或者其他突然性事件，排放和泄漏有毒有害气体和放射性物质，造成或者可能造成大气污染事故、危害人体健康的，必须立即采取防治大气污染危害的应急措施，通报可能受到大气污染危害的单位和居民，并报告当地环境保护主管部门，接受调查处理。在大气受到严重污染，危害人体健康和安全的紧急情况下，当地人民政府应当及时向当地居民公告，采取强制性应急措施，包括责令有关排污单位停止排放污染物。"既规定了原因者的应急义务、通报和报告的义务以及接受调查处理的义务，又规定了环境保护主管部门的报告职责和当地人民政府的强制应急职责。在突发海洋污染事件的应急处理方面，1999 年修订的《海洋环境保护法》第十七条既规定了原因者的应急义务、通报和报告的义务、接受调查处理的义务，还规定了环境保护主管部门的报告职责和当地人民政府的行政应急职责；第十八条规定了国家重大海上污染事故应急计划的制定与备案、单位污染事故应急计划的制定与备案、应急计划的效力等。

3. 生态破坏防治与自然资源保护单行法律的规定

目前，我国生态破坏防治与自然资源保护单行法律主要有《森林法》《草原法》《农业法》《防沙治沙法》《土地管理法》《水土保持法》《渔业法》《野生动物保护法》《农业法》《矿产资源法》《煤炭法》等，而涉及突发环境事件应急处理规定的有 1998 年修正的《森林法》和 2002 年修正的《草原法》。

（四）环境法规的规定

在宪法、环境保护法律规定的框架内，一些单行环境行政法规也规定了突发环境事件的应急处理问题。如 1995 年的《淮河流域水污染防治暂行条例》、2000 年的《水污染防治法实施细则》以及根据《海洋环境保护法》制定的《防治陆源污染物污染损害海洋环境管理条例》《海洋石油勘探开发环境保护管理条例》等条例，它们具有一个共同的特征，即在《环境保护法》和各单行环境法律的框架内规定了制度化的突发环境事件应急处理机制，如《水污染防治法实施细则》第十九条在《水污染防治法》的框架内明确了企业事业单位停止或者减少排污的应急义务、事故初步报告的时间和具体内容、事故最终报告的内容，明确了环境保护部门的双重报告和监测、调查处理职责，规定了有关人民政府的应急组织和应急处理职责，明确了船舶和渔业水体污染事故责任人的报告义务和调查处理机关的调查处理与通报义务，规定了跨区域污染事故发生地的县级以上地方人民政府的具体通报义务。

第三节 环境应急管理法定职责

突发环境事件的预防、处置，遵循一般公认的国际法原则，如"预防为主""预防与应急相结合""污染者负担""协同作用""谁污染谁承担、谁得利谁支付、谁受害谁受救济"，体现了事故相关方的责任和义务。我国现行的法律、法规、规章依据上述原则，对事故责任方、政府、环保等职能部门都赋予了一定的法定职责，其中，政府是环境应急管理的责任主体；职能部门是组织实施主体；企业是防范和处置主体；事故责任方有预防、清除或减轻污染危害、接受调查、赔偿等职责；地方人民政府有启动应急预案、控制污染、信息发布等职责；环境保护部门有开展应急监测、通知通报、协助政府做好应急处置等职责；政府其他部门根据各自职能分工开展应急工作。

依法行政是建设法制化社会的要求，本章对现有的法律法规进行了梳理，对事故责任方、各级政府、环境保护部门和其他相关部门的法定职责进行了分类，期望以此帮助事件相关方在预防和处置突发环境事件过程中，做到不缺位、不越位，按照自己的法定职责积极应对。

一、政府在应对突发环境事件中的法定职责

发生突发环境事件，各级人民政府在突发环境事件的预防、预警、应急响应、应急处置与应急事件的调查处理过程中，负有以下法律职责。

（一）制定应急预案、建立应急培训制度、开展应急演习、对风险源进行监控以及健全应急物资储备保障制度等预防与准备

各级人民政府，应根据有关规定，制定本级人民政府的应急预案；建立健全突发环境事件应急管理培训制度；开展有关突发环境事件应急知识的宣传普及活动和必要的应急演习；对本行政区域内容易引发突发环境事件的风险源、危险区域进行调查、登记、风险评估，定期进行检查、监控，并责令有关单位采取安全防范措施。

主要依据有：

（1）地方各级人民政府和县级以上地方各级人民政府有关部门根据有关法律、法规、规章、上级人民政府及其有关部门的应急预案，以及本地区的实际情况，制定相应的突发事件应急预案。

应急预案制定机关应当根据实际需要和情势变化，适时修订应急预案。应急预案的制定、修订程序由国务院规定。

（《中华人民共和国突发事件应对法》第十七条第3款）

（2）县级人民政府应当对本行政区域内容易引发自然灾害、事故灾难和公共卫生事件的风险源、危险区域进行调查、登记、风险评估，定期进行检查、监控，并责令有关单位采取安全防范措施。

省级和设区的市级人民政府应当对本行政区域内容易引发特别重大、重大突发事件的风险源、危险区域进行调查、登记、风险评估，组织进行检查、监控，并责令有关单位采取安全防范措施。

县级以上地方各级人民政府按照本法规定登记的风险源、危险区域，应当按照国家规定及时向社会公布。

（《中华人民共和国突发事件应对法》第二十条）

（3）县级以上人民政府应当建立健全突发事件应急管理培训制度，对人民政府及其有关部门负有处置突发事件职责的工作人员定期进行培训。（《中华人民共和国突发事件应对法》第二十五条）

（4）县级人民政府及其有关部门、乡级人民政府、街道办事处应当组织开展应急知识的宣传普及活动和必要的应急演习。

居民委员会、村民委员会、企业事业单位应当根据所在地人民政府的要求，结合各自的实际情况，开展有关突发事件应急知识的宣传普及活动和必要的应急演习。

（《中华人民共和国突发事件应对法》第二十九条第1、2款）

（5）设区的市级以上人民政府和突发事件易发、多发地区的县级人民政府应当建立应急救援物资、生活必需品和应急处置装备的储备制度。

县级以上地方各级人民政府应当根据本地区的实际情况，与有关企业签订协议，保障应急救援物资、生活必需品和应急处置装备的生产、供给。

（《中华人民共和国突发事件应对法》第三十二条第2、3款）

（6）各省、自治区、直辖市要建立健全水资源战略储备体系，各大中城市要建立特枯年或连续干旱年的供水安全储备，规划城市备用水源，制定特殊情况下的区域水资源配置和供水联合调度方案。地方各级人民政府应根据水资源条件，制定城乡饮用水安全保障的应急预案。要成立应急指挥机构，建立技术、物资和人员保障系统，落实重大事件的值班、报告、处理制度，形成有效的预警和应急救援机制。当原水、供水水质发生重大变化或供水水量严重不足时，供水单位必须立即采取措施并报请当地人民政府及时启动应急预案。（《国务院办公厅关于加强饮用水安全保障工作的通知》国环发[2005]45号第七条）

（7）地方各级人民政府应当将包括消防安全布局、消防站、消防供水、消防通信、消防车通道、消防装备等内容的消防规划纳入城乡规划，并负责组织实施。（《中

华人民共和国消防法》第八条）

（二）监测与预警

县级以上人民政府应当结合实际建立健全突发事件监测与预警体系。

主要法律依据有：

（1）县级以上地方各级人民政府应当建立或者确定本地区统一的突发事件信息系统，汇集、储存、分析、传输有关突发事件的信息，并与上级人民政府及其有关部门、下级人民政府及其有关部门、专业机构和监测网点的突发事件信息系统实现互联互通，加强跨部门、跨地区的信息交流与情报合作。（《中华人民共和国突发事件应对法》第三十七条第2款）

（2）可以预警的自然灾害、事故灾难或者公共卫生事件即将发生或者发生的可能性增大时，县级以上地方各级人民政府应当根据有关法律、行政法规和国务院规定的权限和程序，发布相应级别的警报，决定并宣布有关地区进入预警期，同时向上一级人民政府报告，必要时可以越级上报，并向当地驻军和可能受到危害的毗邻或者相关地区的人民政府通报。（《中华人民共和国突发事件应对法》第四十三条）

（3）在大气受到严重污染，危害人体健康和安全的紧急情况下，当地人民政府应当及时向当地居民公告，采取强制性应急措施，包括责令有关排污单位停止排放污染物。（《中华人民共和国大气污染防治法》第二十条第2款）

（4）按照突发环境事件严重性、紧急程度和可能影响的范围，突发环境事件的预警分为四级。预警级别由低到高，分别为四级、三级、二级和一级警报，颜色依次为蓝色、黄色、橙色和红色。

地方人民政府应当根据收集到的信息对突发环境事件进行预判，启动相应预警。

当环境质量超过国家和地方标准，发生严重环境污染时，有关地方人民政府应当组织相关部门密切监测污染状况，及时启动预警系统。

[《国家突发环境事件应急预案》（修订稿）3.3.1]

（5）发布突发事件预警的人民政府应当根据事态的发展情况和采取措施的效果，按照有关规定适时调整预警级别并重新发布。

有事实证明不可能发生突发环境事件或者危险已经解除的，发布预警的人民政府应当立即宣布解除预警，终止预警期，并解除已经采取的有关措施。

[《国家突发环境事件应急预案》（修订稿）3.3.3]

（三）突发环境事件发生后，采取有效的应急处置措施

根据法律法规的规定，发生突发环境事件后，县级以上人民政府应当采取有效措施解除或减轻污染危害，最大限度地保障人民群众的生产与生活安全。

主要法律依据有：

（1）突发事件发生后，发生地县级人民政府应当立即采取措施控制事态发展，组织开展应急救援和处置工作，并立即向上一级人民政府报告，必要时可以越级上报。（《中华人民共和国突发事件应对法》第七条第2款）

（2）突发事件发生后，履行统一领导职责或者组织处置突发事件的人民政府应当针对其性质、特点和危害程度，立即组织有关部门，调动应急救援队伍和社会力量，依照本章的规定和有关法律、法规、规章的规定采取应急处置措施。（《中华人民共和国突发事件应对法》第四十八条）

（3）自然灾害、事故灾难或者公共卫生事件发生后，履行统一领导职责的人民政府可以采取下列一项或者多项应急处置措施：

① 组织营救和救治受害人员，疏散、撤离并妥善安置受到威胁的人员以及采取其他救助措施；

② 迅速控制风险源，标明危险区域，封锁危险场所，划定警戒区，实行交通管制以及其他控制措施；

③ 立即抢修被损坏的交通、通信、供水、排水、供电、供气、供热等公共设施，向受到危害的人员提供避难场所和生活必需品，实施医疗救护和卫生防疫以及其他保障措施；

④ 禁止或者限制使用有关设备、设施，关闭或者限制使用有关场所，中止人员密集的活动或者可能导致危害扩大的生产经营活动以及采取其他保护措施；

⑤ 启用本级人民政府设置的财政预备费和储备的应急救援物资，必要时调用其他急需物资、设备、设施、工具；

⑥ 组织公民参加应急救援和处置工作，要求具有特定专长的人员提供服务；

⑦ 保障食品、饮用水、燃料等基本生活必需品的供应；

⑧ 依法从严惩处囤积居奇、哄抬物价、制假售假等扰乱市场秩序的行为，稳定市场价格，维护市场秩序；

⑨ 依法从严惩处哄抢财物、干扰破坏应急处置工作等扰乱社会秩序的行为，维护社会治安；

⑩ 采取防止发生次生、衍生事件的必要措施。

（《中华人民共和国突发事件应对法》第四十九条）

（4）县级以上地方人民政府环境保护主管部门，在环境受到严重污染威胁居民生命财产安全时，必须立即向当地人民政府报告，由人民政府采取有效措施，解除或者减轻危害。（《中华人民共和国环境保护法》第三十二条）

（5）环境保护部门收到水污染事故的初步报告后，应当立即向本级人民政府和上一级人民政府环境保护部门报告，有关地方人民政府应当组织有关部门对事故发生的原因进行调查，并采取有效措施，减轻或者消除污染。（《中华人民共和国水污染防治法实施细则》第十九条第2款）

（6）在大气受到严重污染，危害人体健康和安全的紧急情况下，当地人民政府应当及时向当地居民公告，采取强制性应急措施，包括责令有关排污单位停止排放污染物。（《中华人民共和国大气污染防治法》第二十条第2款）

（7）在发生或者有证据证明可能发生危险废物严重污染环境、威胁居民生命财产安全时，县级以上地方人民政府环境保护主管部门或者其他固体废物污染环境防治工作的监督管理部门必须立即向本级人民政府和上一级人民政府有关行政主管部门报告，由人民政府采取防止或者减轻危害的有效措施。有关人民政府可以根据需要责令停止导致或者可能导致环境污染事故的作业。（《中华人民共和国固体废物污染环境防治法》）第六十四条）

（8）造成固体废物污染环境重大事故的，由县级以上人民政府按照国务院规定的权限决定停业或者关闭。（《中华人民共和国固体废物污染环境防治法》）第八十二条）

（9）各级人民政府应当加强消防组织建设，根据经济社会发展的需要，建立多种形式的消防组织，加强消防技术人才培养，增强火灾预防、扑救和应急救援的能力。（《中华人民共和国消防法》）第三十五条）

（10）公安消防队、专职消防队参加火灾以外的其他重大灾害事故的应急救援工作，由县级以上人民政府统一领导。（《中华人民共和国消防法》第四十六条）

（四）向上级人民政府报告、发布信息、及时向毗邻区域通报有关情况

地方各级人民政府应当适时发布突发环境事件的相关信息，并把突发环境事件信息报告给上一级人民政府；当突发环境事件可能波及相邻地区时，事发地人民政府应及时通知相邻县、市、省或国家。

主要法律依据有：

（1）突发事件发生后，发生地县级人民政府应当立即采取措施控制事态发展，组织开展应急救援和处置工作，并立即向上一级人民政府报告，必要时可以越级上报。

突发事件发生地县级人民政府不能消除或者不能有效控制突发事件引起的严重社会危害的，应当及时向上级人民政府报告。上级人民政府应当及时采取措施，统一领导应急处置工作。（《中华人民共和国突发事件应对法》第七条第2、3款）

（2）地方各级人民政府应当按照国家有关规定向上级人民政府报送突发事件信息。县级以上人民政府有关主管部门应当向本级人民政府相关部门通报突发事件信息。专业机构、监测网点和信息报告员应当及时向所在地人民政府及其有关主管部门报告突发事件信息。（《中华人民共和国突发事件应对法》第三十九条第1款）

（3）县级以上地方各级人民政府应当及时汇总分析突发事件隐患和预警信息，必要时组织相关部门、专业技术人员、专家学者进行会商，对发生突发事件的可能性及其可能造成的影响进行评估；认为可能发生重大或者特别重大突发事件的，应当立即向上级人民政府报告，并向上级人民政府有关部门、当地驻军和可能受到危害的毗邻或者相关地区的人民政府通报。（《中华人民共和国突发事件应对法》第四十条）

（4）可以预警的自然灾害、事故灾难或者公共卫生事件即将发生或者发生的可能性增大时，县级以上地方各级人民政府应当根据有关法律、行政法规和国务院规定的权限和程序，发布相应级别的警报，决定并宣布有关地区进入预警期，同时向上一级人民政府报告，必要时可以越级上报，并向当地驻军和可能受到危害的毗邻或者相关地区的人民政府通报。（《中华人民共和国突发事件应对法》第四十三条）

（5）履行统一领导职责或者组织处置突发事件的人民政府，应当按照有关规定统一、准确、及时发布有关突发事件事态发展和应急处置工作的信息。（《中华人民

共和国突发事件应对法》第五十三条)

(6)水污染事故发生或者可能发生跨行政区域危害或者损害的,事故发生地的县级以上地方人民政府应当及时向受到或者可能受到事故危害或者损害的有关地方人民政府通报事故发生的时间、地点、类型和排放污染物的种类、数量以及需要采取的防范措施等情况。(《中华人民共和国水污染防治法实施细则》第十九条第4款)

(7)各级地方人民政府接到报告后,应根据突发环境事件的响应级别,向上一级人民政府报告。[《国家突发环境事件应急预案》(修订稿)4.2.1]

(8)突发环境事件发生在跨省界、跨流域地区的,在应急响应的同时,应当由事件发生地省级人民政府及时向毗邻和可能受影响的省(自治区、直辖市)人民政府通报突发环境事件的情况。[《国家突发环境事件应急预案》(修订稿)4.2.3(1)]

(五)事后评估与重建

突发事件的威胁和危害得到控制或者消除后,地方人民政府应该积极组织恢复与重建工作。

主要法律依据有:

(1)突发事件的威胁和危害得到控制或者消除后,履行统一领导职责或者组织处置突发事件的人民政府应当停止执行依照本法规定采取的应急处置措施,同时采取或者继续实施必要措施,防止发生自然灾害、事故灾难、公共卫生事件的次生、衍生事件或者重新引发社会安全事件。(《中华人民共和国突发事件应对法》第五十八条)

(2)突发事件应急处置工作结束后,履行统一领导职责的人民政府应当立即组织对突发事件造成的损失进行评估,组织受影响地区尽快恢复生产、生活、工作和社会秩序,制定恢复重建计划,并向上一级人民政府报告。(《中华人民共和国突发事件应对法》第五十九条第1款)

(3)受突发事件影响地区的人民政府开展恢复重建工作需要上一级人民政府支持的,可以向上一级人民政府提出请求。上一级人民政府应当根据受影响地区遭受的损失和实际情况,提供资金、物资支持和技术指导,组织其他地区提供资金、物资和人力支援。(《中华人民共和国突发事件应对法》第六十条)

(4)受突发事件影响地区的人民政府应当根据本地区遭受损失的情况,制定救助、补偿、抚慰、抚恤、安置等善后工作计划并组织实施，妥善解决因处置突发事件引发的矛盾和纠纷。(《中华人民共和国突发事件应对法》第六十一条)

(5) 履行统一领导职责的人民政府应当及时查明突发事件的发生经过和原因，总结突发事件应急处置工作的经验教训，制定改进措施，并向上一级人民政府提出报告。(《中华人民共和国突发事件应对法》第六十二条)

二、企业事业单位在应对突发环境事件中的法定义务

发生突发环境事件时，企业事业单位作为事故的主体，在突发环境事件预防、应急响应、应急处置与事件处理过程中，负有以下法定义务：

(一)制定突发环境事件应急预案

有环境风险隐患、可能发生突发环境事件的企业事业单位，应按法律法规制定突发环境事件应急预案。

主要法律依据有：

(1) 矿山、建筑施工单位和易燃易爆物品、危险化学品、放射性物品等危险物品的生产、经营、储运、使用单位，应当制定具体应急预案，并对生产经营场所、有危险物品的建筑物、构筑物及周边环境开展隐患排查，及时采取措施消除隐患，防止发生突发事件。(《中华人民共和国突发事件应对法》第二十三条)

(2) 可能发生水污染事故的企业事业单位，应当制定有关水污染事故的应急方案，做好应急准备，并定期进行演习。(《中华人民共和国水污染防治法》第六十七条第 1 款)

(3) 产生、收集、贮存、运输、利用、处置危险废物的单位，应当制定意外事故的防范措施和应急预案，并向所在地县级以上地方人民政府环境保护主管部门备案；环境保护主管部门应当进行检查。(《中华人民共和国固体废物污染环境防治法》)第六十二条)

(二)采取防范措施

可能发生突发环境事件的企业事业单位，在日常管理中要加强防范，采取措施尽可能避免突发环境事件的发生。

主要法律依据有：

（1）所有单位应当建立健全安全管理制度，定期检查本单位各项安全防范措施的落实情况，及时消除事故隐患；掌握并及时处理本单位存在的可能引发社会安全事件的问题，防止矛盾激化和事态扩大；对本单位可能发生的突发事件和采取安全防范措施的情况，应当按照规定及时向所在地人民政府或者人民政府有关部门报告。（《中华人民共和国突发事件应对法》第二十二条）

（2）可能发生重大污染事故的企业事业单位，应当采取措施，加强防范。（《中华人民共和国环境保护法》第三十一条第 2 款）

（3）生产、储存危险化学品的企业事业单位，应当采取措施，防止在处理安全生产事故过程中产生的可能严重污染水体的消防废水、废液直接排入水体。（《中华人民共和国水污染防治法》第六十七条第 2 款）

（4）可能发生突发环境事件的企业事业单位，应当根据有关法律、法规、规章和有关预案的规定，做好突发环境事件的预防工作，向当地环境保护部门申报登记易引发突发环境事件的危险源；开展环境安全隐患的排查治理，采取安全防范措施；制定突发环境事件应急预案，做好应急准备，并定期进行演练。[《国家突发环境事件应急预案》（修订稿）3.2.2]

（三）开展应急知识的宣传和应急演习

可能发生突发环境事件的企业事业单位，应结合各自的实际情况，开展有关突发事件应急知识的宣传普及活动和必要的应急演习。

主要法律依据有：

（1）居民委员会、村民委员会、企业事业单位应当根据所在地人民政府的要求，结合各自的实际情况，开展有关突发事件应急知识的宣传普及活动和必要的应急演习。（《中华人民共和国突发事件应对法》第二十九条第 2 款）

（2）可能发生水污染事故的企业事业单位，应当制定有关水污染事故的应急方案，做好应急准备，并定期进行演习。（《中华人民共和国水污染防治法》第六十七条第 1 款）

（四）发生突发环境事件后，应积极处置

发生事故或者其他突然性事件，造成或者可能造成污染的企业事业单位，必须立即采取措施处理，清除或减轻污染危害。

主要法律依据有：

（1）受到自然灾害危害或者发生事故灾难、公共卫生事件的单位，应当立即组织本单位应急救援队伍和工作人员营救受害人员，疏散、撤离、安置受到威胁的人员，控制风险源，标明危险区域，封锁危险场所，并采取其他防止危害扩大的必要措施，同时向所在地县级人民政府报告；对因本单位的问题引发的或者主体是本单位人员的社会安全事件，有关单位应当按照规定上报情况，并迅速派出负责人赶赴现场开展劝解、疏导工作。（《中华人民共和国突发事件应对法》第五十六条第 1 款）

（2）因发生事故或者其他突然性事件，造成或者可能造成污染事故的单位，必须立即采取措施处理，及时通报可能受到污染危害的单位和居民，并向当地环境保护主管部门和有关部门报告，接受调查处理。（《中华人民共和国环境保护法》第三十一条第 1 款）

（3）企业事业单位发生事故或者其他突发性事件，造成或者可能造成水污染事故的，应当立即启动本单位的应急方案，采取应急措施，并向事故发生地的县级以上地方人民政府或者环境保护主管部门报告。（《中华人民共和国水污染防治法》第六十八条第 1 款）

（4）单位因发生事故或者其他突然性事件，排放和泄漏有毒有害气体和放射性物质，造成或者可能造成大气污染事故、危害人体健康的，必须立即采取防治大气污染危害的应急措施，通报可能受到大气污染危害的单位和居民，并报告当地环境保护主管部门，接受调查处理。（《中华人民共和国大气污染防治法》第二十条第 1 款）

（5）因发生事故或者其他突发性事件，造成危险废物严重污染环境的单位，必须立即采取措施消除或者减轻对环境的污染危害，及时通报可能受到污染危害的单位和居民，并向所在地县级以上地方人民政府环境保护主管部门和有关部门报告，接受调查处理。（《中华人民共和国固体废物污染环境防治法》）第六十三条）

（6）发生危险化学品事故，单位主要负责人应当按照本单位制定的应急救援预案，立即组织救援，并立即报告当地负责危险化学品安全监督管理综合工作的部门和公安、环境保护、质检部门。（《危险化学品安全管理条例》第五十一条）

（7）任何人发现火灾都应当立即报警。任何单位、个人都应当无偿为报警提供便利，不得阻拦报警。严禁谎报火警。任何单位发生火灾，必须立即组织力量扑救。邻近单位应当给予支援。（《中华人民共和国消防法》）第四十四条第 1、3 款）

（7）企业事业单位发生事故或其他突发性事件，造成或者可能造成突发环境事件的，应当立即启动本单位的应急预案，采取应急措施。[《国家突发环境事件应急预案》（修订稿）4.1.2.4]

（五）向当地环境保护部门和有关部门报告并向可能受到影响的单位和居民
　　　 通报

一旦发生或有可能发生突发环境事件，企业事业单位可以通过拨打 12369 向当地环境保护部门报告，也可以通过 110、119、公共举报电话、网络、传真等形式向有关部门报告。当事故发生造成或者可能造成其他单位和居民受到污染危害时，企业事业单位应及时进行通报，并接受调查处理。

主要法律依据有：

（1）对本单位可能发生的突发事件和采取安全防范措施的情况，应当按照规定及时向所在地人民政府或者人民政府有关部门报告。（《中华人民共和国突发事件应对法》第二十二条）

（2）受到自然灾害危害或者发生事故灾难、公共卫生事件的单位，应当向所在地县级人民政府报告；对因本单位的问题引发的或者主体是本单位人员的社会安全事件，有关单位应当按照规定上报情况，并迅速派出负责人赶赴现场开展劝解、疏导工作。（《中华人民共和国突发事件应对法》第五十六条第1款）

（3）因发生事故或者其他突然性事件，造成或者可能造成污染事故的单位，必须立即采取措施处理，及时通报可能受到污染危害的单位和居民，并向当地环境保护主管部门和有关部门报告，接受调查处理。（《中华人民共和国环境保护法》第三十一条）

（4）企业事业单位发生事故或者其他突发性事件，造成或者可能造成水污染事故的，应当立即启动本单位的应急方案，采取应急措施，并向事故发生地的县级以上地方人民政府或者环境保护主管部门报告。造成渔业污染事故或者渔业船舶造成水污染事故的，应当向事故发生地的渔业主管部门报告，接受调查处理。其他船舶造成水污染事故的，应当向事故发生地的海事管理机构报告，接受调查处理。（《中华人民共和国水污染防治法》第六十八条）

（5）单位因发生事故或者其他突然性事件，排放和泄漏有毒有害气体和放射性物质，造成或者可能造成大气污染事故、危害人体健康的，必须立即采取防治大气污染危害的应急措施，通报可能受到大气污染危害的单位和居民，并报告当地环境保护主管部门，接受调查处理。(《中华人民共和国大气污染防治法》第二十条第 1 款)

(6)因发生事故或者其他突发性事件，造成危险废物严重污染环境的单位，必须立即采取措施消除或者减轻对环境的污染危害，及时通报可能受到污染危害的单位和居民，并向所在地县级以上地方人民政府环境保护主管部门和有关部门报告，接受调查处理。(《中华人民共和国固体废物污染环境防治法》)第六十三条)

（六）赔偿损失

事故造成公有和私有财产损失的，事故责任方应按有关规定给予赔偿。

主要依据为：

(1)造成环境污染危害的，有责任排除危害，并对直接受到损害的单位或者个人赔偿损失。(《中华人民共和国环境保护法》第四十一条第 1 款)

(2)企业事业单位违反本法规定，造成水污染事故的，由县级以上人民政府环境保护主管部门依照本条第二款的规定处以罚款，责令限期采取治理措施，消除污染；不按要求采取治理措施或者不具备治理能力的，由环境保护主管部门指定有治理能力的单位代为治理，所需费用由违法者承担；对造成重大或者特大水污染事故的，可以报经有批准权的人民政府批准，责令关闭；对直接负责的主管人员和其他直接责任人员可以处上一年度从本单位取得的收入百分之五十以下的罚款。(《中华人民共和国水污染防治法》第八十三条)

(3)因水污染受到损害的当事人，有权要求排污方排除危害和赔偿损失。由于不可抗力造成水污染损害的，排污方不承担赔偿责任；法律另有规定的除外。水污染损害是由受害人故意造成的，排污方不承担赔偿责任。水污染损害是由受害人重大过失造成的，可以减轻排污方的赔偿责任。水污染损害是由第三人造成的，排污方承担赔偿责任后，有权向第三人追偿。(《中华人民共和国水污染防治法》第八十五条)

(4)造成大气污染危害的单位，有责任排除危害，并对直接遭受损失的单位或者个人赔偿损失。(《中华人民共和国大气污染防治法》第六十二条第 1 款)

(5)受到固体废物污染损害的单位和个人，有权要求依法赔偿损失。

赔偿责任和赔偿金额的纠纷，可以根据当事人的请求，由环境保护主管部门或者其他固体废物污染环境防治工作的监督管理部门调解处理；调解不成的，当事人可以向人民法院提起诉讼。当事人也可以直接向人民法院提起诉讼。

国家鼓励法律服务机构对固体废物污染环境诉讼中的受害人提供法律援助。（《中华人民共和国固体废物污染环境防治法》第八十四条）

（6）危险化学品单位发生危险化学品事故造成人员伤亡、财产损失的，应当依法承担赔偿责任；拒不承担赔偿责任或者其负责人逃匿的，依法拍卖其财产，用于赔偿。（《危险化学品安全管理条例》第七十条）

三、环境保护主管部门在应对突发环境事件中的法定职责

根据现行环境保护法律、法规、规章的规定，各级环境保护主管部门在突发环境事件的预防、预警、应急响应、应急处置与事件的调查处理过程中，负有以下法定职责：

（一）向本级人民政府、上级环境保护部门报告及向相关部门、毗邻地区环境保护部门及时通报

当发现或得知突发环境事件后，县级以上环境保护部门应按规定向本级人民政府和上级环境保护部门报告。涉及其他部门职责的，应向其他部门通报。可能波及相邻地区时，应及时通知毗邻地区环境保护部门。被通报的环境保护部门，接到通报后，视情况及时报告本级政府。

主要法律依据有：

（1）县级以上地方人民政府环境保护主管部门，在环境受到严重污染威胁居民生命财产安全时，必须立即向当地人民政府报告，由人民政府采取有效措施，解除或者减轻危害。（《中华人民共和国环境保护法》第三十二条）

（2）企业事业单位发生事故或者其他突发性事件，造成或者可能造成水污染事故的，应当立即启动本单位的应急方案，采取应急措施，并向事故发生地的县级以上地方人民政府或者环境保护主管部门报告。环境保护主管部门接到报告后，应当及时向本级人民政府报告，并抄送有关部门。（《中华人民共和国水污染防治法》第六十八条第1款）

（3）在发生或者有证据证明可能发生危险废物严重污染环境、威胁居民生命财产安全时，县级以上地方人民政府环境保护主管部门或者其他固体废物污染环境防

治工作的监督管理部门必须立即向本级人民政府和上一级人民政府有关行政主管部门报告，由人民政府采取防止或者减轻危害的有效措施。(《中华人民共和国固体废物污染环境防治法》第六十四条)

（4）环境保护部门收到水污染事故的初步报告后，应当立即向本级人民政府和上一级人民政府环境保护部门报告。(《中华人民共和国水污染防治法实施细则》第十九条第2款)

（5）发生重大环境污染事故或者生态破坏事故，不按照规定报告或者在报告中弄虚作假，或者不依法采取必要措施或者拖延、推诿采取措施，致使事故扩大或者延误事故处理的，依法具有环境保护监督管理职责的国家行政机关及其工作人员，对直接责任人员，给予警告、记过或者记大过处分；情节较重的，给予降级或者撤职处分；情节严重的，给予开除处分。[《环境保护违法违纪行为处分暂行规定》第八条第（三）项]

（6）获悉突发环境事件信息后，事发地市、县（区）环境保护主管部门应当立即派人赶赴现场核实情况，对突发环境事件的性质和类别作出初步认定，并及时报告同级人民政府和上级环境保护主管部门。[《环境保护主管部门突发环境事件信息报告办法（修订稿）》第六条]

（7）突发环境事件已经或可能涉及相邻行政区域的，事发地环境保护主管部门应当在向同级人民政府和上一级环境保护主管部门报告的同时，及时通报相邻区域环境保护主管部门，并向同级人民政府提出向相邻区域人民政府进行通报的建议。接到通报的环境保护主管部门应当及时调查了解情况，并视情向同级人民政府和上一级环境保护主管部门报告。(《环境保护主管部门突发环境事件信息报告办法（修订稿）》第十二条)

（8）发生一般（Ⅳ级）、较大（Ⅲ级）突发环境事件时，事发地市、县（区）级环境保护主管部门应在发现或得知突发环境事件信息后立即进行核实，并在4小时内向同级人民政府和上一级环境保护主管部门报告。在突发环境事件处置过程中事件级别发生变化时，应按照变化后的级别进行信息报告。[《环境保护主管部门突发环境事件信息报告办法（修订稿）》第八条]

（9）发生重大（Ⅱ级）、特别重大（Ⅰ级）突发环境事件时，事发地市、县（区）级环境保护主管部门应当在发现或得知突发环境事件信息后立即进行核实，并在2小时内报告同级人民政府和省级环境保护主管部门，同时上报环境保护部。省级环境保护主管部门在接到报告后，应当进行核实并在 1 小时内报告环境保护部。(《环境保护主管部门突发环境事件信息报告办法（修订稿）》第九条）

（10）发生下列突发环境事件，事态紧急、情况严重的，或一时无法判明等级的，市、县（区）级环境保护主管部门在报告同级人民政府和省级环境保护主管部门的同时，应当直接向环境保护部报告：

① 对饮用水水源地造成或可能造成影响的；

② 涉及居民聚居区、学校、医院等敏感区域和敏感人群的；

③ 涉及重金属或类金属污染的；

④ 有可能产生跨省或跨国影响的；

⑤ 因环境污染引发群体性事件，或者社会影响较大的；

⑥ 核与辐射突发环境事件；

⑦ 地方认为有必要报告的其他突发环境事件。(《环境保护主管部门突发环境事件信息报告办法（修订稿）》第十条）

（二）开展环境应急监测工作

当发现或得知突发环境事件后，环境保护部门应立即组织对污染源和周围水、气等环境的监测工作，为应急决策提供科学依据。

主要法律依据有：

（1）县级以上人民政府环境保护部门应当组织对事故可能影响的水域进行监测，并对事故进行调查处理。(《中华人民共和国水污染防治法实施细则》第十九条第 2 款）

（2）固体废物污染环境的损害赔偿责任和赔偿金额的纠纷，当事人可以委托环境监测机构提供监测数据。环境监测机构应当接受委托，如实提供有关监测数据。(《中华人民共和国固体废物污染环境防治法》第八十七条）

（3）环境保护部门负责废弃危险化学品处置的监督管理，负责调查重大危险化学品污染事故和生态破坏事件，负责有毒化学品事故现场的应急监测和进口危险化学品的登记，并负责前述事项的监督检查。[《危险化学品安全管理条例》第五条第（四）项]

（4）环境保护部负责组织协调突发环境事件应急监测工作，并负责指导地方环境监测机构进行应急监测工作（海洋部门负责指导、协调海洋环境监测工作），为突发环境事件的应急处置提供技术支持。

①　根据突发环境事件污染物的扩散速度和事件发生地的气象、水文和地域特点，制定应急监测方案，确定污染物扩散的范围和浓度；

②　根据监测结果，综合分析突发环境事件污染变化趋势，并通过专家咨询和讨论的方式，预测并报告突发环境事件的发展情况和污染物的变化情况，作为突发环境事件应急决策的依据。

[《国家突发环境事件应急预案》（修订稿）4.5]

（5）国家建立突发环境事件预警支持系统，重点进行环境污染的警源分析、警兆辨识、警情判定、警度预报、警患排险工作，为预警发布提供技术支持。[《国家突发环境事件应急预案》（修订稿）3.4]

（三）适时向社会发布突发环境事件信息

环境保护部门应根据有关法律法规，适时向社会发布突发环境事件信息。

主要法律依据有：

（1）危险化学品事故造成环境污染的信息，由环境保护部门统一公布。（《危险化学品安全管理条例》第五十四条）

（2）环境污染与破坏事故的新闻发布实行分级管理。一般环境污染与破坏事故的新闻发布由事故发生地的省、自治区、直辖市环境保护部门发布，报总局备案。重大、特大环境污染与破坏事故由总局统一发布。核与辐射事故的发布执行国家有关规定。（《环境污染与破坏事故新闻发布管理办法》第四条）

（3）总局办公厅归口管理和协调环境污染与破坏事故的对外发布，总局宣传教育办公室（以下简称宣教办）具体负责有关新闻发布事宜。总局机关其他部门及直属单位、派出机构和个人不得擅自向社会发布环境污染与破坏事故信息。（《环境污染与破坏事故新闻发布管理办法》第八条）

（4）环境污染与破坏事故的新闻发布可以根据事故性质分别采取新华社通稿、新闻发布会、特邀记者采访报道等形式。发布内容包括环境污染与破坏事故的起因，事故造成环境污染和破坏的情况，事故对水、大气、土壤、生物等环境要素及对人体健康的影响，地方政府和环境保护部门及有关部门采取的措施等。（《环境污染与破坏事故新闻发布管理办法》第十条）

思考题

1. 阐述中国特色环境应急管理体系的内涵与框架。
2. 地方人民政府在突发环境事件中有哪些主要法定职责？
3. 目前，我国事故责任方在环境事件中有哪些赔偿损失的条款？

第三章　预防、预警与准备

　　预防、预警与应急准备，是防止突发环境事件发生及做好突发环境事件应急处置的基础，突发环境事件的早发现、早报告、早预警，是及时做好应急准备、有效处置突发事件、减少人员伤亡和财产损失的前提。县级以上地方人民政府及其有关部门应当在本行政区域或职权范围内采取必要的安全防范措施，制定并完善突发环境事件应急预案，开展应急培训、宣传及应急演习，组建各类应急处置队伍，保障经费、物资储备、应急通信，建立健全突发环境事件监测预警制度，开展风险源调查、登记、评估，分析、调处和化解易引发突发环境事件的矛盾纠纷，做好突发环境事件的预防与应急准备工作。环境保护部门要进一步加强建设项目环境风险评估、环境风险源的识别评估与监控、环境风险隐患排查监管等工作，以减少和降低环境风险。有关企业事业单位，特别是高危企业行业、公共场所、公共交通工具和其他人群密集场所的管理单位、居民委员会、村民委员会也应积极配合、协助政府及有关部门做好相关工作。

第一节　环境风险源管理

　　应急管理中最重要的是事故预防，即立足于防范与规避突发事件发生的环境风险管理。目前，我国环境风险管理的重点逐步由事后应急向源头预防转变。对可能导致或产生环境危害后果的环境风险源进行科学有效的管理是预防突发环境事件、减轻环境危害后果的根本途径。

一、环境风险源

（一）环境风险源内涵

环境风险源研究以危险源研究为基础。重大危险源的概念源于 20 世纪初工业高速发展的欧美，主要用于抑制工业生产领域中重大污染事件的频繁发生，实现事故的有效预防。我国在安全生产管理中，重大风险源的定义是指长期的或临时的生产、加工、搬运、使用或储存危险物质，且危险物质的数量等于或超过临界量的单元。危险物质是指一种物质或若干种物质的混合物，由于它的化学、物理或毒性特性，使其具有易导致火灾、爆炸或中毒的危险。判定单元是否构成重大风险源，所依据的标准是《重大风险源辨识》（GB 18218—2000）。当单元内存在危险物质的数量等于或超过上述标准中规定的临界量，该单元即被定为重大风险源。

迄今为止，环境风险源的概念仍比较模糊，国内外尚没有专门给出环境风险源的定义。它在"质"上没有确定的含义，在"量"上没有明确的界限。

广义上讲，环境风险源是指在生产、储存、流通、销售、使用等过程中，可能产生或导致环境敏感点（如集中式饮用水源、学校、医院等人群集中区以及重要生态功能区等）受到潜在环境危害风险的源。具体讲，环境风险源可以定义为：存储或使用环境风险物质、具有潜在环境风险、在一定的触发因素作用下能导致环境风险事故的单元。环境风险物质指由于意外释放可能导致环境污染的有毒有害物质/化学品。按环境风险源的运动特性可分为固定风险源与移动风险源。固定风险源是指一个工业单元内，可能发生意外释放导致环境事故的任何建筑物、构筑物、设备、设施或物质的固定排放行为。

环境风险源与危险源既有区别又有联系，重大危险源是从职业安全角度关注重大工业事故防范及对人体的伤害，缺乏对事故污染物释放对周边敏感受体影响的考虑；环境风险源则从生态环境保护角度考察重大工业事故演化成环境污染事件后，对场外的人群与周边敏感环境受体所产生的危害性后果。因此，从环境角度，对场外环境受体的危害分析与评估是区分环境风险源与重大危险源的根本。

（二）环境风险源的存在方式

根据对重、特大突发环境事件进行汇总、归纳分析，可以发现，突发环境事件大多数与生产使用危险化学品的企业、储存易爆易腐蚀物质的仓库、有毒有害物质的运输所发生的事故密切相关，因此，环境风险源主要存在于以下几种空间和形式。

1. 生产使用危险化学品的企业

生产使用危险化学品的企业存在发生突发污染事故的隐患，潜在危险性较大的为大型化工、石化企业。化工、石化企业的原料及其产品大多数为易燃、易爆和有毒化学品。由于生产过程多处于高温、高压或低温、负压等苛刻条件下，在内因方面存在的危险因素较多。因此，从事生产、使用、运输危险化学品的企业是一个需要关注的焦点。

纵观以往的突发环境事件，绝大多数企业可能存在人员专业素质差、生产设备故障、管理上的纰漏、安全意识薄弱等问题，使潜在的事故隐患复杂化，导致发生事故的可能性增大。

2. 储存易燃、易爆、易腐蚀物质的仓库

储存易燃、易爆、易腐蚀物质的仓库发生突发环境事件的几率较高。易燃、易爆物质对热、撞击、摩擦敏感，易被外部火源点燃，引发爆炸，并可能产生有毒烟雾或有毒气体，造成污染；酸碱腐蚀物质腐蚀性强，储存容器部件易破损，导致化学物质泄漏，对水体等环境要素造成污染。

3. 有毒有害物质运输

运输有毒有害物质的车辆、船舶，途经水系发达、崎岖不平的山区道路甚至交通繁忙的城镇等敏感地域发生意外翻车、翻船，有毒有害物质泄漏进入水体、大气、土壤中，将严重污染附近的环境，如污染物进入水体不仅污染河流，而且也对河流两岸及下游的生命构成威胁；有毒有害物质进入大气，将严重危及附近环境及生命安全；进入土壤将可能严重破坏土壤环境平衡，造成土壤及生态环境影响。

4. 污染物超标排放或长期累积造成的危害

污染物长期累积造成的危害一般有：长期累积在河流上游的劣质水或污水，由于降雨、洪水、人为控制排放等原因，排入下游水质较好的河段形成严重污染；长期累积在大气环境中的污染物产生的光化学烟雾；陆源污染物长期排入海洋，在海洋形成赤潮灾害；铅、镉等污染物长期排放累积造成的重金属污染事件等。

（三）环境风险源的潜在危害

环境风险源在发生污染事故时，可能造成环境因素的损害如图 3-1 所示。当发

生污染事故时，所受影响的环境因素可能是单一的，但更多情况下是综合的。因此，虽然作为事故本身从发生到湮灭的过程通常是短暂的，但研究存在于环境中的物质是否是环境风险源，应对其可能发生的污染事件所影响的环境因素进行预测分析。

由于发生事故的原因、过程和结果具有很大的不确定性，对各种"危害"可能性进行详细预测分析需要花费大量的人力资源，因此对于"短暂"的事件，抓住其主要的污染危害特征进行分析预测是解决问题的关键。

就环境污染事件构成而言，突发性事件或事故发生的主体——"风险源"本身的性质、存储规模等具有相对固定的态势或形式，而事故发生后对外在的承载体——客体的影响则有巨大的差别。简单而言，就是同一环境风险源在不同的环境条件下所产生的污染危害程度具有很大的差别，换言之，同一风险源在不同的环境条件下，具有不同的"环境地位"。

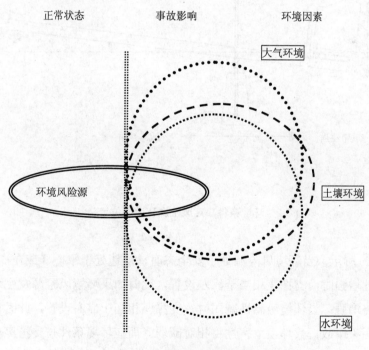

图 3-1 污染事故环境危害示意

　　同一环境条件下，相同类别的环境风险源在发生事故时所产生的污染危害性具有很大相似性，所不同的主要是其产生的危害程度；而不同类别的环境风险源在同一环境条件下发生污染事件时，所产生的危害性也具有一定相似性，所不同的是受影响或危害的环境因素存在差异。

　　"风险源"本身的性质、存储规模决定了"风险源"内在的"质"与"量"，对"环境条件"而言，环境敏感目标如水环境、大气环境、生态环境等的保护目标在环境风险源一旦发生事故时所承受的污染危害则必然与"风险源"的"质"与"量"密切相关。一般情况下，当环境敏感目标的敏感性越强时，环境条件对环境风险源的要求相对"苛刻"，即要求远离风险源；当环境敏感目标的敏感性较弱时，环境条件对环境风险源的要求相对"宽松"，即环境敏感目标与风险源的"距离"要求低。图 3-2 为"环境条件决定风险源环境地位"的示意图。

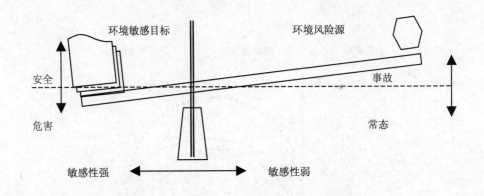

图 3-2　环境条件决定风险源环境地位示意

　　如图 3-2 所示，当环境风险源处于安全态时，两边处于平衡（或左高右低）。当环境敏感性增强时，支撑座相当于靠左设置，此时如果环境风险源发生事故，其环境危害性将增强；当环境敏感性减弱时，支撑座相当于靠右设置，此时如果环境风险源发生污染事故，其环境危害性将相对减弱。而在环境条件与支撑座位置不变时，若环境风险源增强或减弱，当环境风险源发生事故时，其环境危害性将与源的强弱相关。

应该说明的是，本书所关心的是环境风险源的环境危害性，并不关心环境风险源发生事故的概率的大小，只要是有可能，即概率不为 0，则认为环境风险源存在环境危害性。对于已知的环境风险源，在人为设置的安全措施下，即便其发生事故的概率几乎为 0，但其环境危险性依然存在。

1. 大气环境污染事件的危害

大气污染事件可能产生一定环境危害覆盖半径。在该覆盖范围内，污染物可能直接造成如下影响：

（1）或危及周边的人群生命安全，或引起必要的群众疏散、转移，严重影响人民群众生产、生活；

（2）或因环境污染使当地正常的经济、社会活动受到严重影响，或造成一定的直接经济损失；

（3）或严重污染区域生态环境，濒危物种生境遭到破坏。

2. 水环境污染事件的危害

当环境污染事件发生后，污染物进入水体，会由于水体的自然降解、稀释、沉淀等物理化学作用使污染物浓度得到逐渐降低。但在污染物浓度得到逐渐降低到没有危害的过程中，其对该水体中的水生动植物产生一定的危害，同时也对依赖该水体为饮用水源的公众造成威胁，对依赖该水体作为灌溉的农民、农田造成威胁或危害。

尽管污染排放可能是暂时或短暂的，其危害或威胁与其所涉及的水体的直接敏感性或间接敏感性密切相关。敏感区（点）有可能是多重的，对每一敏感区（点）而言，水环境污染可能造成的环境影响后果有如下情形：

（1）因环境污染造成重要城市主要水源地取水中断，或引起人员中毒等；

（2）或造成直接经济损失；

（3）或造成区域生态功能严重丧失，或濒危物种生境遭到严重污染；

（4）或因环境污染使当地正常的经济、社会活动受到严重影响。

3. 土壤环境污染事件的危害

事件造成土壤污染，污染物数量超过了土壤的容纳能力和净化能力，会使土壤的物理、化学性质等发生变化，破坏土壤的自然动态平衡，从而导致土壤自然功能失调、土壤质量恶化、影响作物的生长发育，或产生一定的环境效应（对水体或大气造成次生污染），并可通过食物链对生物和人类构成危害。特别是突发性的土壤环境污染，在土壤受污染后，在一定的区域范围内，污染物不能在短时间内靠自然降解，或在基本不破坏地表生态环境的前提下，通过人为的简单经济的物理化学方法处理处置达到环境安全的标准。

（四）环境风险源的特征

风险源所在环境条件越敏感（复杂），风险源的环境地位越高，其发生污染事故时对环境的危害性越高，即污染"势能"越大。

环境条件的改变，风险源的环境地位也随之发生变化，即污染"势能"也发生变化。

当风险源大小发生变化时，在相同的环境条件下，其污染危害也随之发生变化。

环境风险源的危险性随环境条件的变化，具有动态特性。

二、环境风险源分类分级识别

风险是与危险具有关联性的概念。美国联邦紧急事态管理局下属的紧急事态管理学院，在其教科书中，非常直观地将"风险"以下述公式来表示：

风险（RISK）=可能性（LIKELIHOOD）×因果关系（CONSEQUENCE）

可见，风险是衡量危险的可能性和后果的尺度。或者说，危险是一种条件和因素，风险则是这些条件和因素的衡量手段。通俗地讲，风险是危险发生的概率性和可能性。

衡量风险大小的指标是风险值 R，它等于事故发生概率 P 与事故造成的环境（或健康）后果 C 的乘积，即

$$R（危害/单位时间）=P（事故/单位时间）\times C（危害/事故）$$

环境风险是由自发的自然原因和人类活动（对自然或社会）引起的，通过环境介质传播、能对人类社会及自然环境产生破坏乃至毁灭性作用的不幸后果事件发生的概率及其后果。环境风险广泛存在于人为的各种活动中，其性质和表现方式复杂多样，从不同的角度可分为如下几类：按风险源的性质可将环境风险分为化学风险、物理风险以及自然灾害引起的风险；按承受风险的对象可以分为人为风险、设施风险以及生态风险。

环境风险源识别工作一般分为以下几个阶段，即风险源信息获取、初步排查、风险源分类、风险源突发危害评估。

（一）环境风险源信息获取

要开展环境风险源的分类分级工作，必须了解风险源的周边环境信息及企业风险物质信息，这就需要通过多种方式获取风险源信息。获取信息的途径有多种，可以通过收集已有资料，掌握调查范围内的潜在环境风险源、环境质量、周边环境敏感点分布状况、安全管理、事故风险水平等方面的背景情况，为下一步工作提供基础资料。信息获取过程中充分搜集和利用现有的有效资料，当现有资料不能满足要求时，需进行现场调查和监测，并分析现状监测数据的可靠性和代表性。现有资料可以从当地环境保护部门、环境监测部门、企业以及开展示范区研究的相关合作单位获得；根据待评估风险源及所在地区的环境特点，确定各环境要素的现状调查和监测范围，并筛选出应调查和监测的有关参数。

环境现状调查的方法主要有收集资料法、现场调查法、遥感和地理信息系统分析的方法等。环境现状调查与评价内容包括以下五方面：

（1）自然环境现状调查：包括地理地质概况、地形地貌、气候与气象、水文、土壤、水土流失、生态等调查内容。

（2）社会环境现状调查与评价：包括人口分布、工业、农业、能源、土地利用、交通运输、发展规划等情况的调查，平均1～2年更新一次。

（3）环境质量和区域污染源调查与评价：根据待评估企业特点、潜在环境危害和区域环境特征选择环境要素进行调查与分析，调查评价区域内的环境功能区划和主要的环境保护目标，收集评价区内及其界外区各例行监测点、断面或站位的近期环境监测资料或背景值调查资料，以环境功能区为主兼顾均布性和代表性原则布设现状监测点位。

（4）调查范围：包括评估企业下游水域100 km以内分布的饮用水水源保护区、珍稀濒危野生动植物天然集中分布区、重要水生生物的自然产卵场及索饵场、越冬场和洄游通道、天然渔场。

（5）企业周边5 km范围内、管道两侧500 m范围内：常住/流动人口数目，河流、湖泊、土壤、生物等生态系统要素的具体状况，工业企业、医院、学校、自然保护区、风景区、饮用水水源地等各种环境敏感点，以及与其他企业的关联程度。

企业信息、风险物质基本信息也可通过企业申报或消除调查的方式获得。其中企业环境风险源的获取内容包括企业主要功能区（如生产场所、储罐区、库区、废弃物处理区及运输区）涉及的有毒有害危险化学品及其使用方式、存储量，以及相关的安全管理措施等。

企业风险源基础信息最好由企业负责定期申报。企业内所有有毒有害风险物质、易燃易爆物质、活性化学物质均须申报。为方便风险源定位，化学品须按照企业内部的功能分区分别申报，如生产场所、库区、罐区、运输区和废弃物处理区等。获取的企业具体信息见表 3-1。

表 3-1　企业主要风险场所基础信息表

企业名称			行业类型		
所属化工园区			占地面积		m²
经纬坐标			受纳水体名称		
生产场所	个	贮罐区	个	库区	个	废弃物处理设施	个
风险物质名称		场　所		最大储量		是否有事故池	

对环境风险源的调查，可采取点面结合的方法，分详查和普查。对重点风险源进行详查；对区域内所有风险源进行普查。同类环境风险源中，应选择污染物排放量大、影响范围广、危害程度大的风险源作为重点风险源进行详查。对于详查，单位应派调查小组蹲点进行调查，详查的内容从深度和广度上都应超过普查。重点风险源对一地区的污染影响较大，要认真做好调查。

（二）环境风险源初步排查

待评估企业内可能存在大量的潜在环境污染风险单元，分别评估每一单元将导致待评估风险源过多。风险源的初步筛选主要用于降低待排查风险源数量，突出重点。环境风险源筛选主要依据待排查单元内环境风险物质及其数量，通过考察其含量与风险物质所界定临界量的关系（表 3-2）。若评估单元内的风险物质数量等于或超过该临界值，则定义该单元为待评估环境风险源。

表 3-2 风险物质名称及临界量

物质名称	临界值	
	环境敏感区	一般性区域
氨	5	40
氯	2	8
苯酚	2	5
一甲胺	5	20
二甲胺	5	20
苯	5	8
苯胺	4	16
汞	0.4	1
铅	0.02	0.05
……	……	……

　　单元内风险物质的确定需考虑以下三个方面：单元内每次存放某种风险物质的时间超过 2 天；单元内每年存放某种风险物质的次数超过 10 次；单元内的风险物质在正常作业条件下产生。如果单元内储存着多种风险物质，那么在辨识过程中生产经营单位应首先考虑风险性最大的那种物质是否超出上述的定义范围，这样生产经营单位就可以明确界定待评估单元内的危险物质。

　　对于存放风险物质的库区或罐区储罐和其他容器，风险物质的量应当是储罐或者其他容器的最大容积量。对于存放风险物质的生产场所储罐和其他容器，以及运输区、处理处置场所，风险物质的量应当是储罐或者其他容器的实际存在最大量。这些数据应当从每天、每季度或者自身规定的时间段内的登记情况来获取。注意这个量不同于储存区的最大容积量，这一点生产经营单位必须在申报表格中进行详细的说明。

　　如果单元内存在的风险物质数量低于相对应物质临界量的 5%，并且该物质放到单元内任何位置都不可能成为重大事故发生的诱导因素，那么就其本身而言，单元内应该不会发生重大事故，这时该风险物质的数量不计入筛选过程计算中。但生产经营单位应当提供相应的文件说明，指出该物质的具体位置，证明其不会引发环境事故。

　　待评估单元内存在的风险物质为单一种类时，则该物质的数量即为单元内风险物质的总量。若等于或超过相应的临界量，则被定义为环境风险源；单元内存在的风险物质为多种类时，则根据式（3.1）计算。若满足式（3.1），则定义为环境风险源：

$$\sum_{i=0}^{n} \frac{q_i}{Q_i} > 1 \qquad\qquad (3.1)$$

式中：q_i——每种风险物质实际存在或者以后要存在的量，且数量超过各风险物质临界值的 5%，t；

Q_i——环境风险物质临界值，t；具体数值见附录 B。

（三）环境风险源分类方法

环境风险源的分类是开展环境风险源相关研究的基础，科学合理的分类有助于客观地了解环境风险源的本质特征，为环境风险源的控制提供必要、科学、可靠的依据。首先，环境风险源的分类是进行识别的前提，针对不同类别的环境风险源，建立相应的分级标准体系与方法，评估源对环境的潜在危害程度，进一步确定源的级别，识别出存在重大污染事故危害隐患的环境风险源；在此基础上，根据环境风险源的级别，提出针对性的监控和管理措施，从源头上对污染事故进行防控，以有效降低环境风险源引发污染事故的可能性。

1. 按环境受体分类

环境受体主要分为水环境、大气环境和土壤环境三类。一旦发生环境污染事故，不同的环境受体受污染事故影响的途径、过程、危害范围存在较大差异，事后的处理处置技术也各具特点。因此，从环境受体角度出发，环境风险源可分为水环境风险源、大气环境风险源和土壤环境风险源。其分类框架见图 3-3，第一级是基于不同环境受体的环境风险源类型；第二级是基于不同环境风险类型的常发事故类型；第三级为危害物质类型。第三级危害物质可部分参考《重大危险源辨识》（GB 18218—2000）。

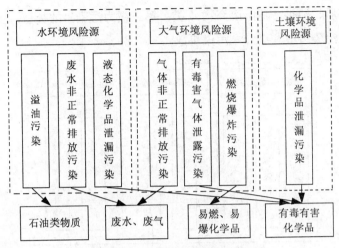

图 3-3　按风险源的环境受体分类

　　依据以上分类，在风险源的识别与监管过程中，可针对各类环境风险源可能导致的事故类型，分析源的本身特征、环境受体情况及环境触发机制，明确可能引发的主要事故类型，建立不同的风险源识别方法，评价环境风险源的级别，进而采取相应的监管措施对环境风险源进行有效控制。同时，该分类方法便于环境保护主管部门从水体、大气、土壤的环境质量要求出发，对环境风险源进行监控和管理；一旦发生环境污染事故，做到快速响应和进行应急处理处置。

2．按物质状态分类

　　对一个系统而言，系统中的物质和能量是造成事故的最根本原因，是生产系统危险和事故的内因，是决定环境系统危险程度的主要因素。目前从物质角度对危险源进行分类已有较多研究，如《常用危险化学品的分类及标志》（GB 13690—92）将危险源分为爆炸品、压缩气体和液化气体、易燃液体、易燃固体和自燃物品及遇湿易燃物品、氧化剂和过氧化物、毒害品和感染性物品、放射性物品、腐蚀品 8 类。这些分类方法主要是基于危险物质对人身安全、财产的危害考虑，而不是针对事故的潜在环境影响进行分类。

　　从环境风险源的物质状态出发，环境风险源可分为气态环境风险源、液态环境风险源和固态环境风险源，其分类框架见图 3-4。第一级是基于不同风险源的物质状态下的环境风险源类型；第二级是基于不同环境风险类型下的主要物质类别，考虑危害物质对环境的潜在影响，进一步将环境风险源按危害物质分为有毒有害化学品、爆炸性物质、油类、危险废弃物4类；第三级为污染事故类型，主要是危害物质泄漏、扩散污染事故和爆炸性污染事故。

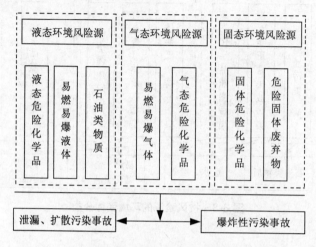

图 3-4　按风险源的物质状态分类

依据风险源的物质状态对环境风险源进行分类，可以很直观地认识风险源的基本情况。从物质的状态、危害特性出发，结合物质量的大小和环境状况，分析可能引发的事故类型、事故风险及危害后果，采取有针对性的方法对环境风险源进行识别，进而对环境风险源进行监控和管理。由于导致环境污染事故的物质种类繁多，同种状态的环境风险源包含着多种不同的物质类别，因此在环境风险源的识别阶段，需针对不同的物质类别建立相应的识别方法，其工作过程相对较烦琐。

3. 按传播途径分类

环境污染事故一旦发生，事故风险的传播途径主要有两种，一是在大气环境中进行扩散；二是在非大气环境中进行迁移（水、土壤）。这两种传播途径的差别较大，所造成的影响以及危害后果的评估手段也存在较大的差别。

这种分类方法的分类框架见图 3-5，第一级是基于不同传播途径下的环境风险源类型；第二级是事故类型，气态传播主要是爆炸性事故和有挥发性有毒物质泄漏事故，非气态（水、土壤）传播主要是化学品的泄漏事故和非正常排污所引发的事故；第三级为危害物质。

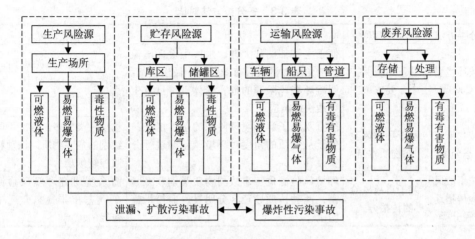

图 3-5 按风险源的传播途径分类

该分类方法的特点是不同事故类型所对应的危害物质类别相对明确，对环境风险源的识别和监管更具有针对性。同时，需对事故风险在气态和非气态介质中的传播方式、特点、环境危害途径进行系统研究，在此基础上针对各类事故特点及其传播途径，建立环境风险源的识别方法，进而提出环境风险源的监管措施。

4．分类方法对比

以上从环境受体、物质状态和传播途径三方面提出了环境事故风险源的分类方法，由于出发角度不同，各分类方法存在一定差别。尽管各种分类方法对环境事故风险源的归类方式不同，在此基础上所建立的分类体系也有所区别，但几种分类方法所涉及的危险物质是基本一致的，因为评估风险源的环境事故风险，其本质是对环境风险源所涉及物质的潜在环境危害进行评估。

实际应用中，环境事故风险源的分类需综合考虑当地环境管理需求、环境受体状况、涉及主要危险物质类别等，选择合适的分类方法。例如，对水源保护区的沿江化工园区，由于水体环境保护的要求迫切，大气环境问题较为严重，化工生产涉及的物质主要为危险化学品类；量化环境风险源对水、大气、土壤的环境危害便于环境管理者从环境保护角度做出决策，因此环境风险源的分类可按环境受体进行分类。各分类方法比较见表 3-3。

表 3-3   各分类方法对比

分类方法	出发点	优点	存在问题
按环境受体分类	基于环境保护要求	便于主管部门从大气、水、土壤环境保护的角度对源进行有效管理，做出决策；明确环境风险源的危害受体，一旦发生事故快速响应	一个环境风险源可同时存在多种环境受体，需综合考虑
按物质状态分类	基于环境风险源物质本身	能直观地了解环境风险源的基本情况；便于从物质的角度对环境风险源进行分类监管	物质种类繁多，存在不同级别的危害物质，识别和监控较烦琐
按事故风险传播途径分类	基于事故风险的传播方式	环境风险源危害事故与物质类别联系紧密；两种传质途径区分明显，监控措施明确	需系统研究环境风险源在气态和非气态介质中传播的特点

（四）风险源突发危害评估

环境风险源评估的核心是确定环境风险源的潜在危害后果。与已有的危险源辨识不同，环境风险源的危害不仅仅考虑源对人的损伤，其考量的是环境风险源对环境的综合影响，包括人口、生态、社会、经济等多个方面。

环境风险源评估的基本思路是：通过污染扩散等相关模型计算环境风险源潜在污染事故对环境的危害范围；在此基础上，通过调研资料分析，统计危害点内的环境敏感点个数；依据敏感点类型，结合已有环境敏感点的危害概化指数体系，确定模型计算参数，计算环境风险源对人口、经济、社会、生态的损失指数；进一步计算环境风险源对大气、水、土壤的环境危害指数；通过加权得到环境风险源综合评价指数；依据识别标准体系，评估环境风险源的级别。

1. 风险源源强及边界条件

事故源强设定采用计算法和经验估算法。计算法适用于以腐蚀或应力作用等引起的泄漏型为主的事故；经验估算法适用于以火灾爆炸或碰撞等突发事故为前提的危险物质释放。环境风险源源强计算可采用《建设项目环境风险评价技术导则》（HJ 169—2010）推荐的方法。

不同类型的环境危害有不同的边界条件，危害形式决定了边界条件的差异。例如，突发水环境污染事件主要考虑污染直接导致的社会影响、经济影响和生态影响 3 种事故危害，其中社会影响边界条件为《生活饮用水水源水质标准》中的

Ⅲ类水质标准限值，而经济影响和生态影响边界条件为《渔业用水水质标准》，特征污染物可参考立即危害浓度（Immediately Dangerous to Life and Health，IDLH）。

突发大气污染事故主要考虑污染直接造成的人员伤亡和社会影响两种事故危害形式。人员伤亡影响的评估边界条件可采用半致死浓度（LC50）或百分之十致死浓度（LC10），敏感点为人类聚集区；社会影响评估边界条件为 IDLH，敏感点也为人类聚集区。

2. 事故危害范围计算

（1）水环境污染事件危害范围

对于水污染事故风险源导致的地表水体污染，运用二维扩散模型计算事故危害范围，表达式如下：

$$\rho(x,y,t) = \frac{Q_{源强}}{2\mu_x h\sqrt{D_x D_y t^2}} \cdot \exp\left[-\frac{(x-\mu_x t)^2}{4D_x t} - \frac{(y-\mu_y t)^2}{4D_y t}\right] \cdot \exp(-Kt)$$

式中：ρ（x，y，t）—— 泄漏点下游距离 x 处、t 时溶解态污染物浓度，mg/L；

$Q_{源强}$ —— 污染源源强，g；

D_x，D_y —— 横向及纵向离散系数，m²/s；

u_x，u_y —— 横向及纵向流速；

h —— 平均水深；

K —— 降解速率。

（2）大气污染事故危害范围

对于大气污染事故导致的大气污染，危害范围预测采用高斯烟团模型：

$$\rho(x,y,0) = \frac{2Q}{(2\pi)^{3/2}\sigma_x\sigma_y\sigma_z}\exp\left[-\frac{(x-x_0)^2}{2\sigma_x^2}\right] \cdot \exp\left[-\frac{(y-y_0)^2}{2\sigma_y^2}\right] \cdot \exp\left[-\frac{z_0^2}{2\sigma_z^2}\right]$$

式中：ρ（x，y，0）——下风向地面（x，y）坐标处空气中污染物浓度，mg/m³；

x_0，y_0，z_0 —— 烟筒中心坐标；

σ_x，σ_y，σ_z —— X，Y，Z 方向的扩散参数，m；

Q —— 事故期间烟团的排放量，mg。

3. 风险危害后果计算

目前联合国在工业事故及环境污染事故中以四个目标为量化指标：伤亡人数、环境目标、财产损失、预兆发展速度，其中重点考察前三个指标。在我国，对环境污染事故有量化指标的政府法规类文件见表 3-4。

表 3-4　有量化指标的政府法规类文件

法规性文件	涉及的分级指标
《化工企业重大污染事故报告和处理制度》	人员伤亡、牲畜伤亡、经济损失、社会影响
《特别重大事故调查程序暂行规定》	人员伤亡、经济损失、社会影响
《农业环境监测报告制度》	经济损失、农作物受害面积、社会影响、人员及牲畜伤亡、农业环境
《中华人民共和国刑法》	人员伤亡、经济损失
《环境污染与破坏事故新闻发布管理办法》	经济损失、人员伤亡、区域生态功能
《人民检察院直接立案侦查的渎职侵权重特大案件标准》	经济损失、人员伤亡、区域生态功能
《国家突发环境事件应急预案》	经济损失、人员伤亡、社会影响、国家保护野生动植物、核辐射

综合国内外关于环境污染事故量化指标的统计分析，可以看出人员伤亡、经济损失、社会影响、区域生态功能这些指标是要考虑的。另外由于核辐射的特殊性，社会影响力大，因此也作为考虑的目标之一（这里不进行深入讨论）。而牲畜伤亡、农作物受害面积可以在直接经济损失中间接反映；农业环境损失也可以考虑在社会影响中；破坏国家保护野生动植物事故不完全属于环境破坏事故，但也涵盖了生态环境污染事故，因此不予考虑。综上所述，各类污染均须考虑污染所导致的人身伤害、经济损失、社会损失和生态损失。各类损失的计算可参考《突发性环境污染事故防范与应急》中关于环境污染事故危险源的评估方法。

4. 事故综合危害后果计算

（1）水环境污染事件危害后果

水环境污染事件风险源的综合危害后果需综合考虑突发性环境污染事件造成的社会恐慌、经济损失和生态损失三个方面，按下式计算：

$$C_{水} = \alpha \sum C_{社会} + \beta \sum C_{经济} + \gamma \sum C_{生态}$$

式中：$C_{社会}$ —— 环境污染事件导致的社会恐慌；

　　　$C_{经济}$ —— 环境污染事件造成的直接经济损失；

　　　$C_{生态}$ —— 环境污染事件造成的生态损失；

　　　α，β，γ —— 事故危害后果权重。

（2）大气环境污染事件危害后果

大气环境污染事件风险源综合危害后果需综合考虑突发性环境污染事件造成的人身伤害和社会恐慌，经归一化后叠加为事故的综合危害性后果，按下式计算：

$$C_{大气} = \alpha \sum C_{人身} + \beta \sum C_{社会} + \gamma \sum C_{生态}$$

式中：$C_{人身}$ —— 大气污染事故导致的人身伤害数；

　　　$C_{社会}$ —— 大气污染事故导致的社会恐慌数；

　　　$C_{生态}$ —— 大气污染事故导致的生态损失；

　　　α，β，γ —— 事故危害后果权重。

（3）综合危害后果

对一种最大可信事故下有毒有害物质产生的环境危害 C，为水环境及大气环境危害的总和，见下式：

$$C_i = C_{水 \cdot i} + C_{大气 \cdot i}$$

式中：C_i —— 企业第 i 种事故场景下突发环境污染事件综合危害后果；

　　　$C_{水 \cdot i}$ —— 第 i 种事故场景下环境风险单元所致的水环境危害；

　　　$C_{大气 \cdot i}$ —— 第 i 种事故场景下环境风险单元所致的大气环境危害。

（五）风险源分级

风险值是衡量环境污染事件风险源风险水平的唯一指标。根据国家对重大环境污染事件的分类标准，将环境风险源划分为三级，分别为一级环境风险源、二级环境风险源和三级环境风险源。其中一级环境风险源导致"重大环境污染事件"及以上，二级环境风险源导致"较大环境污染事件"，三级环境风险源导致"一般环境污染事件"。

依据评估企业现实概率及特征影响因子计算平均概率。

$$P_i = P_a \cdot k_h \cdot k_d \cdot k_m \cdot k_g$$

式中：P_a —— 为基于案例分析建立的企业生产场所、罐区、库区、废弃物处理处置区事故统计概率；

   k_h —— 行业类型调整因子；

   k_d —— 事故类型调整因子；

   k_m —— 源移动性调整因子；

   k_g —— 管理水平调整因子。

  环境风险源风险值为事故综合危害性后果与事故发生概率的乘积，采用下式表示：

$$I = P \cdot C$$

式中：I —— 水污染事故风险源的风险值；

   P —— 事故发生概率；

   C —— 事故造成的环境污染。

  环境风险源共分为三级，环境风险源等级划分阈值见表 3-5。

表 3-5 环境风险源等级划分阈值

风险源级别	风险源等级划分阈值
一级重大环境风险源	$1\,000 \leqslant I$
二级重大环境风险源	$400 \leqslant I < 1\,000$
三级重大环境风险源	$100 < I \leqslant 400$

三、环境风险源监管

  20 世纪七八十年代，国际上发生了多起重大的环境污染事故，事故造成的严重后果给人们留下了惨痛的教训。人们逐渐认识并关心重大突发性事故造成的环境危害问题，各国和一些国际组织纷纷制定有关法规、标准等，旨在加强可能导致重大事故的危险化学品的管理，包括安全评价与环境风险评价，预防与应对重大事故的发生。具有重要影响作用的几起事故有：

  意大利塞维索化学污染事故：1976 年 6 月，意大利塞维索工厂发生的化工厂爆炸引起有毒物外泄，造成大气污染事故。事故发生地点距离意大利第二大城市米兰市 20 km，造成 30 多人死亡，迫使 20 余万人紧急疏散。事故发生后 5 天，出现鸟、兔、鱼等动物大量死亡。该事故推动了 1982 年 6 月欧盟（原欧共体）《工业活动中重大事故危险法令》（82/501/EEC），即《塞维索法令》的出台。

印度博帕尔市农药厂异氰酸甲酯毒气泄漏：1984 年 12 月 3 日，位于印度博帕尔市北郊的美国联合碳化物（印度）有限公司化学原料异氰酸甲酯发生泄漏，40吨剧毒气体泄漏造成 2.5 万人死亡，20 万人致残，近百万居民受到不同程度的影响。博帕尔毒气泄漏是人类历史上最严重的工业灾难之一。1985 年 8 月 21 日，联合碳化物公司另一家在本国西弗吉尼亚州的子公司发生一起类似的有毒气体泄漏事故。该事件使美国对化学危险物品以及化工厂安全性的忧虑不断增加，一系列防止重大化学品污染事故发生以及用于减轻事故环境危害后果的联邦法律、法规应运而生。

切尔诺贝利核电站事故：1986 年 4 月 26 日，苏联切尔诺贝利核能发电厂发生严重泄漏及爆炸事故。事故导致 31 人当场死亡，上万人由于放射性物质远期影响而致命或重病，至今仍有被放射线影响而导致畸形胎儿的出生。这是有史以来最严重的核事故。外泄的辐射尘随着大气飘散到苏联的西部地区、东欧地区、北欧的斯堪地纳维亚半岛。事故后的长期影响到目前为止仍是个未知数。

"埃克森·瓦尔迪兹"号石油泄漏事件：1989 年 3 月 24 日，美国"埃克森·瓦尔迪兹"号巨型油轮在美国阿拉斯加州附近海域触礁，3.4 万吨原油流入阿拉斯加州威廉王子湾。这是世界上最严重的石油泄漏事故之一。据估计，"埃克森·瓦尔迪兹"号漏油事件造成大约 28 万只海鸟、2 800 只海獭、300 只斑海豹、250 只白头海雕以及 22 只虎鲸死亡，生态环境遭受巨大的破坏。该事件促使美国国会于 1990年通过了《石油污染法案》。

莱茵河污染事故：1986 年 11 月，瑞士巴塞尔桑多兹化学公司的仓库起火，大量有毒化学品随灭火用水流进莱茵河，使靠近事故地段河流生物绝迹，成为死河。100 英里处鳗鱼和大多数鱼类死亡，300 英里处的井水不能饮用。

（一）欧盟对重大危险源的管理

1. 欧盟重大危险事故管理机构

在欧盟的框架下，负责重大危险源管理的是欧盟委员会（European Commission）下的环境委员会（Directorate General Environment），具体事务则是由联合研究中心（Joint Research Centre）在意大利 Ispra 市成立的重大事故灾害管理局（Major Accident

Hazards Bureau，MAHB）来负责。MAHB 的主要职责是协助欧盟环境委员会完成对重大事故的控制和预防，最主要有以下三个职能：

（1）欧盟成员国境内发生的重大事故必须向其汇报。为避免同样的事故发生，经由其汇总分析后，得出的教训向各成员国传达。为此专门建立了重大事故报告系统（Major Accident Reporting System，MARS），便于成员国向其汇报，并促进成员国之间的交流和沟通。

（2）负责《塞维索法令Ⅱ》的执行。建立了工业风险社区责任中心（Community Documentation Centre on Industrial Risk，CDCIR）来完成案例的收集，信息的收集、贮存和评价，总结规章制度和标准以及好的行业规则；促进在生产过程中对欧盟法律执行经验的交流；通过对各国包括化学品在内的各种事故及其处理办法的分析，总结出在紧急情况下应该采取的措施；此外，它还具有向公众告知重大危险源的责任。

（3）它还在欧盟的框架下与其他科技行动一起承担环境委员会控制重大工业危险源的任务。通过技术会议促进各主权国以及主权国与工业界的交流。为此成立了技术工作组（Technical Working Groups），来起草条例，确定安全报告应该包含的内容，并对其进行监督检查。

2. 塞维索法令

意大利塞维索化学污染事故推动了 1982 年 6 月欧盟（原欧共体）《工业活动中重大事故危险法令》（82/501/EEC），即《塞维索法令》的出台。1996 年又根据新发生的事故的特点对其进行了修改，发布了《塞维索法令Ⅱ》。《塞维索法令Ⅱ》具有双重目的。其一，防止危险物质重大事故灾害的发生。其二，由于事故确实还会发生，这项指令旨在限制此类事故的后续影响，不仅针对人（安全和健康方面），也针对环境。

《塞维索法令Ⅱ》的适用范围为危险物质存在之处。它既包括工业"活动"，也包括危险化学品的仓储。此指令可以被认为在实践中提供了三个级别的控制，较大的数量则对应于较多的控制。如果一家公司的危险物质在数量上低于此指令规定的下限，则不受此指令约束，但会受到非特定于重大事故灾害的其他法律所规定的健康、安全和环境条款的约束。如果公司的危险物质在数量上高于此指令规定的下限但低于上限，则受"低层"要求的约束。如果公司的危险物质在数量上超过此指令规定的上限，则受此指令中所有要求的约束。在《塞维索法令Ⅱ》的附录一里，规定了 180 种（类）化学品的阈限值。

《塞维索法令Ⅱ》的主要内容是：

➢ 法令规定企业经营者必须制定出企业的《内部应急预案》，并将此预案提交当地政府部门以便制定《外部应急预案》。在预案制定时必须咨询工厂员工和相关公众。

➢ 法令规定在立法过程中应考虑土地使用规划对重大事故灾害的影响。土地使用规划政策应保证存在有害物质的工厂与居民区保持一定的距离。

➢ 法令赋予了公众更多的权利，公众有知情权，也有权进行协商。企业有向公众批露信息的义务。

➢ 法令规定，成员国有向委员会报告重大事故的义务。

➢ 在法令中，有关条款旨在通过详细地规定主管部门的义务以保证欧洲执行的一致性。主管部门有义务组织检查系统，这一系统可由所有工厂的系统评估部门构成，或至少由每年一次的现场检查组成。

3. 欧盟化学品的管理

化学品的生产、贮存和转运过程中如果管理不善，极易发生危害环境和人类健康的重大危险事故。这在我国也是重大环境风险事故产生的主要原因。为了加强化学品的管理，2007 年 6 月 1 日开始实施化学品注册、评估、许可和限制制度（Registration，Evaluation，Authorization，and Restriction of Chemicals，REACH），通过对化学品的分类，规定了危险化学品管理的责任，明确了危险化学品管理的制度，从而从源头上控制重大危险事故的发生。2008 年 6 月成立了欧洲化学品管理机构欧洲化学品管理局（European Chemical Agency，ECHA）来具体负责 REACH 制度的执行。

（二）德国重大危险源管理与识别

1. 德国重大危险源管理机构

德国重大危险源的管理遵循预防的原则和肇事方负责原则，主要由德国环境保护部和联邦环保局负责管理。

在德国环境保护部下设立了设施安全委员会（Kommission fuer Anlagesicheheit），因为危险源的管理是一个复杂的系统工程，该委员会的代表来自于生产的各个环节和领域，该委员会成员的组成是按照《设备和产品安全法》第 29a 款和第 17 款第五段的规定来进行筛选的，规定参与该委员会人员有联邦劳工和社会事务部（Bundesministerium für Arbeit und Soziales）的相关人员、相关的联邦机构代表，以及各州主管污染防治和工作安全的代表，特别是科学、环保团体，工会和专家代表；此外，还有安全事故保险公司和经济界的代表，以及按照《企业安全法》第 24 款和《有害物质法》第 21 款规定的相关代表共同组成。根据《联邦污染防治法》的规定，该委员会的主要职责是针对设施安全给联邦政府或负责的相关部门提供建议。他可以定期进行监测，或者从一些事件出发，提出改善生产设施安全性的措施，或者给出现行最优的安全生产的技术。该委员会也主要负责《塞维索法令 II》在德国的实施。

1993 年在德国联邦环保局下设立了设施事故登记和评价中心（Zentrale Melde- und -Auswertestelle für Störfälle und Störungen in verfahrenstechnischen Anlagen，ZEMA），该中心按照德国《生产事故法》收集德国的重大生产设施事故，并对其进行分析解读，在年度报告里进行公开发表。目前该中心掌握的重大危险事故已经达到 570 例，这些案例都可以在 ZEMA 的数据库里进行查询。在 ZEMA 之下还设立了一个事故评价委员会（Ausschuss Ereignisauswertung，AS-ER）对于未达到《生产事故法》规定申报条件的事故进行收集、评价和总结，来为安全生产技术的发展提供建议和指导。ZEMA 建立了实时信息管理系统（AIM）接受上报来的事故。为了方便与有危险源的企业互动，ZEMA 还建立了信息平台 InfoSiS 和数据库系统 DOSIS。

2. 清单法

清单法是德国联邦环保局发展出来的一种对工业设施安全进行检查和评级的方法，致力于降低企业的风险，对水资源环境进行全面的保护。利用它可以评价企业、地区和国家重大危险事故的发生风险大小。

在利用清单法对企业进行检查之前首先将企业划分为各种设备，作为清单法检查的基本单元。所谓设备就是指那些独立和固定的或者被赋予一定功能的功能单位，他们的使用涉及对水有危害的物质。这些设备囊括了一个企业正常运行中所需要的所有装置、容器、管道和生产场地。然后，根据在国际流域委员会提出的推荐建议为基础发展出来的共 16 个清单对生产设施和物质进行检查评分。

（1）设备风险值的计算。在计算风险大小时，首先计算设备的风险值。每个设备的真实风险值可以根据设备的平均风险和对水有危险物质换算为 WGK Ⅲ类物质的质量值来进行计算，其公式为：

$$RRP_i = \lg(10^{WRI_i} \bullet ARP_i) = \lg(EQ3_i \bullet ARP_i)$$

式中：RRP_i —— 设备 i 的真实风险；

WRI_i —— 设备的水风险指数；

$EQ3_i$ —— 对水有危险物质换算为 WGK Ⅲ类物质的质量值；

ARP_i —— 设备 i 的平均风险。

其中 ARP_i 值是根据清单对设备的检查情况直接计算得出。下边主要介绍一下设备的水风险指数（WRI_i）和对水有危险物质换算为 WGK Ⅲ类物质的质量值（$EQ3_i$）计算方法和依据。

首先德国联邦环保局把对水有危害的物质分为四类：

WGK 0：无害；

WGK Ⅰ：一级对水有危害物质——轻微有害；

WGK Ⅱ：二级对水有危害物质——有害；

WGK Ⅲ：三级对水有危害物质——重度危害。

为计算水风险指数必须把所有对水有危害物质换算为相当于第三级物质（WGK Ⅲ）的量。换算方法为：1 000 kg WGK 0 类物质相当于 1 kg WGK Ⅲ类物质，100 kg WGK Ⅰ类物质相当于 1 kg WGK Ⅲ类物质，10 kg WGK Ⅱ类物质相当于 1 kg WGK Ⅲ类物质。然后，把换算的值相加可以得到对水有危险物质换算为 WGK Ⅲ类物质的质量值（$EQ3_i$），取对数即可计算出水风险指数（WRI_i）。

根据表 3-6 可以评估该设备的风险水平。

表 3-6　设备风险大小分级标准

（$RRP_i - WRI_i$）≤0.4	安全水平情况良好，但并不意味着高枕无忧而无需采取进一步的改进措施
0.4＜（$RRP_i - WRI_i$）≤0.8	缺少重要的安全装置或配备不足，必须立即采取必要的改进措施改变现状
（$RRP_i - WRI_i$）＞0.8	和水体保护相关的安全水平低下，必须马上采取相应的改进补救措施改善现状并再次进行检查评估

（2）设备所处区域风险值的计算。

要对场所和区域的真实风险进行评估，必须对所有附属设备进行全方位检查。

为此首先要了解场所和区域的平均风险大小，该平均值可以借助设备的水风险指数来确定，其公式如下：

$$ARSite = \frac{\sum\limits_{k}(10^{WRI_i} \bullet ARP_i)}{\sum\limits_{k}10^{WRI_i}} = \frac{\sum\limits_{k}(EQ3_i \bullet ARP_i)}{\sum\limits_{k}EQ3_i}$$

式中：$ARSite$ —— 工业场所区域的平均风险；

ARP_i —— 设备 i 的平均风险；

RRP_i —— 设备 i 的真实风险；

$EQ3_i$ —— 对水有危险物质换算为 WGK Ⅲ类物质的质量值；

WRI_i —— 设备 i 的水风险指数；

K —— 设备数量。

（3）设备所处区域真实风险值的计算。

对于特殊的区域和敏感的环境受体，清单法是通过增加系数来反映风险大小的变化。场所所处的真实风险可以根据以下公式来确定：

$$RRS = M_1 + M_2 + M_3 + \lg(10^{WRI_S} \bullet ARSite) = M_1 + M_2 + M_3 + \lg(EQ3_S \bullet ARSite)$$

式中：RRS —— 工业场所区域的真实风险；

$ARSite$ —— 工业场所区域的平均风险；

WRI_S —— 场所区域的水风险指数；

M_1 —— 地震危险系数（0.1）；

M_2 —— 洪水泛滥危险系数（0.1）；

M_3 —— 敏感区域系数（0.1）；

$EQ3_S$ —— 在场所区域内对水有危险物质换算为 WGK Ⅲ类物质的质量值。

（三）美国环境风险管理体系

美国在化学品事故预防、环境风险管理、环境应急管理方面的法律、法规主要有《综合环境应对、赔偿和责任法案》《应急计划与公众知情法案》《空气清洁法案》与风险管理计划、《油污染控制法案》等。《应急计划与公众知情法案》与风险管理计划的实施也使美国将之前的事故应急反应处置重点转移到了对事故泄漏预防、计划和反应准备上。

1．综合环境应对、赔偿和责任法案

《综合环境应对、赔偿和责任法案》（Comprehensive Environmental Response，Compensation，and Liability Act，CERCLA），又称《超级基金法》，于 1980 年通过。该法规定了排放到环境中的有害物质的责任、赔偿、清理和紧急反应，建立了化学与石油工业的专门税款，为直接应对可能危害公众健康或环境的危险物质排放提供联邦授权。该法案于 1986 年进行了修正，规定了报告危险物质泄漏程序，创立了危险物质排放的应急反应计划，建立了对于已关闭的和被废弃的危险废物场所实行的禁令和要求，当无法确定责任方的时候，建立了的信托基金将提供清理的费用。美国环保局（U.S. EPA）定期公布一份危险物质以及其需要报告的阈值的清单，每当一种危险物质被排放到环境中，并且排放量在 24 小时内超过了需要报告的最低限值，该排放必须要向全国应急反应中心报告。该法案以及各州制定的超级基金法，形成了比较完整、严格的美国环境损害反应和责任制度。

2．应急计划与公众知情法案

为了应对有毒化学品存储和使用的环境安全问题，美国于 1986 年通过了《应急计划与公众知情法案》（Emergency Planning & Community Right-to-Know，EPCRA）。该法案确定了联邦、州、地方政府以及企业对危险有毒化学品应急计划与公众知情权报告的要求，增加公众对化学品设施、用途以及释放进环境的相关知识，从而提高化学品安全，保护公众健康和环境。该法案主要规定了应急计划、紧急事故通告、公众知情权要求、有毒物质释放清单等条款。按规定，地方政府须制定化学品应急反应计划，并每年至少审核一次；州政府负责监督与协调地方计划；存储极危险物质并且超过临界量的工厂必须配合应急预案的准备与编制工作；紧急事故通告规定了企业必须第一时间按《综合环境应对、赔偿和责任法案》要求通告极危险物质的事故释放情况、释放量，事故信息必须对公众开放。同时，该法案还规定了 600 余种有毒物质释放清单，涉及制造、加工或储存清单中的有毒物质的企业每年必须按要求完成和提交有毒物质释放情况。

《应急计划和公众知情权法案》要求美国各州建立州级应急反应委员会，并要求当地社区成立当地应急计划委员会。州级应急反应委员会负责应急计划和公众知情权法案的条款在本州内得到实施，同时指定地方应急计划区并为每个区指定一个当地应急计划委员会。州级应急反应委员会监督和协调当地应急计划委员会的活动，设定步骤接受和处理公众请求，并审查当地的应急反应计划。当地应急计划委

员会的成员必须包括警察、消防、环境、民防、公共卫生、交通方面专业人士在内的当地官员，受应急计划管制的企业代表，还有社区团体和媒体。当地应急计划委员会必须制定一份应急反应计划，至少每年评估一次，并负责将本社区化学品的信息提供给社区民众。

3. 化学品事故防范法规与风险管理计划

1990 年，美国《空气清洁法案（修正案）》（CAAA）要求对使用、存贮有毒有害物质的风险源设施实施风险管理计划，对有毒物质的事故排放进行风险评估并建立应急响应。美国环保局随后颁布了《化学品事故防范法规》，该法规是美国第一部专门为预防可能危害公众与环境的化学品事故而设立的联邦法规。

该法规规定了对固定源的业主或运营商预防化学品意外释放事故的要求，按照风险源性质与事故导致的危害严重性评估及历史事故资料，该法规列出了 77 种有毒物质与 63 种易燃物质控制清单与临界量标准；该法规将生产、使用、存贮符合风险物质清单要求并超过临界量标准的企业划分为 3 级进行风险管理，3 级项目为最高风险级别，法规确定了纸浆造纸、石油炼油、石油化工制造业、氯碱制造、基本无机化学品制造、基本有机化工生产、塑料和树脂材料制造、氮肥制造业、农药和其他农业化学品制造 10 类行业作为 3 级环境风险防范项目，并详细规定了风险源企业制定、提交、修改更新"风险管理计划"（RMP）的具体要求。

风险管理计划系统规定企业的所有者与经营者在危险物质使用超过临界量的时候须向系统提交与危险物质使用、企业设施设备和周围功能区域与敏感区域的相关信息，系统规定了企业提交信息的内容，包括：固定污染源事故排放的预防与应急政策、固定源与管制物质使用信息、非正常排放中污染物泄漏的最大量与污染物释放的替代方案、正常排放中污染物削减手段与技术措施、近五年中污染事故记录、应急体系、增加企业安全运行的相关措施。

此外，美国环保局发布了一系列环境风险管理相关技术文件，包括《化学品事故防范风险管理计划综合指导》《化学品仓库风险管理计划指导》《场外后果分析风险管理计划指南》等。

4. 《油污染法案》与石油泄漏预防、控制和对策计划

《油污染法案》（The Oil Pollution Act，OPA）于 1990 年颁布实施，主要是为了应对"埃克森·瓦尔迪兹"号漏油事件后日益增长的公众担忧。通过制定扩大联邦政府能力、提供应对处理油类泄漏事故所需的资金和资源的条款，该法案提高了国家预防和应对漏油事故的能力，该法案还创立了国家油类泄漏责任信托基金，可为漏油事故提供高达10亿美元的经费。此外，该法案对政府和行业制定的意外事故规划提出了新的要求。全国油类和危险物质污染应急计划扩展为三个层次实施：要求联邦政府指导所有泄漏事故的公共和私人应急反应行动；由联邦、各州和当地政府官员组成的地方委员会必须制定详细的、针对明确具体地点的地区应急计划；对环境造成潜在严重威胁的船只和企业业主以及经营者必须准备他们自己的设施事故应急反应计划，以应对最坏情况下的油类泄漏所带来的环境危害。同时，该法案确定了污染者付费的原则，拓宽了联邦政府的反应和执法权，并且保留了州政府制定法律管理油类泄漏的预防和反应的权力。

2002年，美国环保局对油类污染预防法规进行了修改，并提出了针对发生在与运输不相关设施里的油泄漏的预防、准备和紧急应对的规定。为防止油流入航行水域和附近的海岸线，控制油泄漏，法规要求这些设施要制定和实施油类泄漏预防、控制和对策计划（SPCC），并建立步骤、方法和对设备的要求，同时培训员工加以实施。

（四）我国重大危险源管理

重大危险源是指工业活动中危险物质或能量超过临界量的设备、设施或场所。我国安全生产领域在20世纪90年代初开始重大危险源相关研究，并列入了国家"八五"科技攻关项目，1997年开始在全国六大城市北京、上海、天津、青岛、深圳和成都进行了重大危险源的普查试点，2000年，发布了国家标准《重大危险源辨识》（GB 18218—2000），该标准规定了辨识重大危险源的依据和方法，适用于危险化学品的生产、使用、储存和经营等各企业或组织，给出了危险物质清单与临界量值。2009年对这一标准进行修订，并更名为《危险化学品重大危险源辨识》（GB 18218—2009），将危险化学品重大危险源定义为"长期地或临时地生产、加工、使用或储存危险化学品，且危险化学品的数量等于或超过临界量的单元"，新标准适用范围中增加了采矿业中涉及危险化学品的加工工艺和储存活动，取消了生产场所与储存区之间临界量的区别。新标准规定了78种危险化学品名单与临界量值，对未列入名单的危险化学品根据其危险性规定也确定了临界量值。

我国对重大危险源管理的法律依据是《中华人民共和国安全生产法》（简称《安全生产法》），第三十三条规定：生产经营单位对重大危险源应当登记建档，进行定期检测、评估、监控，并制定应急预案，告知从业人员和相关人员在紧急情况下应当采取的应急措施。生产经营单位应当按照国家有关规定将本单位重大危险源及有关安全措施、应急措施报有关地方人民政府负责安全生产监督管理的部门和有关部门备案；第八十五条规定了对重大危险源未登记建档，或者未进行评估、监控，或者未制定应急预案的生产经营单位的整改、罚款、刑事责任等。《安全生产法》第三十四条、第三十五条和《国务院关于进一步加强安全生产工作的决定》等文件，也都对重大危险源监管作出了一系列具体规定和要求。

此外，《危险化学品安全管理条例》对危险化学品的生产、储存、使用、经营、运输以及危险化学品的登记与事故应急救援等作出了具体规定。

（五）我国环境风险源监管建议

由于布局性的环境隐患和结构性的环境风险并存，我国在今后一段时期内，突发性环境事件的高发态势仍将继续存在，体现为突发性环境污染事故与累积性环境污染事故并存。近年来，我国对突发性环境风险管理日益重视，自从 2005 年松花江特大水环境污染事故之后，环境保护部开展了排查化工石化等新建项目环境风险的工作，2005 年 12 月，国务院发布了《关于落实科学发展观加强环境保护的决定》，其中把水污染事件预防和应对作为需要优先解决的问题；2006 年 1 月，国务院发布实施《国家突发环境事件应急预案》；2009 年 11 月，环境保护部印发了《关于加强环境应急管理工作的意见》，明确提出推进环境应急全过程管理，加强监测预警，建立健全环境风险防范体系，全面掌握环境风险源信息，加强隐患整改等重点工作。体现了我国环境风险管理的重点逐步由事后应急向源头预防转变。

但是，我国目前在环境风险源识别与管理方面尚未形成有效的技术体系，相关的技术规范和标准、评价指标体系尚不健全，缺乏环境风险源识别、管理方法与依据。需要进一步开展的工作包括：充分学习与借鉴国外环境风险管理经验，健全与完善我国环境风险管理相关法律法规框架；健全组织机构，进一步明确各个组织机构的作用、职责、权力和任务，加强不同机构间的协调；深入开展环境风险源分类、分级评估技术方法研究，制定相关技术标准与指南，加强风险评估和管理，制定环境风险管理计划；遵循环境风险分区、环境风险源分类、分级管理原则，选择示范区，开展风险源分级管理试点示范工作。

（六）环境风险及化学品检查

当前，各级政府及环境保护部门对企业环境风险和化学品状况底数不清，监督管理仍处于事后、被动处置阶段。为全面掌握重点行业企业环境风险状况和化学品监管现状，积极防范环境风险，加强日常监管，环境保护部印发了《关于开展全国重点行业企业环境风险及化学品检查工作的通知》（环办[2010]13 号），决定自 2010 年 5 月起，利用两年时间，在全国范围内开展重点行业企业环境风险及化学品检查工作。

1. 检查的目的

（1）掌握重点行业企业环境风险防范措施、应急处置及救援资源，周边饮用水水源地等环境敏感区域，化学品生产、贮存的种类和数量等情况，建立重点行业企业环境风险和化学品档案及数据库，加强环境应急管理平台建设。

（2）为研究制定环境风险源分级分类标准，建立环境风险源评估制度，实现环境风险源动态管理奠定数据基础。

（3）为建立环境应急物资储备信息库，规范企业突发环境事件应急预案的编制，提高突发环境事件预防与应急准备能力，提供基础信息。

（4）为逐步建立有效的环境风险防范管理机制和化学品监管政策措施，制定宏观政策并为科学决策提供辅助支持。

2. 检查的对象

检查对象为中华人民共和国境内排放污染物的石油加工、炼焦业，化学原料及化学制品制造业和医药制造业[见《国民经济行业分类》（GB/T 4754—2002）]的工业污染源，共包括以下 3 大类 10 中类 35 小类的所有产业活动单位。

（1）石油加工、炼焦业

①精炼石油产品的制造：a）原油加工及石油制品制造；b）人造原油生产。

②炼焦。

（2）化学原料及化学制品制造业

① 基础化学原料制造：a）无机酸制造；b）无机碱制造；c）无机盐制造；d）有机化学原料制造；e）其他基础化学原料制造。

② 肥料制造：a）氮肥制造；b）磷肥制造；c）钾肥制造；d）复混肥料制造；e）有机肥料及微生物肥料制造；f）其他肥料制造。

③ 农药制造：a）化学农药制造；b）生物化学农药及微生物农药制造。

④ 涂料、油墨、颜料及类似产品制造：a）涂料制造；b）油墨及类似产品制造；c）颜料制造；d）染料制造；e）密封用填料及类似品制造。

⑤ 合成材料制造：a）初级形态的塑料及合成树脂制造；b）合成橡胶制造；c）合成纤维单（聚合）体的制造；d）其他合成材料制造。

⑥ 专用化学产品制造：a）化学试剂和助剂制造；b）专项化学用品制造；c）林产化学产品制造；d）炸药及火产品制造；e）信息化学品制造；f）环境污染处理专用药剂材料制造；g）动物胶制造；h）其他专用化学产品制造。

（3）医药制造业

① 化学药品原药制造；

② 化学药品制剂制造。

3．检查内容

（1）企业基本信息：包括企业名称、地理位置、联系方式、行业类别、年生产时间、工业总产值、厂区面积、是否编制突发环境事件应急预案、环评文件是否按《建设项目环境风险评价技术导则》要求编制环境风险评价专篇以及突发环境事件发生情况等。

（2）企业化学物质情况：包括企业生产的主要产品、副产品、原料的名称、种类、数量、物理状态、物质分类、实际产量、存储量、用途及运输方式等。

（3）企业环境风险防范措施情况：包括风险单元的主要化学物质、风险特征、防护围堰及有效容积、专用泄漏排水沟/管、地面防渗以及防渗材料、气/液体泄漏侦测警报系统及联网情况、泄漏气体吸收装置、事故废水排放去向、事故应急池及其容积、清净下水排放切换阀门及清净下水排水缓冲池等。

（4）应急救援措施及应急救援物资情况：包括个人防护装备器材；消防设施；堵漏、收集器材；应急监测设备；应急救援物资的名称、数量、外部供应单位及其联系方式等。

（5）企业周边水和大气环境状况及环境保护目标情况：包括废水和清净下水排放去向；废水和清净下水收纳水体功能类别；企业所处区域大气环境质量功能类别；周边环境保护目标（如饮用水水源保护区、水产养殖区、鱼虾产卵场、自然保护区、风景名胜区、珍稀动植物栖息地或特殊生态系统重要生态功能区、重点文物保护单位、居民、学校、医院等）的名称、规模、级别、相对企业位置方位、距企业距离、联系方式等。

第二节 突发环境事件应急预案编制与管理

一、突发环境事件应急预案概念

应急预案，又称应急计划，是针对可能发生的突发事件，为保证迅速、有序、有效地开展应急与救援行动，降低人员伤亡和经济损失而预先制定的有关计划或方案。它是在辨识和评估潜在的重大危险、事件类型、发生的可能性及发生过程、事件后果及影响严重程度的基础上，针对具体设施、场所和环境，对应急机构与其职责、人员、技术、装备、设施（备）、物质、救援行动及其指挥与协调等方面预先作出的科学有效的计划和具体安排，它明确了在突发事件发生之前、过程中及刚刚结束之后，谁负责做什么，何时做，以及相应的策略和资源准备等。

突发环境事件应急预案，是针对可能发生的突发环境事件，为确保迅速、有序、高效地开展应急处置，控制、减轻和消除环境危害，减少人员伤亡和经济损失而预先制定的计划或方案。

应急预案的作用主要体现在：提供突发事件发生后应急处置的总体思路、工作原则和基本程序与方法；规定突发事件应急管理工作的组织指挥体系与职责，给出组织管理流程框架、应对策略选择标准以及资源调配原则；确定突发事件的预防和预警机制、处置程序、应急保障措施以及事后恢复与重建措施，明确在突发事件事前、事发、事中、事后的职责与任务，以及相应的策略和资源准备等；指明各类应急资源的位置和获取方法，减少混乱使用带来的处置不当或资源浪费，使突发事件的应对更具有效率。

（一）应急预案分类

目前，应急预案的分类并无固定标准。根据不同划分标准，或者应急预案管理对象的不同，可以分为不同种类。

1. 按照责任主体分类

按照不同的责任主体，我国预案体系设计为国家总体应急预案、专项应急预案、部门应急预案、地方应急预案、企事业单位应急预案、临时应急预案（重大集会、重点工程等）六个层次。《国家突发公共事件总体应急预案》是全国应急预案体系的总纲，规定了国务院应对重大突发公共事件的工作原则、组织体系和运行机制，对指导地方各级政府和各部门有效处置突发公共事件，保障公众生命财产安全，减少灾害损失，具有重要作用。

2．按照事件发生类型分类

按照事件发生类型，应急预案可分为自然灾害、事故灾难、公共卫生事件和社会安全事件四类预案。其中，自然灾害主要包括水旱灾害、气象灾害、地震灾害、地质灾害、生物灾害和森林火灾等；事故灾难主要包括工矿商贸企业的各类安全事故、交通运输事故、火灾事故、危险化学品泄漏、公共设施和设备事故、核与辐射事故、环境污染与破坏事件等；公共卫生事件主要包括发生传染病疫情、群体性不明原因疾病、食品安全和职业危害、动物疫情，以及其他严重影响公共健康和生命安全的事件；社会安全事件主要包括各类恐怖袭击事件、民族宗教事件、经济安全事件、涉外突发事件和群体性事件等。以北京市为例，北京市突发公共事件总体应急预案体系见表3-7。

表 3-7　北京市突发公共事件总体应急预案体系

四大类	分类	种类	预案
自然灾害	水旱灾害	洪涝、干旱	北京市防汛应急预案 北京市抗旱应急预案
	地震灾害	地震	北京市破坏性地震应急预案
	地质灾害	泥石流、滑坡、采矿塌陷	北京市突发性地质灾害应急预案
	气象灾害	大风及沙尘暴	北京市突发气象事件应急预案
		浓雾天气	
		冰雪天气	
		暴雨、雷电天气	
	森林火灾	森林火灾	北京市森林火灾扑救应急预案
事故灾难	安全事故	危险化学品	北京市危险化学品事故应急救援预案
		核事件、放射性污染	
		矿山事故	北京市矿山事故应急救援预案
		建筑工程事故	北京市建筑施工突发事故应急预案
		特种设备事故	北京市特种设备事故应急预案

四大类	分类	种类	预案
事故灾难	安全事故	道路交通事故	北京市道路交通事故处置救援应急预案 北京市道路抢险应急预案 北京市雪天道路交通保障应急预案 北京市应急交通运输保障预案
		城市轨道交通	北京市轨道交通运营突发事件应急预案
		道路桥梁	北京市桥梁突发事故应急预案
		火灾	北京市火灾事故灭火救援预案
		燃气事故	北京市燃气事故应急预案
		供水、排水事故	北京市城市公共供水突发事件应急预案 北京市城市排水突发事件应急预案
		供热事故	北京市供热事故应急预案
		供电事故	北京地区重、特大电力突发事件应急处置预案
		通信线路和通信设施事故	北京市应急通信保障预案
		地下管线事故	北京市地下管线抢修预案
		人防工程事故	北京市人防工程事故灾难处置预案
	环境污染和生态破坏事故	突发环境事件和生态破坏事故	北京市环境污染和生态破坏突发事件应急预案
公共卫生事件	重大传染病疫情	鼠疫、炭疽、霍乱、SARS、流感等	北京市重特大传染病疫情应急预案
	重大动植物疫情	口蹄疫、高致病性禽流感等	北京市防治重大动物疫病应急预案
	食品安全与职业危害	群体食物中毒	北京市食物中毒事件应急预案 北京市突发急性职业中毒事件应急预案
社会安全事件	重大群体性事件	高校群体性事件	北京市影响校园安全稳定事件应急预案
		重大群体性上访事件	北京市处置重大群体性上访事件应急预案
		公共场所滋事事件	北京市处置公共场所滋事事件应急预案
		民族宗教问题引发的群体性事件	北京市民族宗教群体性突发事件应急预案
	重特大刑事案件	重大恐怖事件和刑事案件	北京市处置突发恐怖袭击事件和重大刑事案件工作预案
	涉外突发事件	涉外公共突发事件	北京市涉外突发事件应急预案
保障措施预案			北京市突发公共事件灾民救助保障预案
			北京市突发公共事件社会动员保障预案
			北京市应急资金保障预案
			北京市应急避难场所保障预案
			北京区县突发公共事件应急预案

3．按照预案对象和级别分类

根据事故应急预案的对象和级别，应急预案可分为下列四种类型：应急行动指南或检查表、应急响应预案、互助应急预案、应急管理预案。

（1）应急行动指南或检查表。针对已辨识的危险采取特定应急行动。简要描述应急行动必须遵从的基本程序，如发生情况向谁报告，报告什么信息，采取哪些应急措施。这种应急预案主要起提示作用，对相关人员要进行培训，有时将这种预案作为其他类型应急预案的补充。

（2）应急响应预案。针对现场每项设施和场所可能发生的事故情况编制的应急响应预案，如化学泄漏事故的应急响应预案、台风应急响应预案等。应急响应预案要包括所有可能的危险状况，明确有关人员在紧急状况下的职责。这类预案仅说明处理紧急事务所必需的行动，不包括事前要求（如培训、演习等）和事后措施。

（3）互助应急预案。为相邻企业在事故应急处理中共享资源、相互帮助制定的应急预案。这类预案适合资源有限的中、小企业以及高风险的大企业，这些企业需要高效的协调管理。

（4）应急管理预案。应急管理预案是综合性的事故应急预案，这类预案应详细描述事故前、事故过程中和事故后何人做何事、什么时候做、如何做。这类预案要明确完成每一项职责的具体实施程序。

4．按照预案适用范围和功能分类

按照应急预案适用范围和功能，应急预案又可划分为综合预案、专项预案和现场预案以及单项预案。

（1）综合预案

综合预案也是总体预案，是预案体系的顶层设计，从总体上阐述城市的应急方针、政策、应急组织结构及相应的职责，应急行动的总体思路等。通过综合预案可以很清晰地了解城市的应急体系基本框架及预案的文件体系，可以作为本部门应急管理工作的基础。

（2）专项预案

专项预案是针对某种具体、特定类型的紧急事件，如危险物质泄漏和某类自然灾害等的应急响应而制定。专项预案是在综合预案的基础上充分考虑了某特定危险的特点，对应急的形式、组织机构、应急活动等进行更具体的阐述，具有较强的针对性。

（3）现场预案

现场预案是在专项预案的基础上，根据具体情况需要而编制，针对特定场所，通常是风险较大场所或重要防护区域等所制定的预案。例如，在危险化学品事故专项预案下编制的某重大风险源的场内应急预案等。现场预案具有更强的针对性，对指导现场具体救援活动的操作性更强。

（4）单项预案

单项预案是针对大型公众聚集活动（如经济、文化、体育、民俗、娱乐、集会等活动）和高风险的建设施工活动而制定的临时性应急行动方案。预案内容主要是针对活动中可能出现的紧急情况，预先对相关应急机构的职责、任务和预防性措施做出的安排。

（二）应急预案的结构

各类预案由于所处的行政层次和适用范围不同，其内容在详略程度和侧重点上会有所差别，但总体结构都可以采用基于应急任务或功能的"1+4"预案模式，即一个基本预案加上应急功能设置、特殊风险管理、标准操作程序和支持附件构成。

1. **基本预案**

基本预案是对应急管理的总体描述：主要阐述被高度抽象出来的共性问题，包括应急的方针、组织体系、应急资源、各应急组织在应急准备和应急行动中的职责、基本应急响应程序以及应急预案的演习和管理等规定。

2. **应急功能设置**

应急功能是对在各类重大事故应急救援中通常都要采取的一系列基本的应急行动和任务，如指挥和控制、警报、通信、人群疏散、人群安置和医疗等。针对每一项应急功能应确定其负责机构和支持机构，明确在每一项功能中的目标、任务、要求、应急准备和操作程序等。应急预案中功能设置数量和类型要因地制宜。

3. **特殊风险管理**

特殊风险管理是基于重大突发事件风险辨识、评估和分析的基础上，针对每一种类型的特殊风险，明确其相应的主要负责部门、有关支持部门及其相应承担的职责和功能，并为该类风险的专项预案的制定提出特殊要求和指导。

4. 标准操作程序

按照在基本预案中的应急功能设置，各类应急功能的主要负责部门和支持机构须制定相应的标准操作程序，为组织或个人履行应急预案中规定的职责和任务提供详细指导。标准操作程序应保证与应急预案的协调和一致性，其中重要的标准操作程序可作为应急预案的附件或以适当的方式引用。标准操作程序的描述应简单明了，一般包括目的与适用范围、职责、具体任务说明或操作步骤及负责人员等。标准操作程序本身应尽量采用活动检查表形式，对每一活动留有记录区，供逐项检查核对时使用。标准操作程序是可以保证在事件突然发生后，即使在没有接到上级指挥命令的情况下可在第一时间启动，提高应急响应速度和质量。

5. 支持附件（见本章 112 页）

（三）应急预案的基本框架

应急预案基本框架包括预防、预备、响应和恢复四个阶段。预防主要是减少和降低环境危险。突发环境事件的预防是由政府、企业和个人共同承担。国家有关法律规定了污染者的责任，企业应采取足够的预防措施来保证它的高效应急计划。政府主要负责保护公共财产的安全工作。在该阶段中，必须明确企业和政府部门需要做的工作，确定潜在的环境风险、敏感的环境资源。预备是对事故的准备，即事故发生之前采取的行动，关键是如何提高对环境污染事故的快速、高效的反应能力，以减少对人的健康和环境的影响。环境保护部门与政府其他部门、工业企业和社区等一起，对预防阶段的隐患制定如何处理事故的应急计划，通过对计划进行检查和演习，不断改进完善。响应是指事故发生前及发生期间和发生后立即采取的行动，目的是保护生命，使财产损失、环境破坏减小到最小限度，并有利于恢复。当环境污染事故发生时，任何单个组织不可能完成全部的应急工作。高效的应急响应需要政府、企业、社会团体和当地组织队伍的共同参与。恢复是在事故发生后，对环境损害的清除和恢复。对环境损害的评估和恢复，是恢复的两个重要方面。环境污染事故通常对环境有中长期的影响，当环境污染事故和初步的处理结束后，通过对损害的评估，来预测事故可能造成的中长期影响，设计恢复行动。

按照以上四个阶段，环境应急预案内容主要分为总则、应急预防和预警、应急响应、应急终止和善后、预案评审发布。这六大块形成一个有机联系并持续改进的循环的有机管理体系，构成了环境应急预案的主要要素，是环境污染事故应急预案编制所应涉及的基本方面。这六大基本要素中又可分为若干个二级要素。下文将对此进行详细阐述。

二、突发环境事件应急预案编制

编制应急预案是按照应急管理中预防为主的原则，对应急响应工作做好事前准备，以便于具体指导应急响应活动。它的一个重要前提就是假定某类事件发生了，通过对其进行情况分析，整合现有能力和资源，动员周边力量，进行准备的计划。编制预案，可以发现预防系统的缺陷，更好地促进事故预防工作；预案演习使每一个参加救援的人员都熟知自己的职责、工作内容、周围环境，在事故发生时，能够熟练按照预定的程序和方法进行救援行动，减少突发事件造成的损失。

（一）编制基本原则

突发环境事件应急预案覆盖应急准备、初级响应、扩大应急和应急恢复全过程，根据国外应急管理经验和近年来我国"一案三制"工作实践，应急预案不仅应注重应急响应活动，还应包括应急准备和应急恢复这两部分重要内容。编制应急预案，必须建立在重点危险源的调查及风险评估的基础上，主要遵循以下几个基本原则：

（1）坚持以人为本。加强环境事件危险源的监测、监控并实施监督管理，建立环境污染事件风险防范体系，积极预防、及时控制、消除隐患，提高环境污染事件防范和处理能力，减少环境事件后的中长期影响，尽可能消除或减轻突发环境事件及其负面影响，最大限度地保障公众健康，保护人民生命和财产安全。

（2）坚持统一领导，分类管理，分级响应。在国务院的统一领导下，加强部门之间协同与合作，提高快速反应能力。针对环境污染、生态环境破坏、核与辐射污染扩散的特点及其影响的范围和程度，实行分类管理、分级响应，充分发挥部门专业优势，发挥地方人民政府职能作用，使采取的措施与突发环境事件造成的危害范围和社会影响相适应。

（3）坚持属地为主，条块结合，分级响应。环境应急工作应坚持属地为主，充分发挥各级地方政府职能，实行分级响应。

（4）坚持预防为主。加强日常的环境管理工作，做到事前能及时地发现事件的隐患，事件发生时能指导应急和救援行动，事后能跟踪监视污染物中长期的迁移扩散与转化及其环境影响。

（5）坚持平战结合，专兼结合，充分利用现有资源。积极做好应对突发环境事件的思想准备、物资准备、技术准备、工作准备，加强培训演习，充分利用现有专业环境应急救援力量，整合环境监测网络，引导、鼓励实现一专多能，发挥经过专门培训的环境应急救援力量的作用。

（二）编制的基本过程

应急预案的编制过程一般分为以下五个步骤。

1．成立预案编制小组

成立预案编制小组可以为应急各方提供协作与交流机会，有利于统一不同观点和意见，从而有效地保证应急预案的准确性、完整性和实用性。预案编制小组成员一般应包括：行政首长或其代表，应急管理部门，消防、公安、环保、卫生、市政、医院、医疗急救等有关部门。预案编制小组成员确定后，须确定编制计划，明确任务分工，保证预案编制工作科学有序地进行。

2．风险分析和应急能力评估

风险分析是应急预案编制的基础。风险分析要结合本地本单位实际，识别可能发生的突发事件类型，排查事故隐患的种类、数量和分布情况，分析突发事件造成破坏的可能性，以及可能导致的破坏程度，分析结果不仅有助于确定应急工作重点，提供划分预案编制优先级别的依据，而且也为应急准备和应急响应提供必要的信息和资料。风险分析包括危险识别、脆弱性分析和风险评估。

3．编写应急预案

应急预案的编制必须基于重大事件风险的分析结果、参考应急资料需求和现状以及有关法律法规要求。此外，预案编制时应充分收集和参阅已有的应急预案，以最可能地减小工作量和避免应急预案的重复和交叉，并确保与其他相关应急预案的协调和一致。

4．应急预案评审与发布

为保证应急预案的科学性、合理性以及与实际情况的符合性，应急预案必须经过评审，包括组织内部评审和专家评审，必要时请上级应急机构进行评审。应急预案经过评审通过和批准后，按有关程序，由本单位主要负责人签署后，进行正式发布，并按规定报送上级政府有关部门和应急机构备案。

5．应急预案实施

应急预案的实施是应急管理的重要工作。应急预案实施包括：开展预案宣传、进行预案培训，落实和检查各个有关部门职责、程序和资源准备，组织预案演习，使应急预案有机地融入到公共安全保障工作之中，真正将应急预案所规定的要求落到实处。应急预案应及时进行修改、更新和升级，尤其是在每一次演习和应急响应后，应认真进行评估和总结，针对实际情况的变化以及预案中所暴露出的缺陷，不断地更新、完善，以持续地改进应急预案文件体系。

（三）总体框架结构

应急预案是应急体系建设中的重要组成部分，应该有完整的系统设计、标准化的文本文件、行之有效的操作程序和持续改进的运行机制。无论是哪一种应急预案，基本结构可采用"1+4"的结构模式，即一个基本预案加上应急功能设置、特殊风险分预案、标准操作程序和支持附件四个分预案，如图 3-6 所示。

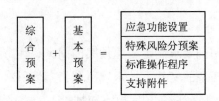

图 3-6 应急预案"1+4"结构模式

1．基本预案

基本预案也称"领导预案"，是应急反应组织结构和政策方针的综述，还包括应急行动的总体思路和法律依据，制定和确认各部门在应急预案中的责任与行动内容。其主要内容包括最高行政领导承诺、发布令、基本方针政策、主要分工职责、任务与目标、基本应急程序等。基本预案一般是对公众发布的文件。《国家突发公共事件总体应急预案》和《国家突发环境事件应急预案》就是我国应对突发公共安全事件和突发环境事件的基本预案。

基本预案可以使政府和企业高层领导能从总体上把握本行政区域或行业系统针对突发事件应急的有关情况，了解应急准备状况，同时也为制定其他应急预案如标准化操作程序、应急功能设置等提供框架和指导。基本预案包括以下 12 项内容。

（1）预案发布令

组织或机构第一负责人应为预案签署发布令，援引国家、地方、上级部门相应法律和规章的规定，宣布应急预案生效。其目的是要明确实施应急预案的合法授权，保证应急预案的权威性。

在预案发布令中，组织或机构第一负责人应标明其对应急管理和应急救援处置工作的支持，并督促各应急部门完善内部应急响应机制，制定标准操作程序，积极参与培训、演习和预案的编制更新等。

（2）应急机构署名页

在应急预案中，可以包括各有关内部应急部门和外部机构及其负责人的署名页，表明各应急部门和机构对应急预案编制的参与和认同，以及履行承担职责的承诺。

（3）术语和定义

应列出应急预案中需要明确的术语和定义的解释和说明，以便使各应急人员准确地把握应急有关事项，避免产生歧义和因理解不一致而导致应急时出现混乱等现象。

（4）相关法律法规

基本预案中应列出明确要求制定应急预案的国家、地方及上级部门的法律法规和规定，有关重大事故应急的文件、技术规范和指南性材料及国际公约，作为制定应急预案的根据和指南，以使应急预案更有权威性。

（5）方针与原则

列出应急预案所针对的事故（或紧急情况）类型、适用的范围和救援的任务，以及应急管理和应急救援处置的方针和指导原则。

方针与原则应体现应急救援的优先原则。如保护人员安全优先，防止和控制事故蔓延优先，保护环境优先。此外，方针与原则还应体现事故损失控制、高效协调，以及持续改进的思想，同时还要符合行业或企业实际。

（6）风险分析与环境综述

列出应急工作所面临的潜在重大风险及后果预测，给出区域的地理、气象、人文等有关环境信息，具体包括以下几方面。

① 主要危险物质及环境污染因子的种类、数量及特性；

② 重大风险源的数量及分布；

③ 危险物质运输路线分布；

④ 潜在的重大事故、灾害类型、影响区域及后果；

⑤ 重要保护目标的划分与分布情况；

⑥ 可能影响应急救援处置工作的不利条件，影响救援处置的不利条件包括突发事件发生时间、发生当天的气象条件（温度、湿度、风向、降水）、临时停水、停电、周围环境、邻近区域同时发生事故；

⑦ 季节性的风向、风速、气温、雨量，企业人员分布及周边居民情况。

（7）应急资源

这部分应对应急资源做出相应的管理规定，并列出应急资源装备的总体情况，包括：应急力量的组成、应急能力；各种重要应急设施、设备、物资的准备情况；上级救援机构或相邻可用的应急资源。

（8）机构与职责

应列出所有应急部门在突发事件应急救援处置中承担职责的负责人。在基本预案中只要描述出主要职责即可，详细的职责及行动在标准化操作程序中会进一步描述。所有部门和人员的职责应覆盖所有的应急功能。

（9）教育、培训与演习

为全面提高应急能力，应对应急人员培训、公众教育、应急和演习作出相应的规定，包括内容、计划、组织与准备、效果评估、要求等。

应急人员的培训内容包括：如何识别危险、如何采取必要的应急措施、如何启动紧急警报系统、如何进行事件信息的接报和报告、如何安全疏散人群等。

公众教育的基本内容包括：潜在的重大风险、突发事件的性质与应急特点、事故警报与通知的规定、基本防护知识、撤离的组织、方法和程序；在污染区或危险区行动时必须遵守的规则；自救与互救的基本常识。

应急演习的具体形式既可以是桌面演习，也可以是实战模拟演习。按演习的规模可以分为单项演习、组合演习和全面演习。

（10）与其他应急预案的关系

列出本预案可能用到的其他应急预案（包括当地政府预案及签订互助协议机构的应急预案），明确本预案与其他应急预案的关系，如本预案与其他预案发生冲突时，应如何解决。

（11）互助协议

列出不同政府组织、政府部门之间、相邻企业之间或专业救援处置机构等签署的正式互助协议，明确可提供的互助力量（消防、医疗、检测）、物资、设备、技术等。

（12）预案管理

应急预案的管理应明确负责组织应急预案的制定、修改及更新的部门，应急预案的审查和批准程序，预案的发放、应急预案的定期评审和更新。

2. 应急功能设置

预案应紧紧围绕应急工作中主要功能而编制，明确执行预案的各部门和负责人的具体任务。

应急功能设置分预案中要明确从应急准备到应急恢复全过程的每一个应急活动中，各相关部门应承担的责任和目标，每个单位的应急功能要以分类条目和单位功能矩阵表来表示，还要以部门之间签署的协议书来具体落实。

应急需要的功能一般来说，依突发事件风险的水平和可能导致的事故类型而不同，但作为一般意义上，应具有一些基本应急功能，其核心的功能包括：接警与通知、指挥与控制、警报与紧急公告、通信、事态监测与评估、警戒与管制、人员疏散、人群安置、医疗与卫生、公共关系、应急人员安全、消防与抢险、现场处置、现场恢复等。这里应明确每一个应急功能所对应的职责部门和目标。所有的应急功能都要明确"做什么""怎么做"和"谁来做"三个问题。

（1）接警与通知

准确了解突发事件的性质和规模等初始信息，是决定启动应急救援的关键，接警作为应急响应的第一步，必须对接警与通知要求做出明确规定。

① 应明确 24 小时报警电话，建立接警和突发事件通报程序；

② 列出所有的通知对象及电话，将突发事件信息及时按对象及电话清单通知；

③ 接警人员必须掌握的情况有：突发事件发生的时间与地点、种类、强度等基础信息；

④ 接警人员在掌握基本情况后，立即通知领导层，报告突发事件情况，以及可能的应急响应级别；

⑤ 通知上级机构。

（2）指挥与控制

重大环境污染事件的应急救援往往涉及多个救援部门和机构，因此，对应急行动的统一指挥和协调是有效开展应急救援的关键。建立统一的应急指挥、协调和决策程序，便于对事故进行初始评估，确认紧急状态，从而迅速有效地进行应急响应决策，建立现场工作区域，指挥和协调现场各救援队伍开展救援行动，合理高效地调配和使用应急资源等。

该应急功能应明确：

① 现场指挥部的设立程序；

② 指挥的职责与权力；

③ 指挥系统（谁指挥谁、谁配合谁、谁向谁报告）；

④ 启用现场外应急队伍的方法；

⑤ 事态评估与应急决策的程序；

⑥ 现场指挥与应急指挥部的协调；

⑦ 企业应急指挥与外部应急指挥之间的协调。

（3）警报和紧急公告

当事故可能影响到事发地周边企业或居民区时，应及时启动警报系统，向公众发出警报，同时通过各种途径向公众发出紧急公告，告知事故性质、对人体健康的影响、自我保护措施、注意事项等，以保证公众能够及时做出自我防护响应。决定实施疏散时，应通过紧急公告确保公众了解疏散的有关信息，如疏散时间路线、随身携带物、交通工具及目的地等。

（4）通信

通信是应急指挥、协调和与外界联系的重要保障，在现场指挥部，各应急救援部门、机构，新闻媒体，医院，上级政府，以及外部救援机构之间，必须建立完善的应急通信网络，在应急救援过程中应始终保持通信网络畅通，并设立备用通信系统。

该应急功能要求：

① 建立应急指挥部、现场指挥、各应急部门、外部应急机构之间的通信方法说明主要使用的通信系统，通信联络电话等；

② 定期维护通信设备、通信系统和通信联络电话，以确保应急时所使用的通信设备完好和应急号码为最新状态；

③ 准备在必要时启动备用通信系统。

（5）监测与事态事评估

在应急响应过程中必须对事件的发展势态及影响及时进行动态的监测，建立对事故现场及场外的监测和评估程序。事态监测在应急救援中起着非常重要的决策支持作用，其结果不仅是控制事故现场，制定消防、抢险措施的重要决策依据，也是划分现场工作区域、保障现场应急人员安全、实施公众保护措施的重要依据。即使在现场恢复阶段，也应当对现场和环境进行监测。

在该应急功能中应明确：

① 由谁来负责监测与评估活动；

② 监测仪器设备及现场监测方法的准备；

③ 实验室化验及检验支持；

④ 监测点的设置及现场工作和报告程序。

监测与评估一般由事故现场指挥和技术负责人或专业环境监测的技术队伍完成，应将监测与评估结果及时传递给应急总指挥，为制定下一步应急方案提供决策依据。

在对危险物质进行监测时，一定要考虑监测人员的安全，到事故影响区域进行检测时，监测人员要穿上防护服。

（6）警戒与治安

为保障现场应急救援工作的顺利开展，在事故现场周围建立警戒区域，实施交通管制，维护现场治安秩序是十分必要的。其目的是要防止与救援无关人员进入事故现场，保障救援队伍、物资运输和人群疏散等的交通畅通，并避免发生不必要的伤亡。

该项功能的具体职责包括：

① 实施交通管制，对危害区外围的交通路口实施定向、定时封锁，严格控制进出事故现场人员，避免出现意外的人员伤亡或引起现场的混乱；

② 指挥危害区域内人员的车辆、保障车辆的顺利通行，指引不熟悉地形和道路情况的应急车辆进入现场，及时疏通交通堵塞；

③ 维护撤离区和人员安置区场所的社会治安工作，保卫撤离区内和各封锁路口附近的重要目标和财产安全，打击各种犯罪分子；

④ 除上述职责以外，警戒人员还应该协助发出警报、现场紧急疏散、人员清点、传达紧急信息，以及事故调查等。

该职责一般由公安部门或企业保安人员负责，由于警戒人员往往是第一个到达现场，因此，对危险物质事故有关知识必须进行培训，并列出警戒人员的个体防护准备。

（7）人员疏散与安全避难

人群疏散是减少人员伤亡扩大的关键，也是最彻底的应急响应。事故的大小、强度、爆发速度、持续时间及其后果严重程度，是实施人群疏散应予考虑的一个重要因素，它将决定撤离人群的数量、疏散的可用时间及确保安全的疏散距离。

对人群疏散所作的规定和准备应包括：

① 明确谁有权发布疏散命令；

② 明确需要进行人群疏散的紧急情况和通知疏散的方法；

③ 列举有可能需要疏散的位置；

④ 对疏散人群数量及疏散时间的估测；

⑤ 对疏散路线的规定；

⑥ 对需要特殊援助的群体的考虑，如学校、幼儿园、医院、养老院，以及老人、残疾人等。

在紧急情况下，根据事故的现场情况也可以选择现场安全避难方法。疏散与避难一般由政府组织进行，但企业、社区或政府部门必须事先做好准备，积极与地方政府主管部门合作，保护公众免受紧急事故危害。环境保护部门利用其在环境监测方面的技术力量，为人员疏散与避难安置地进行风险分析和确认。

（8）医疗与卫生

及时有效的现场急救和转送医院治疗，是减少事故现场人员伤亡的关键。在该功能中应明确针对可能发生的重大事故，为现场急救、伤员运送、治疗等所作的准备和安排，或者联络方法，包括：

① 可用的急救资源列表，如急救医院、救护车和急救人员；

② 抢救药品、医疗器械、消毒、解毒药品等的企业内、外来源和供给；

③ 建立与上级或当地医疗机构的联系与协调，包括危险化学品应急抢救中心、毒物控制中心等；

④ 建立对受伤人员进行分类急救、运送和转送医院的标准操作程序；

⑤ 记录汇总伤亡情况，通过公共信息机构向新闻媒体发布受伤、死亡人数等信息；

⑥ 保障现场急救和医疗人员个人安全的措施。

环境保护部门储备有大量危险化学品或其他污染因子的特性信息，能够为污染事件的受害人员提供医疗救治的信息支持。

（9）公共关系

突发事件发生后，不可避免地会引起新闻媒体和公众的关注，应将有关事故或事件的信息、影响、救援工作的进展、人员伤亡情况等及时向媒体和公众公布，以消除公众的恐慌心理，避免公众的猜疑和不满。

该应急功能应明确：

① 信息发布审核和批准程序，保证发布信息的统一性，避免出现矛盾信息；

② 制定新闻发言人，适时举行新闻发布会，准确发布事故信息，澄清事故传言。

此项功能的负责人应该定期举办新闻发布会，提供准确信息，避免错误报道。当没有进一步信息时，应该让人们知道事态正在调查，将在下次新闻发布会通知媒体，但尽量不要回避或掩盖事实真相。

（10）应急人员安全

重大事件尤其是涉及危险物质的重大事件的应急处置救援工作危险性极大，必须对应急人员自身的安全问题进行周密的考虑，包括安全预防措施、个体防护设备、现场安全监测等，明确紧急撤离应急人员的条件和程序，保证应急人员免受事故的伤害。

应急响应人员自身的安全是重大工业事故或重大环境污染事件应急预案应予以考虑的一个重要因素。在该应急功能中，应明确保护应急人员安全所作的准备和规定，包括：

① 应急队伍或应急人员进入和离开现场的程序，包括指挥人员与应急人员之间的通信方式，及时通知应急救援人员撤离危险区域的方法，以避免应急救援人员承受不必要的伤害；

② 根据事故的性质，确定个体防护等级，合理配备个人防护设备，如配备自持式呼吸器等。此外，在收集到事故现场更多的信息后，应重新评估所需的个体防护设备，以确保正确选配和使用个体防护设备；

③ 应急人员消毒设施及程序；

④ 对应急人员有关保证自身安全的培训安排，包括紧急情况下正确辨识危险性质与合理选择防护措施的能力培训，正确使用个体防护设备等。

（11）消防及抢险

消防与抢险在重大事故应急救援中对控制事态的发展起着决定性的作用，

承担着火灾扑救、救人、破拆、重要物资转移与疏散等重要职责。该应急功能应明确：

　① 消防、事故责任部门等的职责与任务；

　② 消防与抢险的指挥与协调；

　③ 消防及抢险力量情况；

　④ 可能的重大事故地点的供水及灭火系统情况；

　⑤ 针对事故的性质，拟采取的扑救和抢险对策及方案；

　⑥ 消防车、供水方案或灭火剂的准备；

　⑦ 破拆、起重（吊）、推土等大型设备的准备；

　⑧ 搜寻和营救人员的行动措施。

搜寻和营救行动通常由消防队执行，如果人员受伤、失踪或困在建筑物中，就需要启动搜寻和营救行动。

（12）现场处置

在危险物质泄漏事故中，泄漏物的控制及现场处置工作对防止环境污染，保障现场安全，防止事故影响扩大都是至关重要的。泄漏物控制包括泄漏物的围堵、收容和洗消去污。

在泄漏物控制过程中，始终应坚持"救人第一"的指导思想，积极抢救事故区受伤人员，疏散受威胁的周围人员至安全地点，将受伤人员送往医疗机构。

应急总指挥在处置过程中要始终掌握事故现场的情况，及时调整力量，组织轮换。在可能发生重大突变情况时，应急总指挥要果断作出强攻或转移撤离的决定，以避免更大的伤亡和损失。

（13）现场恢复

现场恢复是指将事故现场恢复到相对稳定、安全的基本状态。

只有在所有火灾已扑灭、没有点燃危险存在、所有气体泄漏物质已经被隔离、剩余气体被驱散、环境污染物被消除，满足于现场恢复规定的条件时，应急总指挥才可以宣布结束应急状态。

当应急结束后，应急总指挥应该委派恢复人员进入事故现场，清理重大破坏设施，恢复被损坏的设备和设施，清理环境污染物处置后的残余等。

在应急结束后，事故区域还可能存在危险，如残留有毒物质、可燃物继续爆炸、建筑物结构由于受到冲击而倒塌等。因此，还应对事故及受影响区域进行检测，以确保恢复期间的安全。环保监测部门的监测人员应该确定受破坏区域的污染程度或危险性。如果此区域可能给相关人员带来危险，安全人员要采取一定的安全措施，包括发放个人防护设备、通知所有进入人员有关受破坏区的安全限制等。

恢复工作人员应该用彩带或其他设施将被隔离的事故现场区域围成警戒区。公安部门或保安人员应防止无关人员入内，还要通知保安人员如何应对管理部门的检查。

事故调查主要集中在事故如何发生及为何发生等方面。事故调查的目的是找出操作程序、工作环境或安全管理中需要改进的地方，评估事故造成的损失或环境危害等，以避免事故再次发生。一般情况下，需要成立事故调查组。

3．特殊风险分预案

特殊风险分预案管理是主要针对具体突发和后果严重的特殊危险事故或突发事件及特殊条件下的事故应急响应而制定的指导程序。特殊风险管理具体内容根据不同事故或事件情况设定，除包括基本应急程序的行动内容外，还应包括特殊事故或事件的特殊应急行动。

特殊风险分预案是在公共安全风险评估的基础上，进行可信的不利场景的危险分析，提出其中若干类不可接受风险。根据风险的特点，针对每一特殊风险中的应急活动，分别划分不同企业和不同行业的不同风险，事故类型也不同，应针对其不同的特殊风险水平来制定相应的特殊风险管理内容。对于突发环境事件中的危险性较大、影响程度较严重的场景，如剧毒化学品的泄漏、核事故等，需要制定特殊的风险处置预案。

4．应急标准化操作

标准操作程序（Standard Operation Procedures，SOPs）是对"基本预案"的具体扩充，说明各项应急功能的实施细节，其程序中的应急功能与"应急功能设置"部分协调一致，其应急任务符合"特殊风险管理"的内容和要求，并对"特殊风险"的应急流程和管理进一步细化。同时，SOPs 内设计的一些具体技术资料信息等可以在"支持附件"部分查找，以供参考。由此可见，应急预案中的各部分相互联系、相互作用、相互补充，构成了一个有机整体，SOPs 是城市或企业的综合预案中不可缺少的最具可操作性的部分，是应急活动不同阶段如何具体实施的关键指导文件。

应急标准化操作程序主要是针对每一个应急活动执行部门，在进行某几项或某一项具体应急活动时所规定的操作标准。这种操作标准包括一个操作指令检查表和对检查表的说明，一旦应急预案启动，相关人员可按照操作指令检查表逐项落实行动。应急标准化操作程序是编制应急预案中最重要和最具可操作性的文件，它回答的是在应急活动中谁来做、如何做和怎样做的一系列问题。突发事件的应急活动需要多个部门参加，应急活动是由多种功能组成的，所以每一个部门或功能在应急响应中的行动和具体执行的步骤要有一个程序来指导。事故发生是千变万化的，会出现不同的情况，但应急的程序是有一定规律的，标准化的内容和格式可保证在错综复杂的事故中不会造成混乱。一些成功的救援多是因为制定了有效的应急预案，才使事故发生时可以做到迅速报警，通信系统及时传达了有效信息，各个应急响应部门职责明确，分工清晰，做到忙而不乱，在复杂的救援活动中井然有序。例如，制定政府部门警情接报与报告、某类污染事故应急监测的标准化工作程序。

标准中应明确应急功能，应急活动中的各自职责，明确具体负责部门和负责人。还应明确在应急活动中具体的活动内容，具体的操作步骤，并应按照不同的应急活动过程来描述。

应急标准操作程序的目的和作用决定了 SOPs 的基本要求。一般来说，作为一个 SOPs，其基本要求如下：

（1）可操作性

SOPs 就是为应急组织或人员提供的详细、具体的应急指导，必须具有可操作性。SOPs 应明确标准操作程序的目的、执行任务的主题、时间、地点、具体的应急行动、行动步骤和行动标准等，使应急组织或个人参照 SOPs 都可以有效、高速地开展应急工作，而不会因受到紧急情况的干扰导致手足无措，甚至出现错误的行为。

（2）协调一致性

在应急救援过程中会有不同的应急组织或应急人员参与，并承担不同的应急职责和任务，开展各自的应急行动，因此 SOPs 在应急功能、应急职责及与其他人员配合方面，必须要考虑相互之间的接口，应与基本预案的要求、与应急功能设置的规定、与特殊风险预案的应急内容、与支持附件提供的信息资料，以及与其他 SOPs 协调一致，不应该有矛盾或逻辑错误。如果应急活动可能扩展到外部时，在相关 SOPs

中应留有与外部应急救援组织机构的接口。

（3）针对性

应急救援活动由于突发事件发生的种类、地点和环境、事件、事故演变过程的差异，而呈现出复杂性，SOPs 是根据特殊风险管理部分对特殊风险的状况描述和管理要求，结合应急组织或个人的应急职责和任务而编制对应的程序。每个 SOPs 必须紧紧围绕各程序中应急主体的应急功能和任务来描述应急行动的具体实施内容和步骤，要有针对性。

（4）连续性

应急救援活动包括应急准备、初期响应、应急扩大、应急恢复等阶段，是连续的过程。为了指导应急组织或人员能在整个应急过程中发挥其应急作用，SOPs 必须具有连续性。同时，随着事态的发展，参与应急的组织和人员会发生较大变化，因此还应注意 SOPs 中应急功能的连续性。

（5）层次性

SOPs 可以结合应急组织的组织机构和应急职能的设置，分成不同的应急层次。如针对某公司可以有部门级应急标准操作程序、班组级应急标准操作程序，甚至到个人级的应急标准操作程序。

5．支持附件

应急活动的各个过程中的任务实施都要依靠支持附件的配合和支持。这部分内容最全面，是应急的支持体系。支持附件的内容很广泛，一般应包括：

① 组织机构附件；

② 法律法规附件；

③ 通信联络附件；

④ 信息资料数据库；

⑤ 技术支持附件；

⑥ 协议附件；

⑦ 通报方式附件；

⑧ 重大环境污染事故处置措施附件。

（四）编制的基本要求

突发环境事件应急预案主要包括政府、部门及企业三个层次。政府及部门突发环境事件应急预案有一定的共同点，但也有所区别。企业突发环境事件应急预案则与政府、部门有较大的差别。所有预案的核心要素除了事故或事件发生过程中的应急响应和救援措施之外，还要包括事故发生前的各种应急准备和事故发生后的紧急恢复，以及预案的管理与更新等。为此，环境应急预案的编制应当符合以下要求：

① 符合国家相关法律、法规、规章、标准和编制指南等规定；

② 符合本地区、本部门、本单位突发环境事件应急工作实际；

③ 建立在环境敏感点分析基础上，与环境风险分析和突发环境事件应急能力相适应；

④ 应急人员职责分工明确、责任落实到位；

⑤ 预防措施和应急程序明确具体、操作性强；

⑥ 应急保障措施明确，并能满足本地区、本单位应急工作要求；

⑦ 预案基本要素完整，附件信息正确；

⑧ 与相关应急预案相衔接。

1. 政府突发环境事件应急预案

完整的突发环境事件应急预案编制应包括以下一些基本要素，分为六个一级关键要素，包括：

① 方针与原则；

② 应急策划；

③ 应急准备；

④ 应急响应；

⑤ 现场恢复；

⑥ 预案管理与评审改进。

六个一级要素之间既具有一定的独立性，又紧密联系，从应急的方针、策划、准备、响应、恢复到预案的管理与评审改进，形成了一个有机联系并持续改进的应急管理体系。根据一级要素中所包括的任务和功能，应急策划、应急准备和应急响应三个一级关键要素，可进一步划分成若干个二级小要素。所有这些要素构成了突发事件应急预案。在实际编制时，根据突发事件的风险和实际情况的需要，可根据自身实际，将要素进行合并、增加、重新排列或适当的删减等。见表3-8。

表 3-8　突发事件应急预案核心要素

序号	基本要素	二级要素
1	方针与原则	
2	应急策划	2.1 风险分析 2.2 资源分析 2.3 法律法规要求
3	应急准备	3.1 机构与职责 3.2 应急资源 3.3 教育、训练和演习 3.4 互助协议
4	应急响应	4.1 接警与通知 4.2 指挥与控制 4.3 警报和紧急公告 4.4 通信 4.5 事态监测与评估 4.6 警戒与治安 4.7 人群疏散与安置 4.8 医疗与卫生 4.9 公共关系 4.10 应急人员安全 4.11 消防与抢险
5	恢复	5.1 应急终止条件及程序 5.2 应急终止后的行动 5.3 长期环境影响评估 5.4 污染事故损失调查及责任认定
6	预案管理与评审改进	

（1）方针与原则

无论是何级或何类型的应急救援体系，首先必须有明确的方针和原则，作为开展应急救援工作的纲领。方针与原则反映了应急救援工作的优先方向、政策、范围和总体目标，应急的策划和准备、应急策略的制定和现场应急救援及恢复，都应当围绕方针和原则开展。

突发事件应急救援工作是在预防为主的前提下，贯彻统一指挥、分级负责、区域为主、单位自救和社会救援相结合的原则。其中，预防工作是应急救援工作的基础。除了平时做好事故的预防工作，避免或减少事故的发生，还要落实好救援工作的各项准备措施，做到预先有准备，一旦发生事故就能及时实施救援。

（2）应急策划

应急预案最重要的特点是要有针对性和可操作性。因此，应急策划必须明确预案的对象和可用的应急资源情况，即在全面系统地认识和评估所针对的潜在事故类型的基础上，识别出重要的潜在事故及其性质、区域、分布及事故后果，同时，根据风险分析的结果，分析评估应急救援力量和资源情况，为所需的应急资源准备提供建设性意见。在进行应急策划时，应当列出国家、地方相关的法律法规，作为制定预案和应急工作权限的依据。因此，应急策划包括风险分析、应急能力评估（资源分析），以及法律法规要求等三个二级要素。

（3）应急准备

主要针对可能发生的突发事件，应做好的各项准备工作。能否成功地在应急处置中发挥作用，取决于应急准备的充分与否。应急准备基于应急策划的结果，明确所需的应急组织及其职责权限、应急队伍的建设和人员培训、应急物资的准备、预案的演习、公众的应急知识培训和签订必要的互助协议等。

（4）应急响应

应急响应能力的体现，应包括需要明确并实施在应急处置过程中的核心功能和任务。这些核心功能具有一定的独立性，又相互联系，构成应急响应的有机整体，共同完成应急救援目的。

应急响应的核心功能和任务包括：接警与通知、指挥与控制、警报和紧急公告、通信、事态监测与评估、警戒与治安、人群疏散与安置、医疗与卫生、公共关系、应急人员安全、消防和抢险、现场处置等。

当然，根据突发事件风险性质以及应急主体的不同，需要的核心应急功能也可能有一些差异。发生突发环境事件后，政府环境保护部门应急响应中的应急功能和任务分工主要在于事态的监测与评估及现场处置方面，在其他应急功能方面起到技术支持和协调配合作用。

（5）现场恢复

现场恢复是事故发生后期的处理。比如泄漏物的污染问题处理、环境污染评估、伤员的救助、后期的保险索赔、生产秩序的恢复等一系列问题。

（6）预案管理与评审改进

强调在事故后（或演习后）的对于原不符合和不适宜的部分进行不断的修改和完善，使其更加适宜于实际应急工作的需要，但预案的修改和更新更要有一定的程序和相关评审指标，如制定有关的管理规定、组织专家评审、政府部门备案等。

2. 部门突发环境事件应急预案

突发环境事件部门应急预案，主要包括以下几方面的要素：总则、基本情况、环境风险评估、组织机构和职责、预防与预警、应急响应与措施、应急监测、现场保护与洗消、应急终止、应急终止后的行动、应急培训与演习、奖惩、保障措施及附件等内容。

总则中主要包括编制的目的、编制依据及应急预案的适用范围。

基本情况中主要说明企业（事业）单位的概况、环境污染事故风险源调查的基本情况以及周边环境状况及环境保护目标调查结果。

环境风险评估主要说明企业（事业）单位存在的风险源环境评估结果，以及可能发生事故的后果及波及范围。

组织机构和职责主要是明确应急组织形式、构成单位及人员，明确应急救援指挥人员，各成员单位的职责以及现场各个应急救援小组的工作任务和职责。

预防与预警则明确预警的条件、方式和方法，明确信息报告和通报制度，明确事故发生后报告内容、流程和时限，并且要对可能影响到的区域及时通报。

应急响应与措施则规定分级响应的各项要素和基本要求。按照污染物的性质及事故类型，明确事故发生后应急响应的基本方案、采取的现场清理方法及各种保护救援措施。可以采取分类说明的方式加以具体描述。

应急监测中要根据在事故时可能产生污染物种类和性质，明确污染物现场、实验室应急监测方法和标准，确定应急监测方案，安排好可能受影响区域的监测布点位置，及时预测污染物变化趋势和污染扩散范围，配置必要的监测设备、器材和环境监测人员。

现场保护与洗消则是明确现场保护、清洁净化等工作需要的设备工具和物资，事故后对现场中暴露的工作人员、应急行动人员和受污染设备的清洁净化方法和程序。包括：① 明确事故现场的保护措施；② 明确现场净化方式、方法；③ 明确事故现场洗消工作的负责人和专业队伍；④ 明确洗消后应对二次污染的防治方案。

应急终止及应急终止后的行动，应明确终止的条件和程序，同时应包含总结评估、善后处置及生态修复等内容，并落实具体负责机构。

应急培训和演习明确对应急指挥人员、应急管理人员、专业救援队伍进行培训的计划、方式和要求。明确组织应急演习的规模、方式、频次、范围、内容、组织、评估、总结等。

奖惩明确突发环境事件应急处置工作实行部门领导负责制和责任追究制。奖励要列明突发环境事件应急救援工作中给予奖励的事迹和主体。责任追究要列明突发环境事件应急工作中，依法依规给予行政处分或构成犯罪追究刑事责任的行为。

保障措施主要包括组织保障，明确本地区环境应急指挥机构、环境应急管理队伍组成，职责落实到位。资金保障，明确应急经费来源、使用范围和监督管理措施。装备物资保障，明确本地区应急及应急救援所需装备配备情况及存放位置，明确辖区内应急物资储备、生产情况及调用、紧急配送方案。通信与信息保障，明确通信器材配备、值班制度建立及人员联络方式，确保应急期间信息畅通。技术保障，依托相应的科研机构，组织开展突发环境事件预测预警、应急处置技术研究，加强技术储备。人力资源保障，明确辖区内环境应急专业救援队伍的分布、调用方案和联系方式等。

3. 企业突发环境事件应急预案

企业环境应急预案遵循上述同样的编制程序。成立编制小组，明确各编制人员职责；开展本单位的基本情况调查，包括原料、生产工艺、危险废物运输和处置方式等内容，除此之外，还需要开展对单位周边环境状况及环境保护目标情况的调查，并且按照《建设项目环境风险评估技术导则》（HJ/T 169—2004）的要求进行环境风险评估，评估自身的环境应急能力，如救援队伍，应急救援物资、器材等。编制完成后，要进行评审，然后发布并抄送有关部门备案。主要包括总则、基本情况、环境风险识别与环境风险评估、组织机构及职责、预防与预警、信息报告与通报、应急响应与措施、后期处置、应急培训与演习、奖惩、保障、评审发布与更新、实施与生效时间、附件等内容。

基本情况中主要阐述企业（或事业）单位基本概况、环境风险源基本情况、周边环境状况及环境保护目标调查结果。环境风险源与环境风险评估中主要阐述企业（或事业）单位的环境风险源识别及环境风险评估结果，以及可能发生事件的后果和波及范围。组织机构及职责中除了明确指挥机构的组成外，更要明确成立的机构职责，如负责应急物资的储备、组织应急预案的评审、更新和演习，负责协调现场相关处置工作等。预防与预警中要明确对环境风险源监测监控的方式、方法，以及采取的预防措施；明确事件预警的条件、方式、方法；24 小时有效的报警装置，24 小时有效的内部、外部通讯联络手段，以及运输危险化学品、危险废物的驾驶员、押运员报警及与本单位、生产厂家、托运方联系的方式。信息报告与通报要明确企业内部报告程序，主要包括：24 小时应急值守电话、事件信息接收、报告和通报程序；当事件已经或可能对外环境造成影响时，明确向上级主管部门和地方人民政府报告事件信息的流程、内容和时限；明确事件报告内容，至少应包括事件发生的时间、地点、类型和排放污染物的种类、数量、直接经济损失、已采取的应急措施，已污染的范围，潜在的危害程度，转化方式及趋向，可能受影响区域及采取的措施建议等。

应急响应与措施中，根据污染物的性质，事件类型、可控性、严重程度和影响范围，需确定以下内容：① 明确切断污染源的基本方案；② 明确防止污染物向外部扩散的设施、措施及启动程序，特别是为防止消防废水和事件废水进入外环境而设立的环境应急池的启用程序，包括污水排放口和雨（清）水排放口的应急阀门开合和事件应急排污泵启动的相应程序；③ 明确减少与消除污染物的技术方案；④ 明确事件处理过程中产生的次生衍生污染（如消防水、事故废水、固态液态废物等，尤其是危险废物）的消除措施；⑤ 应急过程中使用的药剂及工具（可获取说明）；⑥ 应急过程中采用的工程技术说明；⑦ 应急过程中，在生产环节所采用的应急方案及操作程序；工艺流程中可能出现问题的解决方案；事件发生时紧急停车停产的基本程序；控险、排险、堵漏、输转的基本方法；⑧ 污染治理设施的应急措施；⑨ 危险区的隔离：危险区、安全区的设定；事件现场隔离区的划定方式；事件现场隔离方法；⑩ 明确事件现场人员清点、撤离的方式及安置地点；⑪ 明确应急人员进入、撤离事件现场的条件、方法；⑫ 明确人员的救援方式及安全保护措施；⑬ 明确应急救援队伍的调度及物资保障供应程序。对大气污染和水污染，要分别明确保护目标的应急响应措施。

应急培训应明确如下内容：① 应急救援人员的专业培训内容和方法；② 应急指挥人员、监测人员、运输司机等特别培训的内容和方法；③ 员工环境应急基本知识培训的内容和方法；④ 外部公众（周边企业、社区、人口聚居区等）环境应急基本知识宣传的内容和方法；⑤ 应急培训内容、方式、记录、考核表。应急演习中要明确演习的内容、方式、范围和频次，并做好演习的评估、总结。

附件中则要将有关内容——列明。如风险评估文件（包括环境风险源分析评估过程、突发环境事件的危害性定量分析）；危险废物登记文件及委托处理合同（单位与危险废物处理中心签订）；区域位置及周围环境保护目标分布、位置关系图；重大环境风险源、应急设施（备）、应急物资储备分布、雨水、清净下水和污水收集管网、污水处理设施平面布置图；企业（或事业）单位周边区域道路交通图、疏散路线、交通管制示意图。内部应急人员的职责、姓名、电话清单；外部（政府有关部门、园区、救援单位、专家、环境保护目标等）联系单位、人员、电话；各种制度、程序、方案等。

（五）需注意的问题

1. 注重针对性，避免"千篇一律"

尽管应急预案种类多样，但根据我国实际情况，按照不同的责任主体，国家可将应急预案大体分为国家总体应急预案、专项应急预案、部门应急预案、地方应急预案、企事业单位应急预案、临时应急预案六个层次。各类应急预案的功能和作用不同，预案编制的要求也各异，所以必须注重针对性。

国家总体应急预案应体现在"原则指导"上，专项应急预案应体现在"专业应对"上，部门应急预案应体现在"部门职能"上，基层应急预案应体现在"具体处置"上，临时性重大活动应急预案应体现在"预防措施"上。

2. 内容上注重完整性，避免"支离破碎"

一个完整的应急预案应当充分体现应对突发事件各环节的工作，明确突发事件预防、处置、善后的全过程。在预案内容上应具备基本要素，符合政策要求，不断吸收成功经验，采用科学方法，还应该充分体现自身特色。

3. 应用上注重操作性，避免"空洞无物"

制定应急预案首先，要讲究明确，明确体现突发事件应对处置的各环节工作。其次，要做到实用，制定应急预案就是要实际管用，所以一定要从实际出发，还要体现一定的灵活性。最后，应急预案的编制还应该力求精练，文字上坚持"少而精"，目的明确、结构严谨、表述准确、文字简练。

4. 制作上注重规范性，避免"杂乱无章"

严格程序，制定应急预案编制管理办法，对预案起草、评估、发布、备案、修改等程序作出明确规定。明确格式，结构框架、呈报手续、体例格式等作出相关规定。此外，应急预案的编制标准也应该统一。

5. 管理上注重实效性，避免"束之高阁"

由于应急预案是根据以往的经验和可能出现的突发事件的特点等编制的，与实际情况可能存在一定的差距，而且突发事件在不同的发展阶段也具有不同的特征，解决方法也不尽相同。因此，必须加强对应急预案的动态管理，对其进行宣传解读、培训演习、评估修订、使之不断完善，以符合实际需要。

三、突发环境事件应急预案管理

（一）原则

应急预案的管理应当遵循全过程管理的原则。从预案的编制、评估、发布、备案、实施、修订等方面加以监管。环境保护部对全国环境应急预案管理工作实施统一监督管理，指导环境应急预案管理工作。县级以上环境保护部门负责本行政区域内环境应急预案的监督管理工作。

（二）编制

应急预案编制部门或单位，应当根据突发环境事件性质、特点和可能造成的社会危害，组织有关单位和人员，成立应急预案编制小组，开展应急预案起草工作；应急预案的编制过程必须要按照应急预案编制导则的有关规定，从程序、内容上一一对应；应当征求应急预案涉及的有关单位意见，有关单位要以书面形式提出意见和建议。

（三）评估

应急预案编制部门或单位应依照有关法律法规和本办法的规定，组织专家和单位有关人员组成评估小组对本部门或本单位编制的应急预案进行评估；必要时，应当召开听证会，听取社会有关方面的意见。应急预案编制部门或单位应当根据评估结果，完善应急预案。

（四）发布及备案

县级以上人民政府环境保护主管部门编制的环境应急预案应当报本级人民政府

和上级人民政府环境保护主管部门备案。

　　企业事业单位编制的环境应急预案，应当在本单位主要负责人签署实施之日起30 日内报所在地环境保护主管部门备案。国家重点监控企业的环境应急预案，应当在本单位主要负责人签署实施之日起 45 日内报所在地省级人民政府环境保护主管部门备案。

　　工程建设、影视拍摄和文化体育等群体性活动的临时环境应急预案，主办单位应当在活动开始三个工作日前报当地人民政府环境保护主管部门备案。

（五）修订

　　县级以上人民政府环境保护主管部门或者企业事业单位，应当按照有关法律法规和本办法的规定，根据实际需要和情势变化，依据有关预案编制指南或者编制修订框架指南修订环境应急预案。

　　环境应急预案每三年至少修订一次；有下列情形之一的，企事业单位应当及时进行修订：

　　（1）本单位生产工艺和技术发生变化的；

　　（2）相关单位和人员发生变化或者应急组织指挥体系或职责调整的；

　　（3）周围环境或者环境敏感点发生变化的；

　　（4）环境应急预案依据的法律、法规、规章等发生变化的；

　　（5）环境保护主管部门或者企业事业单位认为应当适时修订的其他情形。

　　环境保护主管部门或者企业事业单位，应当于环境应急预案修订后 30 日内将新修订的预案报原预案备案管理部门重新备案；预案备案部门可以根据预案修订的具体情况要求修订预案的环境保护主管部门或者企业事业单位对修订后的预案进行评估。

第三节　环境应急演习

一、演习目的、原则与分类

　　应急演习是指为检验应急计划的有效性、应急准备的完善性、应急响应能力的适应性和应急人员的协同性而进行的一种模拟应急响应的实践活动，根据所涉及的内容和范围的不同，可分为单项演习（演练）、综合演习和指挥中心、现场应急组织联合进行的联合演习。环境应急演习是指各级政府、部门、企业事业单位、社会团体（以下简称为"演习组织单位"），针对区域地理环境和污染类型等实际情况，假想和设计特定的突发环境事件情景，按照各类环境应急预案所规定的职责和程序，在规定的时间和地点内，组织相关环境应急人员与群众执行环境应急响应任务训练并参与演习的活动。

（一）演习的目的

开展环境应急演习的主要目的是贯彻执行《中华人民共和国突发事件应对法》《国家突发环境事件应急预案》有关内容，检查演习组织单位对各类环境应急预案的执行情况和应急处置程序的熟悉程度，检查演习组织单位环境应急系统的响应速度，完善"职责明确、规范有序、协同作战、高效运行"的环境应急指挥体系和工作联动机制，建立科学的环境应急处置体系，发挥应急管理、环境监测、科研部门、应急专家、专业救援五支保障队伍的作用，彰显演习组织单位同多部门应对突发环境事件的联动机制、探索演习组织单位调度专业环保救援队伍处置环境污染渠道，从而提高演习组织单位应对突发环境事件的综合防范能力。

（二）演习原则

环境应急演习应遵循以下原则：

1. 统一领导，分工协作

在演习组织单位统一领导和指挥下，各参演单位要听从指挥，分工负责、密切配合、精诚协作、相互协调，严格按既定的演习程序和进度安排开展工作，确保演习工作顺利进行。

2. 结合实际、目的明确

紧密结合应急管理工作实际需求，根据资源条件情况，突出演习重点，合理确定演习方式和规模；强化对应急预案所确定的应急响应责任、程序和保障措施的演习。

3. 着眼实战、讲求实效

以提高应急指挥人员的指挥协调能力、应急队伍的实战能力为着眼点；重视对演习过程和效果及组织工作的评估和考核，发挥应急演习的实效。达到查找差距、持续改进的目的；注重新闻宣传报道工作，达到扩大社会影响、强化示范教育的效果。

4．精心组织、确保安全

围绕演习目的，充分考虑演习场所特殊性，从积极、主动、合理防灾减灾的角度出发，在最大限度地减小对参演单位正常生产和生活影响的基础上，精心策划演习内容、认真准备演习物资设备、周密组织演习过程；制定并严格遵守有关安全措施，稳妥地推进演习工作进度，确保演习参与人员的安全。

5．统筹规划、厉行节约

各地区、各部门要统筹规划应急演习活动，安排好各级各类演习的顺序、方式、时间及地点，避免重复和相互冲突；充分利用已有资源，努力控制应急演习的成本。

（三）演习分类

1．按组织形式可分为桌面演习和实战演习两类

（1）桌面演习

桌面演习又称为图上演习、沙盘演习、计算机模拟演习、视频会议演习等，是指参演人员在非实战的环境下，利用地图、沙盘、流程图、计算机模拟、视频会议等辅助手段，针对事先假定的环境应急演习情景，讨论和推演环境应急决策及现场处置的过程，从而促进相关人员掌握环境应急预案中所规定的职责和程序，提高环境应急指挥决策和协同配合能力。桌面演习通常在室内完成，其情景和问题通常以口头或书面叙述的方式呈现。

桌面演习基本任务是锻炼参演人员解决问题的能力，解决应急组织相互协作和职责划分的问题，并为实战演习或综合演习做前期准备。事后采取口头评论形式收集参演人员的建议，提交一份简短的书面报告，总结演习活动和提出有关改进应急响应工作的建议。

（2）实战演习

实战演习是指参演人员以现场实战操作的形式开展的演习活动，即参演人员在贴近实际状况和高度紧张的环境下，根据演习情景的要求，利用环境应急处置涉及的设备和物资，针对事先设置的突发环境事件情景及其后续的发展情景，通过实际决策、行动和操作，完成真实环境应急响应的过程，从而检验和提高相关环境应急人员的临场组织指挥、队伍调动、应急处置技能和后勤保障等应急能力。实战演习通常要在特定场所完成。

实战演习由于是现场演习，演习过程要求尽量真实，调用更多的应急人员和资源，进行实战性演习，可采取交互式方式进行，一般持续几个小时或更长时间；演习完成后，除采取口头评论外，应提交正式的书面报告。

2．按其内容规模可分为单项演习和综合演习两类

（1）单项演习

单项演习是指涉及环境应急预案中特定应急响应功能或现场应急处置方案中一系列或单一应急响应功能的演习活动。一般在某个行政区内、某个演习组织内部进行，注重针对一个或少数几个参与单位（岗位）的特定环节和功能进行检验。单项演习基本任务是针对应急响应功能，检验应急人员以及应急体系的策划和响应能力。演习完成后，除采取口头评论形式外，还应提交有关演习活动的书面汇报，提出改进建议。

（2）综合演习

综合演习是指涉及环境应急预案中多项或全部应急响应功能的演习活动。注重对多个环节和功能进行检验，一般是跨行政区域、跨流域进行的演习，是对不同单位和政府部门之间应急机制和联合应对能力的检验。

3．按目的作用可分为训练性演习、检验性演习、示范性演习、专业性演习和研究性演习五类

（1）训练性演习

训练性演习是以训练环境应急队伍或指挥机关为主，就环境应急接警与出警响应、指挥与资源调度、调查与污染处置、监测与预测预警、通讯与信息报送等应急程序进行分解训练，主要目的是提高队伍的训练水平。

（2）检验性演习

检验性演习是指为检验环境应急预案的可行性、应急准备的充分性、应急机制的协调性及相关人员的应急处置能力而组织的演习，也称校阅性演习，主要目标是对环境应急队伍的训练成果进行检验。

（3）示范性演习

示范性演习是指为向观摩人员展示环境应急能力或提供示范教学，严格按照环境应急预案规定开展的表演性演习，意在为其他环境应急队伍树立样本、确立标准。

（4）专业性演习

专业性演习，是针对核与辐射管理、危险化学品管理、环境应急指挥、环境应急监测、信息通信保障、环境应急救援及污染物处置等专业化队伍进行的单一专业演习。

（5）研究性演习

研究性演习是指为研究和解决突发环境事件应急处置的重点、难点问题，探索新的应急思路、作战样式、编制体制和试验新方案、新技术、新装备而组织的演习。

不同演习组织形式与内容的交叉组合，可以形成单项桌面演习、综合桌面演习、单项实战演习和综合实战演习等多种演习方式。演习组织单位应当根据实际情况，选择适合的演习方式。

二、演习组织结构

演习应在相关环境应急预案确定的应急领导机构或指挥机构领导下组织开展。演习组织单位要成立由相关单位领导组成的演习领导小组负责演习活动的组织领导，审批演习的重大事项。演习领导小组组长一般由演习组织单位或其上级单位的领导担任，在演习实施时一般担任演习总指挥。在演习领导小组的统一领导下，成立由相关单位有关领导和人员组成的策划部、保障部和评估组；对不同类型和规模的演习活动，其组织机构和职能可以适当调整，同时，根据需要，可成立现场指挥部。对于桌面演习和单项实战演习，其组织结构可以适当简化。

1. 演习领导小组

演习领导小组负责应急演习活动全过程的组织领导，审批决定演习的重大事项。演习领导小组组长一般由演习组织单位或其上级单位的负责人担任；副组长一般由演习组织单位或主要协办单位负责人担任；小组其他成员一般由各演习参与单位相关负责人担任。在演习实施阶段，演习领导小组组长、副组长通常分别担任演习总指挥、副总指挥。

2. 策划部

策划部负责应急演习策划、演习方案设计、演习实施的组织协调、演习评估总结等工作。策划部设总策划（或称总导演）和副总策划（或称副总导演）、文案组、协调组、控制组、宣传组等。对于桌面演习和单项实战演习,可以将总策划、文案组、控制组精简为导调组。

(1)总策划

总策划(总导演)是演习准备、演习实施、演习总结等阶段各项工作的主要组织者,一般由演习组织单位具有应急演习组织经验和突发事件应急处置经验的人员担任(最好是具有应急演习组织经验的高层领导担任,也可以由演习总指挥兼任);副总策划(副总导演)协助总策划开展工作,一般由演习组织单位或参与单位的有关人员担任(最好由演习组织单位或参与单位的副职领导担任)。

(2)文案组

在总策划的直接领导下,负责制定演习计划、设计演习方案、编写演习总结报告以及演习文档归档与备案等;其成员应具有一定的演习组织经验和突发事件应急处置经验,但不能是参加本次演习活动的人员,同时收集、报送、发布联合演习期间各类信息。负责本次演习文字资料的收集归档。

(3)协调组

负责与演习涉及的相关单位以及本单位有关部门之间的沟通协调,督促参演各单位按照演习总体设计细化演习方案并按要求组织演习,其成员一般为演习组织单位及参与单位的行政、外事等部门人员。

(4)控制组

在演习实施过程中,在总策划的直接指挥下,负责向演习人员传送各类控制消息,引导应急演习进程按计划进行。其成员最好有一定的演习经验,也可从文案组和协调组抽调,常称为演习控制人员。同样不能是参加本次演习活动的人员。

(5)宣传组

负责编制演习宣传方案,整理演习信息、组织新闻媒体和开展新闻发布等。其成员一般是演习组织单位及参与单位宣传部门人员。

3.保障部

保障部成员一般是演习组织单位及参与单位信息、后勤、财务、办公等部门人员,常称为技术或后勤保障人员,考虑到演习的技术特点,其牵头部门最好由熟悉各类通信技术合成的信息部门承担。

(1)技术保障组

技术保障组对演习所需各类物资装备的购置、制作、调集、联合调试和维护等技术方案进行总体设计，组织落实各参演单位之间、参演单位与应急指挥中心的演习信息传递，确保演习相关信息渠道畅通。具体负责保证演习指挥部的指挥调度系统、施救现场的通信系统、12369 投诉语音受理系统、环境及污染源在线监控系统网络畅通；负责在观摩场地实现事故演习处置现场的数据、"单兵—指挥车—指挥中心"音视频交互，并负责包括指挥平台、信息通信系统、演习模型等在内的设备选购、安装、调试；负责演习指挥平台及预测模式的优化设计和开发，并保障包括参演部门音视频切换、现场演习多过程多场景同步导播、导演和预制作，同时负责演习所有信息数据的采集、编制工作。

（2）编导摄制组

负责对演习全过程专题片的总体策划、编导和摄制，负责主会场与分会场、各演习现场的拍摄和视频信号传递。负责编制分步演习剧本，组织落实分步演习专题片的编导和摄制（含配音合成等）。编制本次演习全过程纪录片。

（3）后勤保障组

准备演习场地、道具、场景，承担演习车辆、人员生活保障工作，并在突发环境事件发生后负责重点部门（部位）的安全保卫工作，维持演习现场秩序，避免混乱和人为破坏；清点各岗位受伤人员并向指挥部通报，调查因环境污染造成的灾情统计并上报应急指挥部。同时组织相关队伍进入场地进行处置和救护，指导周边群众进行自救、互救。参演人员一般应是环境应急预案中明确规定了应急处置职责的个人、机构与队伍。

4．现场指挥部

环境应急演习时一般要成立现场指挥部，现场指挥部的组成人员及其职责要根据应急预案的规定设置，一般说来，现场指挥部是由一个总指挥和若干个副总指挥组成。演习筹备阶段其职责是按演习工作计划安排、演习脚本或剧本协助演习领导小组和策划部进行分解训练、预演习。当演习进行时，应急指挥部成员组织相关部门和单位进行环境应急响应和污染物处置，并根据现场情况向当地政府部门请求支援，向上级有关部门汇报突发环境事件的发生情况，同时，在发生环境污染事故并危及人畜安全时，制定疏散措施，并安排人员按照统一指挥、上下有序、安全第一的原则，对污染事故企业和周边群众逐一落实疏散工作。

参加演习的队伍按照应急预案所规定的应急组织指挥体系，在现场指挥部的指挥协调下，开展演习活动。

5. 评估组

评估组负责设计环境应急演习评估方案和演习评估报告，对演习准备、组织、实施及其安全事项进行全过程、全方位观察记录和评估，及时向演习领导小组、策划部和保障部提出意见、建议。其成员一般包括评估人员、过程记录人员等，尤其是应急管理专家、具有一定演习评估经验和突发事件应急处置经验专业人员，但不能是参加本次演习活动的人员，常称为演习评估人员。评估组可由上级部门组织，也可由演习组织单位自行组织。

6. 参演队伍和人员

参演队伍包括环境应急预案规定的有关应急管理部门（单位）工作人员、各类专兼职应急救援队伍以及志愿者队伍等。

参演人员承担具体演习任务，针对模拟事件场景作出应急响应行动，有时也可使用模拟人员替代未在现场参加演习的单位人员，或模拟事故的发生过程，如释放烟雾、模拟泄漏等。

三、演习准备

应急演习准备是整个演习活动的第一步工作，也是最重要的阶段。在这一阶段，各参演单位根据各自职责，组建演习工作班子，重点进行演习计划和脚本制定、演习方案设计、演习动员与培训、应急演习保障等系列演习筹备工作，并依据演习的总体要求，通过检查应急装备、物资的储备和维护、保养状况方式评估目前参演队伍应急能力是否能满足演习的需求，结合参演单位实际情况和选择演习的内容，做好应急演习人员、车辆、物资、指挥调度、监测仪器、通讯设备等各项演习环节的落实工作。

（一）制定演习计划

演习组织单位在开展演习准备工作前应先制定演习计划。演习计划是有关演习的基本构想和对演习活动的详细安排，一般包括演习的目的、方式、时间、地点、内容、参与演习的机构和人员、演习的宣传报道、日程安排和保障措施等，演习计划又称筹备方案。

1. 确定演习目的

归纳提炼举办环境应急演习活动的原因、演习要解决的问题和期望达到的效果等。

2．分析演习需求

在对所面临的环境风险及环境应急预案进行认真分析的基础上，发现应急准备工作存在的问题和薄弱环节，确定需加强演习的人员、需锻炼提高的技能、需测试的设施装备和需进一步明确的职责等。

3．确定演习范围

根据演习需求及经费、资源和时间等条件的限制，确定环境应急演习事件类型、规模、举办地点、展示功能、参与演习机构及人员以及适合的演习方式。

4．安排演习准备与实施的日程

做出演习准备与实施的各项活动的日程计划，包括各种演习文件编写与审定的期限、物资器材准备的期限、演习人员培训的日期、演习评估总结的日期等。

5．编制演习经费预算

演习往往涉及组织单位有关信息网络基础设施、数据中心决策支撑体系、突发事件应急指挥体系升级、污染源监控平台联网、音视频卫星或无线同传设备（包括现场监测数据实时传输到 GIS 三维地图上综合展现、监测设备的数据采集传输装置、租用相应的无线线路及实施软件集成；租用或采购在现场架设的固定点位的摄像机等、GIS 污染物扩散模拟系统）、事故现场布设费用（包括场地使用、道具制作）、电视转播和导播费等费用，所以必须在演习计划中明确演习经费筹措渠道，以保障演习各项工作顺利开展。

为做好应急演习计划，演习组织单位要先成立应急预案演习工作领导小组，负责安排专人进行演习工作计划研讨和编制。

（二）召开演习筹备会

当制定演习计划后，应由演习组织单位或上级政府组织召开演习筹备会。演习组织单位或上级政府在筹备会上要就有关演习的基本构想和对演习活动的详细安排向相关参加环境应急演习的企事业单位、各级政府分管领导及应急办公室和与这次环境应急演习有关的公安、消防、安监、海事、卫生、财政等政府各成员单位及直属单位、环境应急专业救援处置单位进行通报，和他们一起商讨这次演习内容，其目的是明确各单位和部门在这次演习中的职责和各自承担的任务，确立各单位在演习筹备中的领导小组和执行组成员，并要求各部门按演习职责分工分头准备。筹备组领导小组和执行组原则上分别由各部门相关负责人组成。

（三）设计演习方案

演习组织单位在举办演习活动前组织制定演习方案。演习方案一般由导调组（策划部的总策划、文案组、控制组）负责编写，由演习领导小组或主管部门批准。

演习方案的设计一般包括确定演习目标、设计演习情景与实施步骤、设计评估标准与方法、编写演习方案文件等内容。

1. 确定演习目标

演习目标是为实现演习目的而需完成的演习任务及效果。目标一般说明"由谁在什么条件下完成什么任务，依据什么标准或取得什么效果"。目标应简单、具体、可量度、可实现。一次演习的目标可以有多项甚至上百项。每项演习目标都与演习内容密切相关，在演习内容中要有相应的事件和问题导出演习活动，并在演习评估中有相应的评估项目判断该目标的实现情况。

本部分着重要围绕打造一支保障环境安全的现代化环境应急队伍，以环境应急科学化、现代化、信息化为手段，建立健全"统一领导、分级管理、职责明确、部门联动、反应迅速、协调配合、处置有效"的环境应急机制，实现环境安全最大化的社会责任体系来确定演习目标，主要涉及"演习指导思想"和"演习目的"两部分内容。

2. 明确组织职责

这部分内容编制包括明确主办、会办、协办、参演单位及其职责，还有演习组织领导机构及工作组，这个组织领导机构及工作组可以和第一节第四部分"演习的组织结构"相对应起来：

一是由演习组织单位或上级部门成立应急演习领导小组，明确主办、会办、承办、协办单位主要领导，领导小组负责统一领导、指挥演习的筹备和实施，包括确定演习方案及演习总脚本，协调解决演习准备和实施过程中出现的重大问题等。各参演单位也要相应成立由一把手负责的领导小组，统一指挥本单位演习的筹备及实施，并明确具体责任人负责本单位演习的各项组织实施具体工作。

二是成立演习领导小组办公室，负责统一组织协调演习筹备及实施工作，协调解决演习准备过程中的具体问题。领导小组办公室一般按第一节第四部分所列的"演习的组织结构"下设相对应的临时工作组,由相关参演单位抽调人员组成,集中办公,按各组的职能职责分头完成演习的各项筹备工作。

3. 设计演习情景

演习情景是为演习而假设的突发环境事件及其发生发展和环境应急响应、处置过程。演习情景的作用,一是为演习活动提供初始条件;二是通过一系列的情景事件,引导演习活动继续直至演习完成。演习情景包括演习情景概述和演习事件清单。

(1)演习情景概述。对演习情景的概要说明,为演习活动设置初始的场景。演习情景概述中要说明突发环境事件类别、发生的时间地点、事态发展速度、污染物强度与危险性、受影响范围、人员和物资分布、已造成的损失情况、后续发展预测、气象及其他环境条件。

(2)演习事件清单。要明确演习过程中各场景的时间顺序列表和空间分布情况。事件的时间顺序决定了演习的实施步骤。演习事件的设计应以突发环境事件真实案例为基础,符合事件发展的科学规律。对每项演习事件,要确定其发生的时间、地点、事件的描述、控制消息和期望参演人员采取的行动。确定演习过程中向演习人员传递的事件信息,包括消息发送方、接收方、传递方式、传递时间和内容等。规定演习人员在收到控制消息后应该采取的应急响应行动。

(3)重点展现内容。一个演习必须按照这次演习所要达到目的突出演习重点展示的内容,为观摩和脚本设计确定基调,一般来说有以下几方面内容:各单位、各部门、各级政府对环境污染事故的报告程序;事故方应急响应,及时处理泄漏、爆炸等事故,组织设备抢修,快速恢复系统安全稳定运行,切断污染源头;政府有关部门启动相关应急响应,采取应急措施积极处置,协调各级、各部门(单位)形成联动;环境保护部门启动应急响应,开展环境污染的应急预警、应急监测和对污染态势的预测工作,会同安监、海事、消防等部门组织专业环保应急救援队伍进行应急处置等等。

4. 细化实施步骤

实施步骤是为保障多个演习情景的按一定逻辑顺序进行实施而规定的工作步骤。实施步骤设计一方面是为假设的突发环境事件及其发生发展和环境应急响应、处置过程设计具体内容,保障各个情景发生发展的连贯性;另一方面是通过一系列工作步骤规定,保障演习活动从筹备设计直至演习完成的有序性和时效性。实施步骤主要包括演习情景实施步骤和演习筹备工作实施计划。

（1）演习情景实施步骤。演习情景实施步骤也称演习过程，一般说来，一个环境应急演习情景实施步骤设计内容主要包括事故发生和企业启动应急预案、企业事故报告与初始扑救，启动环境应急预案和成立环境应急指挥部，环境保护部门按预案响应到位和对事故污染初步评估、对外发布环境预警和建立应急工作区域，现场环境应急监测和数据分析与报送，污染发展态势模拟和专家评估，确定环境应急救援和实施事故现场的专业救援处置，环境应急状况中止和环境恢复等。以综合实战演习为例，设计的演习过程一般分为：事故发生、信息报送、先期处置、预警发布、应急处置、应急终止、善后处理、评估总结共 8 个阶段，这部分工作主要是根据演习情景概述、演习事件清单细化每一个过程所要演习的内容。

（2）演习筹备工作实施计划。演习筹备工作实施计划也称演习筹备工作安排，内容主要是按演习阶段进行工作倒计时安排，即设计筹划、脚本研讨、场景制作（设备购置）、设备联动、分阶段推演、多部门联合预演、演习观摩等重要阶段的工作时间倒排情况。同时明确每一阶段或每一个环节的工作任务、责任单位、完成期限。以综合实战演习为例，主要包括：

① 召开演习工作动员、部署会议。工作任务：主要是组织制定演习实施方案报上级主管部门审定，确定演习领导小组、领导小组办公室、工作组成员和参演单位名单及联系方式，筹备并组织召开动员会。

② 制定演习议程、方案，编制演习脚本。工作任务：成立临时工作组，集中办公，完成相关筹备工作，包括集中培训临时工作组全体参加人员；细化演习方案，确定各单位分步演习日程，编制演习总脚本；编制并实施宣传策划方案，组织同期宣传；指导各参演单位制定完善本单位的突发环境污染事故应急预案，并报领导小组批准。

③ 组织分步演习，完成演习 DV 片摄制。工作任务：组织各参演单位分步演习，并完成分步演习 DV 片的拍摄、剪辑等；调试各级指挥中心之间、现场同步演习点与各指挥中心间的有关信息通信传输渠道，实现传输渠道畅通，为正式演习的通信提供保障服务；联系、确定演习评估专家组，并组织对各参演单位的演习进行指导，为正式演习作好评估准备。

④ 组织进行同步预演习。工作任务：组织两次以上的预演，并调试有关设备和组织程序等，为预演作好充分准备。

5．设置时间与地点

演习具体时间由领导小组确定，一般说来进行正式演习时间控制在半天内为好。地点视演习重点展现内容而定，分为现场观摩和室内观摩两种，一般演习要设主会场（观摩指挥中心）、分会场（演习现场应急指挥中心）、同步演习单位地点（各参演单位的相关调度和故障现场等）。

6．工作要求

一是要做好各类预案的收集、整理工作。在筹备演习前期，首先收集各类应急预案，包括演习组织单位各类突发环境事件应急预案以及各参演单位的应急预案。研究各级预案之间的衔接关系，重点是清理各级启动应急响应的级别关系、汇报流程等内容。

二是要精心策划、编写好各级演习方案。依据演习总体工作方案，各参演单位要根据自身实际，在相关部门和专家的指导下，组织人员精心策划，编写本单位的演习子方案。方案要综合考虑各种因素，包括演习组织、演习内容、演习过程、后勤保障等多方面内容，方案须经演习领导小组办公室审核批准。

三是具体落实和细化各项工作。根据当地环境实际和潜在安全风险，合理设置突发环境污染故障。加强演习期间环境安全管理，确保演习期间环境安全。加强社会参演各单位的协调，按演习总体设计细化演习方案，确保分步演习、同步演习和摄制工作符合总体设计要求，落实演习期间各参演单位安全管理要求。做好技术支持工作，包括实现主会场与分会场、同步演习现场之间的音视频的传输、主会场信息下传等。做好新闻宣传策划工作，充分发挥媒体作用，让全社会了解突发环境事件发生的可能，以及突发环境事件时的应急处置措施。加强协调，精心拍摄和编制分步演习的 DV 片。编制评估方案，合理选配评估专家，做好对演习方案设计编制、组织策划、实战演习效果和宣传效果等评审。做好演习的后勤保障工作。

四是要高度重视脚本的编写工作。编写演习脚本是演习的关键环节，决定了整个演习的质量和水平。总脚本要根据各相关应急预案的规定编写，同时要符合演习总体方案的技术要求，做到演习主线清晰，流程逻辑合理。脚本中的流程序号、时间、事故、场景画面、人物对白、解说词等要素表述具体、明确、清楚，且必须经过内部推演及专业机构的技术审核，具有可操作性。脚本应能规范或指导录制和转播工作。

五是认真做好演习组织和配合工作。各单位要加强组织领导，制定本单位具体工作计划，全面落实各项措施。要以本次演习为契机，提高各级管理机构、社会团体、企事业单位的环境应急综合能力，有效减少环境污染事故灾难对人民群众造成的损失。对本次同步演习、分步演习中各单位产生的各项费用，本着节约、高质量完成工作的原则，由各承办单位、协办单位和参演单位自行承担。

7. 方案评审

对综合性较强、环境安全风险较大的应急演习，评估组要认真对照企业重大危险源、重点部位及敏感区区域，从科学性和安全性入手对演习方案制定的实施内容进行评审，确保演习方案科学可行，以确保应急演习工作的顺利进行。必要时将评审后演习方案再次提交筹备会进行确定，并以确定稿为基础开展演习的筹备工作。

（四）演习脚本和工作文件

1. 编写演习脚本

演习脚本要按照突发环境事件应急预案规定的职责分工与承担的任务编写，围绕预案展开，紧扣预案的各个环节和各项要求。编写时一要突出实战特点，演习脚本必须从实战出发，针对应急指挥调度、响应、处置、监测的特点和要求编写。做到重点突出，情景逼真，结合应急响应程序与关键步骤精心编排，使演习达到实战的效果。二要简捷便于操作，由于演习要动用较多人力物力，因此，演习脚本编写要把握好点和面的关系，力求简捷便于操作，既要使参加演习的人员装备都得到演习，又要抓住重点，突出主要部分，保证演习质量，节约人力物力，提高演习效率。

（1）脚本编写方法。应急演习脚本必须主题明确，内容连贯、流畅，有较强的逻辑性。同时，应具有很强的针对性和可操作性。在编写方法上，可把事故情景演变过程作为演习脚本编排的顺序，也可按环境应急工作响应程序编排。总的要求是要使参演人员得到一次实战锻炼，获得提高。

① 按响应程序编写脚本。突发环境事件应急处置一般包括预案启动、应急待命、应急响应、应急终止等程序与步骤，应急演习脚本可以按此程序与步骤把演习任务分别进行描述。主要描写各个演习阶段起止时间、场景布置、人员动作、情景解说等内容。该演习脚本多适合综合演习。例如：某化工厂发生火灾，并引发环境污染事故，环保局（市或县）应急办公室命令启动应急预案，各级环境应急人员按照制定的各类突发环境事件应急预案做出相应的应急响应。这样就可以按应急受理、事件甄别、启动预案、应急准备、赶赴现场、现场调查指挥、实施监测处置、应急终止、关闭预案、后期监测工作、移交和后评估等程序分步编写演习脚本。

② 按事故情景编写脚本。以设计的事故情景演变为主线，是应急演习脚本编写的一种方法。有的环境污染事故演变很快，极短时间内就可能发展到严重状态。因此，应急演习脚本编写可以直接对事故情景下的某项演习动作编排，对预案的某个部分或环节重点演习，同样可以达到锻炼队伍，提高对突发环境事件应急响应能力的目的。其演习动用人力物力少，牵扯面小，灵活机动，效率高，很适合单项演习。

突发环境事件具有复杂性、偶然性和不可预见性。因此，应急预案需要不断修订完善，演习脚本也要模拟各种可能发生的环境事故情景编写不同版本（如单项演习、综合演习等）供演习使用。平时的演习越逼真，在真正的危机来临时所受到的损害就越小。

（2）脚本编写步骤。演习脚本的编写采取由粗到细、分工协作、不断完善的方式。即首先由应急准备人员根据事故情景和演习内容方案编制粗放的演习总脚本，然后由各应急专业组指定人员根据粗放的总脚本，分头编写本组详细的分脚本，并注意及时协调各分脚本编写中出现的问题。分脚本编写完成后，再着手编写详细的总脚本，然后经过对各分脚本和总脚本的多次讨论和协调，形成具有一定可操作性的较详细的一份总脚本和若干份分脚本。为检验脚本的可操作性，进一步发现脚本中的不足和不协调之处，要组织各专业组进行单项演习以及两次综合预演习，并根据演习和预演的经验反馈对演习分脚本和总脚本进行修改完善，最终定稿。

这样的脚本编写过程有如下优点：一是使得有关方面专业人员参与脚本编写从而改善了总脚本及各分脚本的可操作性和协调性；二是使得作为应急响应骨干的有关方面专业人员，通过编写脚本得到了在应急计划及其执行程序方面的较全面细致的培训。

（3）脚本编写样式。脚本编写样式没有一个统一的格式，但是可根据演习重点展现内容而定，分为观摩型脚本和互动型脚本两种。

① 观摩型脚本。这类脚本主要是因为演习的观摩是在现场进行的，并且是展示性的，不需要观摩人员或参演人员互动。主要通过解说词、字幕、同期声、特写画面、现场画面、同期声加画面等方式把整个演习的过程展现出来。这种脚本也适用于预先录制（不是实时的）的演习片的制作。

下面提供几个典型的脚本编写样式片断：

➢ 中意环保合作长沙溢油事故环境应急演习总脚本（预先录制式）

序号	主题	画外音	录像视频	录像音频
…	…	…	…	…
长沙市环保局向湖南省环保局报告	根据《突发环境事件报告制度》，涉及对饮用水源产生影响的突发环境事件，应立即报告环境保护部应急中心，应急中心接到事故报告后，立即进行核实、判断	湖南省环境监察总队兰洋整理事故初报，送省环保局彭翔局长。彭局长作批示。[字幕]：批示：1. 立即启动省局应急工作机制。2. 监察、监测人员立即赶赴事发现场，指导长沙市应急工作。3. 向环境保护部报告	[省环保局彭翔局长]：立即办理 [兰洋]：是
…	…	…	…	…

➢　2007 年长江三峡库区水上联合搜救演习（现场观摩式）

字幕：溢油应急处置

【同期声】"海巡 31601"，我是"海巡 31212"，现在"高峡油 1 号"船尾附近水面发现大片溢油……

【解说词】9 月 22 日上午 10 时 12 分，在火场外围担任警戒任务的"海巡 31212"在"高峡油 1 号"船尾附近水面发现了大面积原油泄漏，并向下游进一步扩散……

【画面】余烟未尽的"高峡油 1 号"；外围警戒的"海巡 31212"；水面上的模拟油污（泡沫）。

【解说词】按照指令，各溢油处置船舶紧急行动，全力围控，回收江面溢油。

【画面】"海巡 31143"现场勘察；"海巡 31302"溢油采样（特写）。

【解说词】"海巡 31143"赶往现场勘察，"海巡 31302"进行溢油采样。

【解说词】近年来，长江三峡库区危险化学品运量年均增幅达 30%以上，发生重特大污染事故的风险增加，这对长江航运管理部门处置紧急、重大船舶污染事故的能力提出了更高要求。

【解说词】"渝道标 301"和"渝道标 302"拖带第一道围油栏，迅速将溢油围控，"水域环卫 6 号"利用吸油毡和收油机开始回收溢油。

【解说词】10 时 30 分，第一道围油栏内的溢油基本清除，但水面仍残留少量稀薄油层。"水域环卫 6 号"往江面喷洒了环保型消油剂。

【画面】"水域环卫 6 号"喷洒消油剂（特写）。

【解说词】此时，"海巡 31510"和"海巡 31511"拖带的第二道围油栏也已布设到位，"水域环卫 7 号"迅速将围控水域的溢油全部清除，并对残留的少量稀薄油层喷洒了消油剂。

【画面】"水域环卫 7 号"喷洒消油剂（特写）。

【字幕】江面溢油应急处置完毕。各溢油处置船舶拖带围油栏，按次序撤离现场。

② 互动型脚本。这类脚本主要针对演习的观摩在一个集中的会议区域，并且是在应急现场、现场指挥部和观摩地点之间进行的，而且是互动性的，需要观摩指挥人员与环境应急监察、监测、企业处置、联动单位的参演人员互动。主要利用环境应急指挥平台、音视频同传设备、视频会议系统等高科技手段，在演习实地与指挥部实现"指挥中心—现场指挥部—单兵"三级组网互动展示应急预案的启动、污染态势的预测、现场污染物监测与处置等，展现现代化的远程指挥和快速反应能力。通过大屏显示（GIS 屏幕）为载体，细化演习时间、阶段、演习项目、主要内容（状况内容、主题）、情景（屏幕画面与处置动作）、对白（解说）、演习地点、角色，以交互方式把整个演习的过程展现出来。这种脚本是目前演习组织单位较为喜欢采用的。

下面提供几个典型的脚本编写样式片断：

➤ 2007 年松花江流域突发环境事件应急演习脚本

时间	主题	解说	总指挥部	GIS 屏幕	现场指挥部 1 画面	现场指挥部 2 画面
…	…	…	…	…	…	…
3：22	长春市政府召开信息发布会	[解说]：中午 12 点，两省相继召开新闻发布会，及时发布了信息。现在，两省分别向总局报告新闻发布的情况		长春市政府召开新闻发布会图片。显示长春市政府新闻通稿（略）	[主 1 号屏幕] [王国才局长]：报告总局，我是吉林省环保局局长王国才。我省长春市政府已召开新闻发布会，对外发布了信息。一是向饮马河沿线群众介绍了基本情况，应采取的警戒措施。二是对下游饮用水的影响趋势作了分析，起到预警的作用。三是向媒体介绍了政府控制污染的措施，确保社会稳定。同时，我们将根据事态发展，连续动态发布信息	

时间	主题	解说	总指挥部	GIS 屏幕	现场指挥部 1 画面	现场指挥部 2 画面
3：23	黑龙江省环保局受政府委托向社会发布信息		[陆局长]：好的，请两省根据进展情况，连续发布信息，确保社会稳定	显示新闻发布会图片 显示黑龙江省新闻通稿（略）		[主 1 号屏幕] [富局长]：报告总局，我是黑龙江省环保局。我局按照省政府的要求，已经召开了新闻发布会，按照吉林省通报的情况，公布了吉林省九台市丙烯腈污染事故情况和我们的应对措施。下一步，我们将根据事态发展，主动了解有关情况，及时发布信息，以安定民心
…	…	…	…	…	…	…

>   2009 年苏州环境应急综合演习脚本

演习阶段	演习时间	演习主要内容	情景	角色	台词	大屏显示
…	…	…	…	…	…	…
应急响应	14：21	孙局长主持召开紧急会议	执行总指挥要求展示企业及扬子江化学工业园区基本情况，研究决定应急措施并部署	孙局长	请应急中心通知全市环保系统各单位加强值守，做好各地区区域内的应急防范工作。各位注意，我们应急指挥部在开一个紧急会议！首先，我向大家传达一下部领导和省厅领导的指示：部领导和省厅领导要求我们加强监测，采取措施，全力以赴控制污染，确保周边群众的饮水安全。为了更有针对性地开展应对工作，请应急中心夏健伟介绍长江化工厂及其周边地区环境的基本情况	孙局长特写（实况）会商场景（实况）
…	…	…	…	…	…	…

2. 编写演习方案文件

演习方案文件是指导环境应急演习实施的详细工作文件，内容一般包括演习基本情况、演习情景、演习实施步骤、评估标准与方法、后勤保障、安全注意事项等。根据演习类别和规模的不同，演习方案文件可以是一个文件，也可以是一组多个文件。多个文件一般包括演习人员手册、演习控制指南、演习评估指南、演习宣传方案、演习脚本等，分别发给相关人员。对涉密应急预案的演习或不宜公开的演习内容，还要制定保密措施。

（1）演习人员手册

演习人员手册是对演习基本情况和注意事项的说明文件。内容应包括演习概述、组织结构、时间、地点、参加单位、演习目的、演习情景概述、演习现场标识、演习后勤保障、演习安全注意事项等，但不包括演习的细节，如演习事件清单等。演习人员手册可发放给所有参加演习的人员。

（2）演习控制指南

演习控制指南是关于演习控制、模拟等活动的工作程序和职责的说明。演习控制指南的内容包括演习情景概述、演习事件清单、演习场景说明、参演人员及其位置、演习控制规则、导调（总策划、方案组、控制组）人员组织结构与职责、通讯联系方式等。演习控制指南主要供演习导调人员使用，一般不发给参演人员。

（3）演习评估指南

演习评估指南是有关演习评估方法与程序的说明。演习评估指南内容应包含演习情景概述、演习事件清单、演习目标、演习场景说明、参演人员及其位置、评估人员组织结构与职责、评估人员位置、评估表格及相关工具、通信联系方式等。演习评估指南主要供演习评估人员使用。

（4）演习脚本细化文件

对于重大综合性示范演习，为了确保演习顺利实施，根据演习脚本编制相关细化文件，详细描述演习时间、场景、事件、处置行动及执行人员、指令与对白、视频画面与字幕、解说词等。

（5）演习宣传方案

演习宣传方案内容主要包括宣传目标、宣传方式、传播途径、主要任务及分工、技术支持、通信联系方式等。

（6）应急处置方案

突发环境事件往往是涉及危化品的泄漏、爆炸进入大气、水体等环境中，因此监控和预测危化品污染扩散是环境应急处置的首要任务。此时演习组织单位要编写好演习中涉及的危化品污染特性和应急处置方案，方案中要包括危化品的理化性质、危险特性、健康危害、安全防护、环境标准、监测方法、应急措施和储运等内容。

（五）演习动员与培训

在演习开始前演习组织单位要进行演习动员和培训，确保所有演习参与人员掌握应急基本知识、演习基本概念、演习规则、演习情景和各自在演习中的任务。一是对导调人员进行环境岗位职责、演习方案编制、演习过程控制和管理等方面的知识和技能培训；二是对评估人员应当进行环境应急岗位职责、演习评估方法、工具使用等方面的培训；三是对现场参演人员应当进行环境应急预案、环境应急知识与技能及个体防护装备使用等方面的培训；四是对所有演习参与人员都应进行应急基本知识、演习基本概念、安全知识等方面的培训。

（六）筹备推进

在进行演习培训的同时，按设计的演习方案演习组织单位要迅速落实演习领导小组、策划部、保障部和评估组及现场指挥部人员到位，按演习阶段进行工作倒计时安排推进各单位、各环节及总脚本研讨、场景制作（设备购置）、设备联动、分阶段推演、多部门联合预演等重要阶段的工作。

演习组织单位还要负责向各个组传达筹备领导小组的指令，联系和督促各组工作进度；报告各组筹备工作中的重大问题；负责向领导小组报告演习推进情况，并主持相关协调工作会议和组织分部演习或合练。如发现推进过程中存在的难点和不能解决的问题要及时提出建议迅速解决。筹备工作推进期间，要避免演习经费不落实、应急设备购置迟缓、各参加或协助演习单位准备不到位等方面的不利现象产生。

四、演习实施

（一）演习动员

在演习正式开始前应进行演习动员，确保所有演习参与人员了解演习现场规则、演习情景和各自在演习中的任务。必要时可分别召开导调人员、评估人员、参演人员参加预备会。

① 导调人员预备会主要讲解演习情景事件清单，导调组组成及通信联系方法，导调人员的工作岗位、任务及其详细要求，演习现场规则，演习安全及安保工作的详细要求等。

② 评估人员预备会主要讲解演习情景事件清单，演习目标、评估准则，评估组组成及通信联系方法，各评估人员的工作岗位、任务及其详细要求，演习现场规则，演习安全及安保工作的详细要求等。

③ 参演人员预备会主要讲解参演人员演习前应当知道的信息，包括各类参演人员的识别、演习现场标识、演习开始与终止的条件，有关行政事务、后勤保障或通信联系方式，演习安全及安保工作的详细要求等。

（二）演习启动

演习正式启动前一般要举行简短仪式，由演习总指挥宣布演习开始，然后由总导演启动演习活动。

（1）桌面演习，一般由总导演叙述演习情景，并辅以演示材料（地图、图片、视频、软件模拟、沙盘等），提出第一个演习问题或发出第一个事件消息，开始演习活动。

（2）实战演习，一般是通过事先设计好的方式将演习场景呈现给演习参与人员，由总导演发出第一个事件消息，触发演习活动。

（三）演习执行

1．演习指挥与行动

（1）演习总指挥负责演习全过程的监督控制。出现特殊或意外情况时，在与其他相关人员会商后迅速做出决策，必要时可调整演习方案，尽量保证演习的继续进行。当演习总指挥不兼任演习总导演时，由演习总指挥授权总导演对演习过程进行控制。

（2）现场总指挥按照应急预案规定和演习方案要求，指挥参演队伍和人员开展对模拟演习事件的应急处置行动，完成各项演习活动。

（3）参演人员按照应急预案所规定的职责和程序，听从现场指挥人员指挥，开展应急处置行动，完成各项演习活动。

（4）模拟人员按照演习方案要求，模拟未参加演习的机构、单位或人员的行动，并做出信息反馈。

2．演习过程控制

总导演负责演习过程的控制，原则上应严格按照演习方案执行演习的各项活动。

（1）桌面演习过程控制

在桌面演习中，演习活动主要围绕对所提出的问题进行讨论。由总导演以口头或书面形式，一次引入一个或若干个问题。参演人员根据应急预案或有关规定，针对要处理的问题，讨论应采取的行动。每一个问题都有一个建议的讨论时限，如果已经超过设定的时限，总导演可以选择终止讨论或者延长时间。

桌面演习有两种讨论方式。第一种是全体参演人员共同对一个问题进行讨论，并根据讨论结果确定行动方案；第二种是每个参演人员（或小组）只得到与其有关的问题，参演人员独立（或小组协商后）做出行动决定。

（2）实战演习过程控制

在实战演习中，主要是通过传递控制消息来控制演习进程。总导演按照演习方案发出控制消息；调理员向参演人员和模拟人员传递控制消息，向总导演报告演习行动情况和出现的各种问题。控制消息可由人工传递，也可用对讲机、电话、手机、传真机、网络等方式传送。

参演人员和模拟人员接收到模拟事件信息后，按照发生真实事件时的应急处置规则，或根据事先设计好的行动方案，采取相应的应急处置行动。

当演习过程中出现演习行动过于提前、延迟或偏离预定方向等问题时，总导演可通过临时生成控制消息、取消控制消息，必要时强行干预等手段，保证演习按计划顺利完成。

3．演习解说

在综合性示范演习的实施过程中，演习组织单位可以安排专人对演习过程进行解说。解说内容一般包括演习背景描述、进程讲解、案例介绍等。对于有演习脚本的重大综合性示范演习，可按照脚本中的解说词进行讲解。

4．演习记录

演习组织单位要安排专门人员，采用文字、照片和声像等手段对演习实施过程进行记录。文字记录一般由评估人员完成，主要包括演习实际开始与结束时间、演习过程控制情况、各项演习活动中参演人员的表现、意外情况及其处置等内容。照片和声像记录可安排专业人员在不同现场、不同角度进行拍摄，尽可能全方位反映演习实施过程。

在实战演习中，可能因演习方案或现场决策不当，出现人员"伤亡"及财产"损失"等后果。对此评估人员要进行详细记录，事后评估总结时要给予特别关注。

5. 演习宣传报道

演习组织单位要重视演习的宣传报道工作。演习宣传组要事先做好演习宣传报道方案，及时准备新闻通稿，必要时可邀请相关媒体到现场观摩。对不宜或不便公开的演习内容，演习组织单位要采取必要的保密措施，做好保密工作。为避免信息不畅造成社会恐慌，组织单位或当地政府及相关部门要提前做好通知、报道。

（四）演习终止

演习正常实施完毕，由总导演发出演习结束信号，由演习总指挥宣布演习结束。演习结束后所有人员停止演习活动，按预定方案集合进行讲评总结，并按计划组织解散。后勤保障人员负责对演习场地进行清理和恢复。

演习实施过程中出现下列情况，经演习领导小组决定，由演习总指挥按照事先规定的程序和指令终止演习：

① 出现真实突发环境事件，需要参演人员参与应急处置时，要终止演习，使参演人员迅速回归其工作岗位，履行应急处置职责。

② 出现特殊或意外情况，短时间内不能妥善处理或解决时，可提前终止演习。

五、演习评估

（一）演习评估的内容

演习组织单位要组织开展演习评估。演习评估是在全面分析演习记录及相关资料的基础上，对比参演人员表现与演习目标要求，对演习活动及其组织过程作出客观评估，并编写演习评估报告的过程。

在演习实施过程中，应当在演习区域的关键地点和各参演应急机构的关键岗位上，派驻训练有素的评估人员。评估人员通过观察演习的进程，记录参演人员采取的每一项关键行动及其实施时间和效果。演习结束后可组织评估会议、填写演习评估价表和对参演人员进行访谈等方式，进一步收集演习组织实施的情况。还可要求参演单位提供对本单位及参演人员表现进行评估的报告。

演习评估报告的主要内容一般包括：演习执行情况，预案的合理性与可操作性，应急指挥人员的指挥协调能力、参演人员的处置能力，演习的设备、装备的适用性，演习目标的实现情况，演习的成本效益等。

（二）演习总结

演习组织单位要组织开展演习总结。演习总结可分为现场总结和事后总结。

① 现场总结，一般在演习一个阶段结束后，由导调人员或现场观摩的专家组当场有针对性地做出。内容主要包括本阶段的演习目标、参演队伍及人员的表现、演习中暴露的问题、解决问题的办法等。

② 事后总结，在演习结束后，由导调组和评估组根据演习记录、演习评估报告、应急预案，对演习进行较为系统的总结，并形成演习总结报告。参与演习的单位也可对本单位的演习情况进行总结。

演习总结报告中一般应包括：演习目的、时间、地点、气象条件，参与演习的部门、组织和人员，演习计划与演习方案，演习情况的全面评估，演习中发现的问题与原因、可能造成的后果及纠正措施建议，对应急预案和有关执行程序的改进建议，对应急物资、装备维护与更新方面的建议，对应急组织、应急响应人员能力与培训方面的建议，对应急演习组织工作的建议，其他受演习启发得到的经验与教训等。

（三）成果运用

对演习中暴露出来的问题，演习单位应当及时采取措施予以改进，包括修改完善应急预案、有针对性地加强应急人员的教育和培训、对应急物资装备有计划地更新等，并建立改进任务表，按规定时间对改进情况进行监督检查。

（四）文件归档与备案

演习组织单位在演习结束后应将演习计划、演习方案、演习评估报告、演习总结报告等资料归档保存。

对于由上级有关部门布置或参与组织的演习，或者其他法律、法规、规章要求备案的演习，演习组织单位应当将相关资料报有关部门备案。

应急演习是完善应急预案、充分发挥应急预案作用的重要环节。环境保护部从 2003 年开始，每年都要举办 1～2 次国家级的环境应急演习，各级环境保护部门也要参照加强演习工作，按照应急预案的要求，针对辖区内重点风险源及敏感区域组织开展应急演习，把不同形式的环境应急演习作为环境危机管理的重要环节纳入环境应急工作体系。同时，要指导、督促企业特别是高环境风险的单位开展环境应急演习，真正落实企业防范、处置突发环境事件的主体责任，以提高应急能力和应急实战水平。

第四节 宣传、教育与培训

一、应急知识宣传

应急知识是预防和应对突发环境事件的各种知识和技能的总称。加强对应急知识的宣传普及，能够提高社会成熟度，有利于提高政府的应急管理效果。在和平、稳定的环境下，公众的危机意识一般比较淡薄，政府通过宣传普及应急知识，可以使公众增强危机意识，了解突发环境事件发生的过程，掌握自我保护的方法，增强危机应对能力，提高应急管理技能。因此，《突发事件应对法》第二十九条规定，县级人民政府及其有关部门、乡级人民政府、街道办事处应当组织开展应急知识的宣传普及活动和必要的应急演习。居民委员会、村民委员会、企业事业单位应当根据所在地人民政府的要求，结合各自的实际情况，开展有关突发事件应急知识的宣传普及活动和必要的应急演习。新闻媒体应当无偿开展突发事件预防与应急、自救与呼救知识的公益宣传。

具体而言，应急知识的宣传普及的意义和作用表现在：

（1）应急知识宣传普及能够唤起普通民众积极参与预防和处置突发环境事件的责任感和自觉性。通过应急知识的宣传普及，使广大人民群众认识到突发环境事件的严重后果和巨大的危害性，能够促使全社会增强预防突发环境事件的责任感。通过对预防和应对知识的学习，有助于提高人民群众对各种信息的判别能力和对风险的防范能力，从而为应对突发环境事件打下良好的社会基础。

（2）应急知识宣传普及能够为处于突发环境事件中的人民群众提供智力支持和精神动力。首先，应急知识的宣传普及能够消除人民群众在面对突发环境事件时不必要的慌乱心理，保持正常的生产生活秩序。其次，应急知识的宣传普及能够使人民群众掌握必要的应急处置技能，面对突发环境事件时能够避免或减少人身和财产的损害。第三，应急知识的宣传普及也能够凝聚人心，在危难发生时，更能够使人民群众同舟共济、万众一心，共同克服突发环境事件所带来的负面影响。

（3）应急知识的宣传普及能够让人民群众有能力监督和配合政府及时有效地处置突发环境事件。人民群众掌握一定的应急知识，就能够对政府应对突发环境事件工作的过程进行有效的监督，能够对政府在应对突发环境事件过程中违背公共利益的做法提出批评和纠正意见。同时，掌握应急知识的人民群众也能够更有效地为政府处置突发环境事件提供帮助和配合，从而使突发环境事件尽快得到解决。

二、社会普及教育

1. 公众环境应急知识普及教育

各级政府及环境保护部门要积极采取讲座、知识竞赛、论坛，组织开展主题宣传周、宣传月活动，组织开展专题文艺晚会，发放各种应急知识手册，发放宣传教育材料，制作宣传板，建立有关应急管理网站，创办有关应急管理期刊，拍摄有关专题片等多种形式来开展公众环境应急知识普及教育，其主要内容包括：

（1）该区域主要污染源及其危害。

（2）该区域以前发生的环境污染事故的性质和特点。

（3）环境污染事故现象的辨别及识别。

（4）环境污染事故报告的基本方法（电话：12369、110、119）。

（5）环境污染事故预防的基本措施（如疏散路线、停止供水等）。

（6）自救与互救、消毒的基本知识。

（7）在污染区行动及保护的基本方法。

（8）明白公告、警报、指挥信号等的含义。

（9）医疗单位的地点、专业性等。

2. 企业员工环境应急知识普及教育

企业员工环境应急知识普及教育主要内容包括：

（1）环境污染事故应急预案的作用与内容。

（2）工厂环境风险源的位置、发生事故的可能性，能鉴别异常情况，辨识危险。

（3）本企业污染物的种类、数量，以及各类污染物的危害性。

（4）防止污染物扩散，处理、处置各类污染事故的基本方法。

（5）周围环境敏感点的位置、数量与类型，本企业污染事故对其影响。

（6）工艺流程中可能出现问题的解决方案。

（7）控险、排险、堵漏、输转的基本方法。

（8）主要消防器材、防护设备等的位置及使用方法。

（9）紧急停车停产的基本程序。

（10）如何正确报警，内外部电话清单。

（11）逃生避难及撤离路线。

（12）配合应急人员基本要求及责任。

（13）自救与互救、消毒的基本知识。

（14）污染治理设施的运行要求，可能产生的环境污染事故。

（15）运输司机、监测人员等的特别培训。

（16）危险化学品环境安全风险防范及应急处置。

3．学校环境应急知识普及教育

各级各类学校应当把环境应急知识教育纳入教学内容，对学生进行应急知识教育，培养学生从小树立环境安全意识和自救与互救的能力。教育主管部门应当对学校开展环境应急知识教育进行指导和监督。

三、应急管理培训

《中华人民共和国突发事件应对法》第二十五条专门就应急管理培训制度作出规定，即要求各地要结合实际，开展环境应急管理培训，不仅要培训环境保护部门应急管理骨干，也要对消防、安全监管等有关部门、企业负责人和社会公众进行环境应急培训。

环境应急培训与教育的目的，一是提升全国环境应急管理人员的工作能力和管理水平，促进各地环境应急工作的沟通与交流，进一步加强全国环境应急管理工作。二是开展环境应急专题研究，加强对危险化学品各类泄漏引起环境污染的监测、控制与处置，三是积极加强国际合作，学习国内、国际先进的环境应急工作。环境应急培训方式主要包括专题培训、在线学习、远程教育、网络视频会议等。

1．环境应急管理培训

环境应急管理培训包括以下内容：

（1）各级人民政府及其有关部门处置突发环境事件的职责职能培训。

（2）应急管理体系现状、问题及战略思考。

（3）环境应急预案的编制与演习。

（4）突发环境事件的应急响应工作原则。

（5）突发环境事件报告与应急处置。

（6）突发环境事件应急法律制度。

（7）处置突发性环境污染事故的对策与预防措施。

（8）环境风险源排查技术。

2．环境监测应急培训

环境监测应急培训主要内容包括：

（1）便携式现场应急监测仪器的使用方法。

（2）不同环境污染事故应急监测基本方法和要求。

（3）应急监测方案的制定方法。

（4）应急监测仪器设备、耗材、试剂的日常维护、保养。

（5）环境污染事故跟踪监测。

3．企业法人及管理人员的应急培训

企业法人及管理人员的环境应急培训主要内容包括：

（1）我国环境保护的法律、法规的基础知识。

（2）制定环境污染事故应急预案的必要性、基本程序和内容。

（3）企业环境风险隐患排查、环境污染事故预防和应急的法律责任。

（4）企业环境风险防范与突发环境污染事故处置措施。

第五节　环境应急装备及物质保障

一、环境应急装备

国家环境应急机构主要职能是指挥、协调全国环境应急管理工作，其装备建设

侧重环境应急通讯指挥系统及交通运输等装备建设。环境保护部已经建立了视频会议系统，并对多起突发环境事件进行了实时指挥。视频会议系统在多次环境应急演习中也发挥了重要作用，并配备了备用联络系统——卫星联络系统。购置了多部卫星电话，在汶川地震时，前方工作组与指挥部之间利用视频通讯系统进行通讯联络，有效增强了对前线应急工作的指挥。

省级环境应急机构要做到较好准确地定性和定量分析，获得准确的信息和数据，其装备建设重点为应急指挥（固定及移动指挥）系统、应急通讯装备、应急交通工具、应急处置与救援设备、应急防护装备、应急监测车及设备等。

市级环境应急机构要做到能分辨常见污染物种类、浓度以及进行简单的应急处置，其装备建设应结合所在地区社会、经济、自然及环境应急的特点，重点装备重金属、有毒有害气体（氯气、氨气等）、有毒有害化学物质（苯系物等）等突发环境事件常见污染物的便携式检测分析仪器、防护器材、交通运输车辆、指挥及通讯装备等。

县级环境应急机构职能主要是能在第一时间提供常见污染物信息，并及时向上报送，要重点装备快速机动的交通运输工具、便携式防护器材、便携式通讯设备及定位装备等。

各级环境保护部门要建立和完善环境安全应急指挥系统、环境应急处置全国联动系统和环境安全科学预警系统。配备必要的有线、无线通讯器材，建立通信系统维护以及信息采集等制度。明确参与部门的通信方式，分级联系方式，并提供备用方案和通信录。明确应急期间党政军领导机关、现场指挥部及其他重要场所的通信保障方案，确保环境应急指挥部和有关部门及现场处置工作组间的联络畅通。

二、环境应急物资

按照《中华人民共和国突发事件应对法》要求，由国家建立健全应急物资储备保障制度，完善重要应急物资的监管、生产、储备、调拨和紧急配送体系。设区的市级以上人民政府和突发事件易发、多发地区的县级人民政府应当建立应急救援物资、生活必需品和应急处置装备的储备制度。县级以上地方各级人民政府应当根据本地区的实际情况，与有关企业签订协议，保障应急救援物资、生活必需品和应急处置装备的生产、供给。

目前我国范围内的环境应急救援资源数量有限，且主要分散在大型环境风险企业中，政府层面储备应急装备的主动性不够，且未形成体系，未充分考虑各地的现实及潜在需求，针对性、实用性不强。各地对辖区内环境应急物资储备底数不清，情况不明，紧急需要时不能及时、有序、有效地获取并应用所需资源，延误了时机，制约了救援，扩大了危害。为此，各级采取了一些措施：

一是积极建立环境应急物资储备信息库。为解决突发环境事件频发与环境应急处置部门应急物资、设备严重缺乏的矛盾，适应新形势下环境应急工作科学、快速、妥善处置的需要，部分环境保护部门开展了对相关物资储备情况的调查工作，积极建立了环境应急物资储备信息库。截至2009年江苏省共建立88支应急救援专业队伍及应急物资储备查询体系，一旦发生情况，确保随时调用。

二是积极做好应急物资保障工作。与生产物资单位签订合同，以便发生突发环境事件时能及时保障环境应急物资供应。吉林市环境应急物资储备库于2007年年底建成，主要储备了活性炭40 t、围油栏1 000延长米、化学药品10余吨，以及其他工程配套物资、夜间照明设备等。同时对重点工业企业及相关部门物资储备情况进行了统计调查，明确了联系人和调集方式。

三是紧急调度调配应急物资。汶川地震发生后，环境保护部紧急调拨环境应急监测和处置仪器装备到达四川灾区，将这些仪器直接划拨给在四川灾区一线的省、市、县环保局。截至2008年5月24日，共调拨环境应急仪器装备2 468台（套）总价值超过7 000万元，其中支持四川重灾区的仪器装备达到2 348台（套）。同时又筹集2 000万元紧急采购调查取证设备和防护服等分发灾区4省市。

第六节　突发环境事件预警

监测与预警是应对突发环境事件工作的第一道防线，必须遵循"早发现、早报告、早处置"原则，完善突发环境事件监测与预警机制，防患于未然。加强监测与预警，可将被动型应付突发环境事件向主导型防范突发环境事件转变，从侧重事后应急救援向事前监测预警管理转变，从减轻污染损失向减轻环境风险转变，从过去担任"救火员"向"监测员""预警员"的角色转变。

突发环境事件监测活动贯穿于突发环境事件发生、发展的全过程，但重在突发环境事件发生前的监测，这也是"预防为主"的工作要求。通过监测，及时搜集可能发生突发环境事件潜在风险的有关信息，特别是掌握能够表示危机严重程度和进展状态的特征性信息，对危机发生几率、时间、地点、原因、可能波及范围、可能造成危害程度以及变化趋势做出分析判断，以便发布相应级别预警，提前做好应对突发环境事件的各种准备，尽最大努力在突发环境事件发生时最大限度地减少损失。

一、突发环境事件预警概念

突发环境事件预警，就是国家、地方政府有关职能部门和有关企事业单位，通过对内外突发环境事件信息监测系统获得的各种环境信息持续进行处理和综合分析，预测、判断可能发生或将要发生的突发环境事件的形态、性质、规模和影响范围，并以此为依据发布警报、启动应急预案的行为。

各级政府在必要时有权发布突发环境事件预警。按照突发环境污染事件严重性、紧急程度和可能波及的范围，突发环境污染事件的预警分为四级：特别重大（Ⅰ级）、重大（Ⅱ级）、较大（Ⅲ级）、一般（Ⅳ级），依次用红色、橙色、黄色、蓝色表示。根据事态的发展情况和采取措施的效果，预警级别可以升级、降级或解除。

蓝色预警由县级以上人民政府发布。

黄色预警由市（地）级以上人民政府发布。

橙色预警由省级人民政府发布。

红色预警由事发地省级人民政府根据国务院授权发布。

发布突发事件警报的人民政府应当根据事态的发展，按照有关规定适时调整预警级别并重新发布。

环保、海洋、水利、交通、公安、气象、农业、卫生等政府部门应该根据其各自的环境保护监督管理职责，加强突发环境事件预测预警工作，及时向当地政府报告信息监测中的异常情况和初步预测情况，根据事态表现和发展状况，主动建议当地政府发布预警。

各级政府及其部门应当及时汇总分析从各个渠道获得的突发事件隐患和预警信息，利用监测、监控网络对异常情况进行核实、必要时组织人员现场核实，组织相关部门、专业技术人员、专家学者进行会商研究，并利用各种技术手段，对信息的真实性、发生突发事件的可能性及其可能造成的影响进行评估。评估结果作为是否发布或建议发布突发环境事件预警的前置条件。企事业单位如果因为发生火灾、爆炸、危险化学品泄漏、放射源失控等生产安全事故和污染防治设施故障，可能引发突发环境事件的，应当立即对内发布预警，启动单位环境污染事故应急预案，开展应急处置工作，并采取一切可能的措施把污染影响控制在单位以内。

二、突发环境事件预警内容

（一）突发环境事件信息监测

突发环境事件信息监测是指各级政府及其有关部门、专业机构、企业事业单位通过各种信息渠道，包括各种专业的信息平台、监控平台和数据处理系统，收集、储存、分析、传输有关突发环境事件的信息，并与上级人民政府及其有关部门、下级人民政府及其有关部门、专业机构进行信息交流，互联互通的突发环境事件信息监控的过程。它包括存在发生突发环境事件隐患的企事业单位内部信息监测和政府及有关职能部门对风险源的信息监测。

实施信息监测目的，在于使各级政府、有关部门和有关企事业单位能够尽早获知突发环境事件信息，能够及时预警，有效实施应急响应，并为妥善处置事件争取时间和有利的时机。有关单位和人员报送、报告突发事件信息，应当做到及时、客观、真实，不得迟报、谎报、瞒报、漏报。

存在发生突发环境事件隐患的企事业单位，要按照国家环境保护和安全生产管理的规定，根据行业特点和内部环境危险源防护的特殊要求，加强内部监控和事故信息监测工作。

突发环境事件信息的来源包括公众报警、政府及职能部门的报告和信息通报。

1. 公众报警

污染事故责任单位、获悉突发环境事件信息的其他企事业单位、社会团体和公民有责任和义务向所在地人民政府、有关主管部门或者指定的专业机构立即报告、反映突发环境污染事件的有关信息。通常情况下，上述报告责任方可以通过拨打"12369""110""119"等公共举报电话以及网络、传真等形式向政府及其有关部门报警。

此外，污染投诉、污染群体性事件、网络媒体报道中反映的各种事故信息和生态环境系统的异常变化信息也属于公众报警的范畴。

2．政府及职能部门的报告

按照《国家突发环境事件总体预案》等有关规定，各级地方人民政府接到报告后，应根据突发环境事件的响应级别，向上一级人民政府报告。

环保、海洋、水利、交通、公安、气象、农业、卫生等监测专业机构通过各自监测网络收集到的关于环境质量、污染物排放、动植物种群和数量等信息的异常变化和环境地质病流行病学调查信息和各类事故、灾害信息，是反映突发环境事件的重要信息来源。

各级环境保护部门按照规定的时限和内容接报、报送突发环境污染事件有关信息，是科学应对和决策的有力保障。发生一般（Ⅳ级）、较大（Ⅲ级）突发环境事件时，事发地市、县（区）级环境保护行政部门应在发现或得知突发环境事件信息后立即进行核实，并在 4 小时内向同级人民政府和上一级环境保护行政部门报告。发生重大（Ⅱ级）、特别重大（Ⅰ级）突发环境事件时，事发地市、县（区）级环境保护行政部门应当在发现或得知突发环境事件信息后立即进行核实，并在 2 小时内报告同级人民政府和省级环境保护行政部门，同时上报环境保护部。省级环境保护行政部门在接到报告后，应当进行核实并在 1 小时内将有关情况报告环境保护部。

发生下列突发环境事件，事态紧急、情况严重的，或一时无法判明等级的，市、县（区）级环境保护主管部门在报告同级人民政府和省级环境保护主管部门的同时，应当直接向环境保护部报告：

（1）对饮用水水源地造成或可能造成影响的。

（2）涉及居民聚居区、学校、医院等敏感区域和敏感人群的。

（3）涉及重金属或类金属污染的。

（4）有可能产生跨省或跨国影响的。

（5）因环境污染引发群体性事件或者社会影响较大的。

（6）核与辐射突发环境事件。

（7）地方认为有必要报告的其他突发环境事件。

3．信息通报

突发环境事件已经或可能涉及相邻行政区域的，事发地环境保护主管部门应当在向同级人民政府和上一级环境保护主管部门报告的同时，及时通报相邻区域环境保护主管部门，并向同级人民政府提出向相邻区域人民政府进行通报的建议。接到通报的环境保护主管部门应当及时调查了解情况，并视情况向同级人民政府和上一级环境保护主管部门报告。接到突发环境事件通报的省（自治区、直辖市）人民政府，应当视情况及时通知本行政区域内有关部门采取必要措施。

（二）环境应急预警监测网络

我国环境应急监测网络分三级、四个层次，即由国家环境监测总站，各省、自治区、直辖市环境监测中心站，各市（地）监测站和各县（区）监测站，组成国家级、省级、市（地）级共三级应急监测网络。即以国家环境监测总站为中心，联结各省、自治区、直辖市环境监测站的国家级应急监测网络；以省、自治区、直辖市环境监测中心站为中心，联结各市（地）监测站的省级应急监测网络；以各市（地）环境监测站为中心，联结各县（区）监测站的地级应急监测网络。各省、自治区、直辖市可根据本地区的地理、产业特点以及各市（地）监测站的技术水平和仪器设备的实际情况，成立分中心，实现分片管理，切实做到就近应急监测。

应急监测网的实施操作为，若当地发生突发性环境污染事故，通过报警就近向当地应急监测办公室报告，由应急办公室制定应急计划。对各地无力承担的应急监测项目，可按县（区）监测站→各市（地）监测站→省、自治区、直辖市环境监测中心站→国家环境监测总站程序联系应急监测分析。对于重大污染事故或跨地区污染事故可以越级联系应急监测分析。

1. 国家地表水水质自动监测系统

环境保护部已在我国重要河流的干支流、重要支流汇入口及河流入海口、重要湖库湖体及环湖河流、国界河流及出入境河流、重大水利工程项目等断面上建设了 100 个水质自动监测站，监控包括七大水系在内的 63 条河流、13 座湖库的水质状况。

实施地表水水质的自动监测，可以实现水质的实时连续监测和远程监控，及时掌握主要流域重点断面水体的水质状况，预警预报重大或流域性水质污染事故，解决跨行政区域的水污染事故纠纷，监督总量控制制度落实情况。

现有 100 个水站分布在 25 个省（自治区、直辖市），由 85 个托管站负责日常运行维护管理工作。其中河流上有 83 个水站，湖库上有 17 个；位于国界或出入国境河流上的有 6 个，省界断面 37 个，入海口 5 个，其他 42 个。

水质自动监测站的监测频次一般采用每 4 小时采样分析一次。每天各监测项目可以得到 6 个监测结果，可根据管理需要提高监测频次。监测数据通过公网 VPN 方式传送到各水质自动站的托管站、省级监测中心站及中国环境监测总站。

水质自动监测站的监测项目包括水温、pH、溶解氧（DO）、电导率、浊度、高锰酸盐指数、总有机碳（TOC）、氨氮，湖泊水质自动监测站的监测项目还包括总氮和总磷。以后将选择部分点位进行挥发性有机物（VOCs）、生物毒性及叶绿素a试点工作。

2．环境空气自动监控系统

从 2000 年开始，中国环境监测总站根据原国家环境保护总局的有关要求，组织 47 个环境保护重点城市开展城市环境空气质量日报和预报工作，监测项目为 SO_2、NO_2 和 PM_{10}，发布形式为空气污染物指数、首要空气污染物、空气质量级别和空气质量状况。于 2000 年 6 月 5 日实现 42 个环境保护重点城市日报，并向社会发布。2001 年 6 月 5 日全部 47 个环境保护重点城市实现空气质量日报和预报。到目前为止，全国已有 180 个地级以上城市（109 个大气污染防治重点城市）实现了环境空气质量日报，其中 90 个地级城市（83 个大气污染防治重点城市）还实现了环境空气质量预报，并通过地方电视台、电台、报纸或网络等媒体向社会发布。

3．重点源自动监控系统

将环境特别敏感和影响较大地区的重点污染源、重点行业、重点区域及流域、开发区、工业园区作为重点源自动监控系统的重点，对重点污染源进行排污浓度和总量实时监测，建立全国污染源自动在线监控网络，使主要污染源和风险源处于受控状态。环境保护部污染源监控中心完成建设并投入试运行，我国已完成了 240 个地方监控中心建设（其中省级监控中心 25 个，地市级监控中心 215 个）和 7 810 个重点污染企业 9 321 个排污口的监控设备安装任务，实现了对近 65%国控重点污染企业的全过程监控，联网工作正在抓紧进行。

第七节　环境应急能力

一、环境应急能力内涵

应急能力，顾名思义就是应对紧急事务的管理能力，是政府效能和社会文明的标志。国外使用更多的是"紧急事务管理"，它是应用科学、技术计划和管理等手段，应对造成大量人员伤亡、严重财产损失以及社会生活破坏等非常事件的一门学科和职业。综合学者意见，环境事件应急能力是指在应对突发环境事件时，以人民利益为宗旨，以法律制度为依据，能够高效有序地开展应急行动，通过对组织体制、应急预案、灾情速报、指挥技术、资源保障、社会动员等方面的综合运用，力求在较短时间内使突发性环境事件所造成的环境破坏和财产损失达到最小，环境造成的负面影响降到最低，保证环境状况稳定的一种综合应急处理能力。其中，"高效"讲究的是快速和效率；"有序"则强调按照预先设定的程序指挥、决策和部署；"综合"是指整合全社会资源，动员方方面面的力量；同时，应急能力还应本着"适度投入"的原则，不宜超越当地的经济社会发展能力。

影响突发环境事件应急能力的因素有：

1. 内部因素

应急管理者的知识、能力和素质。作为应急管理者，要有高度的政治敏感性和责任意识，努力增强危机预见性，了解环境常识，掌握突发环境事件的有关知识，善于借鉴外地成功经验，积累应对复杂局面的知识、技能和经验，增强和掌握防范应对重大环境危机的本领。

强有力的决策中枢。应急管理要求决策者有很强的决断力，因此决策层中领导人的决断力是最重要的。决策中枢所拥有的权力及资源，也是处理危机的重要资源，其能否在最短时间内调度所有资源解决危机是衡量应急管理系统有效的一个关键因素。

信息收集、传递与分析水平。危机中只有在占据充分信息的基础上，参与者才可能做出正确的决定。

应急管理体系权责明确。应急管理体系责权是否明晰是在应急管理过程中能否做到统一指挥、有效动员、通力合作、成功抗击的关键。

2. 外部因素

经济因素。党的十六大明确指出：经济发展是社会主义初级阶段最大的根本任务，坚持以经济建设为中心，全面推进现代化建设，是当前最大的政治，是维护社会政治稳定的硬道理，只有具备雄厚的经济基础，完善的社会保障体系和科研能力，才能够在危机来临之时，调动人力、物力、财力等一切可以利用的资源应对危机，有一方面不足，政府在应急处理过程中就会显得力不从心。

社会成熟度。"生于忧患，死于安乐"，社会成熟度就是公众的危机忧患意识。从整体上看，我们的社会成熟度偏低，面对死亡率并不高的 SARS，危机意识的缺位造成了高度恐惧和紧张无助的现象。因此，提高社会成熟度，增强危机意识，有助于减少人们面临危机时的心理脆弱性，增加战胜危机的信心，提高抵御风险能力。

危机情境。危机诱因的多样性、复杂性以及势态变化的不确定性，决定了危机管理的权变性，也就意味着应对危机的策略、方式和手段等要随着危机态势的变化而改变。

传媒。媒体的态度与声音影响着政府在应急管理中能否有效控制社会秩序、防止危机升级和避免不必要的恐慌。

二、环境应急能力评估

（一）基于全过程的环境应急能力评估

1. 原理

突发环境事件的全过程管理原理是指涵盖整个事件因某一隐患征兆由量变到质变达到一定的临界点而最终导致事件发生、应对、恢复，介于不同时间点而进行管理控制的过程规律。

在突发环境事件刚刚发生时，必须在极短的时间内搜集、处理有关的信息，按照拟订的应急预案，对事件进行处理。应急反应对时间的要求极为严格，少许的耽搁，常常会丧失最佳的时机，导致局面的失控。为加快应急反应的速度，从时间角度对突发环境事件应急能力进行评估就变得十分重要。

基于全过程应急管理是依据事件发展的时间序列进行的。根据突发环境事件应急管理的整个周期的各个阶段，突发环境事件全过程管理的运行规律原理可以描述为图 3-7。这主要是从理论上界定突发环境事件的生命周期，有助于把应急管理行为能力渗透到一个组织的日常运作中。在众多的应急管理的阶段分析方法中，以芬克（Fikn）的四阶段生命周期模型、密特罗夫（Mitroff）的五阶段模型和最基本的三阶段模型最为学界认同。三阶段模型将事件分为事件前、事件中和事件后三大阶段，每一阶段再分为不同子阶段，从而将事件管理细分为事件预警及事件管理准备、识别事件、隔离事件、管理事件、处理善后并从中获益几个阶段。事件生命周期的不同阶段为我们有效处理突发事件提供了完整、清晰的框架，充分利用此理论成果判断事件的发展阶段，以便于有的放矢，制定对策。

现代应急管理理论主张对突发环境事件实施综合性应急管理，并在许多国家的政府应急实践中取得明显成效。重大突发环境事件往往具有潜伏期、形成期、爆发相持期和消退期。与此相适应，无论在理论上还是在实践上，现代应急管理以综合性应急管理为特征。具体而言，一是将环境应急管理作为由预防、准备、响应和恢复四个阶段组成的完整过程；二是在各个不同阶段应当采取相应的应对措施。

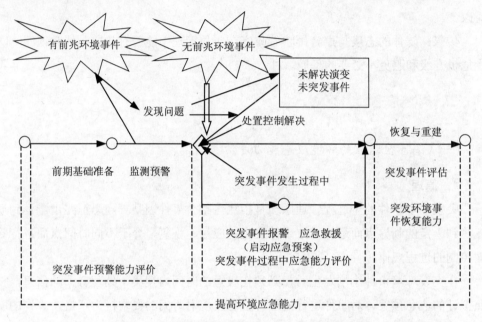

图 3-7　突发环境事件全过程管理的运行规律机理

　　在以上四个过程中，缩减和准备是事件发生之前的行为，反应是事件发生过程中的行为，而恢复则是事后的活动。在某种程度上，各阶段的工作会有交叉，例如在某次灾难后的恢复过程中，采取的措施就应当考虑到对下一次灾难性事件的准备和减少损失的影响，这就产生了交叉。缩减的活动在于预防和减少灾难的损失。

　2．**总体设计**

　　基于全过程的环境应急能力评估体系，是以环境事件应急管理系统为评估对象，以全面应急管理为指导，用科学的方法构造评估指标体系，建立评估模型，进行综合评估，及时发现问题和不足，不断完善应急管理系统。

　　突发环境事件全面应急管理是对环境事件的全过程管理。狭义的应急管理主要是指应急处置这一个环节，即为了应对突发事件而实施的一系列的计划、组织、指挥、协调、控制的过程。其主要任务是及时有效地处置各种环境事件，最大限度地减少它的不良影响。环境事件全过程应急管理则是在事件的发生前、发生过程中、发生后的整个时间周期内，用科学的方法对其加以干预和控制，使其造成的损失达到最小的全过程管理。它要求我们克服"重应急，轻预警"的传统观念，科学分析环境事件的形成与演变机理，对环境事件实施动态监测、风险评估和预警管理，并编制科学的预案，对突发环境事件的应急处置、恢复与重建进行系统设计，通过评估及时发现问题，改善应急管理全过程。

突发环境事件全过程应急能力评估是一个循环往复的评估过程，即通过对事前预警能力评估、准备能力评估、事中应急能力评估、恢复重建能力评估取得总体应急能力的评估结果，并在评估结果的基础上对应急系统进行改进和提高。通过建立应急管理的动态评估与完善机制，不断提高处置突发环境事件的能力。基于全过程的环境事件应急能力评估体系总体构架如图3-8所示。

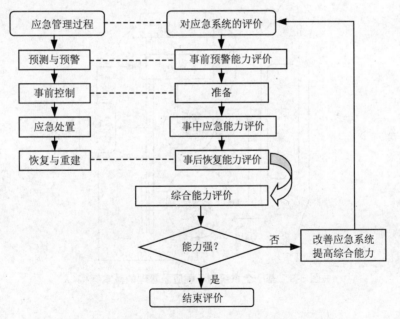

图 3-8 环境应急管理过程与综合能力评估体系总体构架

（二）基于全系统的环境应急能力评估

1. 原理

突发环境事件的全系统应急管理是由若干相互作用的因素组成的极其复杂

的、连锁反应极强的系统。单凭直观认识、经验判断和人脑推理来分析该系统机理是很困难的，甚至是不可能的。突发环境事件应急管理系统是具有动态行为特征的复杂的非线性系统，该系统的边界模糊，其构成具有多重反馈环，组成该系统的各个子系统以及各子系统的各要素之间往往具有难以测度的相互依赖关系，且由于时滞作用，使得原因和结果、原因和现象在时空上往往是分离的，难以进行追踪。由于应急管理系统的这些特征，为了能对其运行规律进行深刻剖析，对其运行特征有一定程度的定量把握，本书引入了系统动力学观点来探讨其机理和运行规律。

全系统应急管理是一个包含指挥调度系统、处置实施系统、决策辅助系统、信息管理系统，以及资源保障系统的复杂系统，其基本结构如图 3-9 所示。

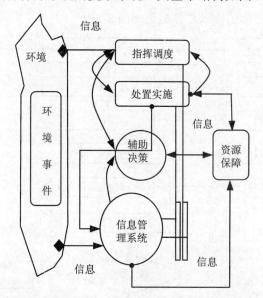

图 3-9　基于全系统的环境应急管理的基本结构

根据全系统应急管理的基本结构，包括指挥调度系统、处置实施系统、决策辅助系统、信息管理系统以及资源保障系统。其中指挥调度子系统处于整个保障体系的核心地位，负责整合整个体系以应对突发事件；处置实施子系统是具体行动的实施部门；决策辅助系统、信息管理系统以及资源保障系统分别从方法、信息和资源三个方面为指挥调度子系统和处置实施子系统提供支持。同时它们之间也存在着复杂的相互作用关系。

对于全系统应急管理的基本结构，以及各个子系统之间的相互关系，在突发事件应急管理中它们按如图 3-10 所示规律运行。

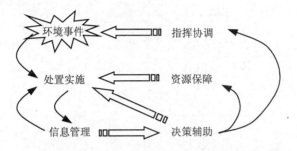

图 3-10 基于全系统突发环境事件应急管理运行规律

2．总体设计

指挥调度系统是环境应急管理体系的大脑，是环境应急体系中最高决策机构，处于整个环境应急管理系统的核心地位，由环境应急管理机构行使其职能。其他 4 个为支持系统，分别对指挥调度提供不同的功能支持，以保证指挥调度系统做出及时有效的决策，同时它们之间也存在相互协作、相互支持的关系。指挥调度系统负责对其他系统的指挥调度工作，当事件发生时，立即做出有效决策，处置实施系统是具体行动实施部门，保障指挥调度的准确和迅速实施；资源保障系统主要从人、财、物三个方面进行配置，保证整个系统的正常运行，以及当事件发生时使用信息管理系统通过收集分析物资、人力资源以及环境事件本身的具体情况为指挥调度系统和处置实施系统提供信息支持；决策辅助系统通过建立数据库、案例库、预案库、模型库和方法库对指挥调度系统和处置实施系统提供决策支持。

基于全系统的环境事件综合应急管理能力评估体系，是以环境事件应急管理系统为评估对象，以系统动力学理论为指导，用科学的方法构造评估指标体系，建立评估模型，进行综合评估，及时发现问题和不足，不断完善应急管理的各个子系统。

突发环境事件全系统应急能力评估是一个立体三维的循环往复的评估过程，即通过对应急系统中对处于基本层面的资源保障系统、信息管理系统进行评估，然后再对处于较高层面上的指挥调度系统、处置实施系统、决策辅助系统进行评估，从而取得总体应急能力的评估结果，并在评估结果的基础上对应急系统进行改进和提高。通过建立应急管理的动态评估与完善机制，不断提高处置环境事件的能力。

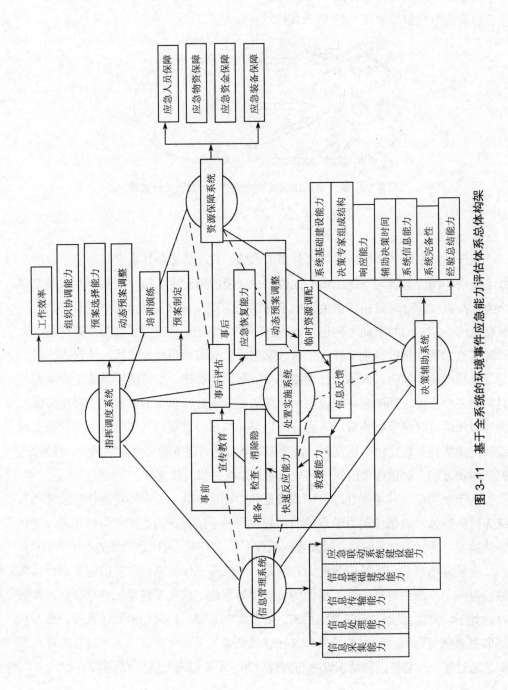

图 3-11　基于全系统的环境事件应急能力评估体系总体构架

（三）基于系统集成和全过程管理的环境应急能力评估

1. 原理

分析突发环境事件的全系统和全过程管理机理对于衡量环境应急能力评估工作具有很强的实际意义。突发环境事件全系统和全过程管理机理是指在一定环境范围内，根据突发环境事件在空间和时间上的特点，有针对性地进行综合应急管理活动。这样，我们在应急处理的过程中控制整个突发事件的局面处于主动优势，运用科学有效的技术方法使各方面的损失减到最小。

应急管理结构是指针对环境事件的管理活动的划分及功能分配，是指明基于全系统的应急管理和基于全过程的应急管理应该如何发挥管理功效以及完成什么工作的规定。在全过程、全系统应急管理之间建立联系的目的最终是为了更好完成综合应急管理活动，以减少突发环境事件对大气、水体、土壤、生态等带来的破坏。

环境事件全系统和全过程应急管理的原则指的是环境事件应急管理过程中所应遵循的指导思想。根据应急管理的要求，应坚持以下原则：

（1）目标原则。

进行突发环境事件全系统和全过程应急管理，是实现对应急管理整体目标的手段。由于应急管理人员的认识偏差，对具体管理目标有着不同的认识，因此确定具体目标不是随意的，它应受到多种条件制约，如突发环境事件的类型，可供使用的相关知识、技术与资金，人员的专业水平、技能和主观偏好以及相关的应急政策、法律法规等。

（2）专业化原则。

在实现突发环境事件全系统和全过程应急管理过程中，应急人员分别在不同的环节中工作，这就是最基本的专业分工。专业化分工意味着环境事件全系统和全过程应急管理功能的分工化，不同管理功能发挥互补作用，从而使综合应急管理整体功能大于各分工管理功能。

（3）协调原则。

专业化原则促使了环境事件全系统和全过程应急管理功能的分工化，有利于工作效率的提高，但它同时也产生了不同应急管理系统单元间的协调难度。在进行应急管理专业化分工的同时，必须考虑相应的协调方法。

（4）权变原则。

权变原则指出不存在任何情况下都普遍适用的最佳应急管理模式，被称为环境事件的不可援引性。许多情况下也不是只有唯一的一种满意模式。一个优化的环境事件全系统和全过程应急管理结果应和被研究对象所处的环境、特点等匹配。

2. 总体设计

环境应急能力评估体系有两个支撑系统，全系统集成管理和全过程管理是互为条件、互相依存的。环境事件应急管理能力从这两方面研究也比较容易入手，环境事件综合应急能力评估体系的构建也不例外。同时，评估体系必须建立在概念清晰、有其体而明确的指标支持这样一个基础上。

所谓评估是指将某个或某一些特定对象的属性与一定参照标准（可以是定性标准，也可以是定量的标准；可以是客观标准，也可以是主观的标准）进行比较，从而得到能力高低的评估，并通过评估而得到对评估对象的认识，进而辅助提高应急管理水平。

通常，我们可以根据评估指标数目上的多与少将评估分为单一评估和综合评估。单一评估是指评估指标比较单一、明确的评估，比如二氧化硫浓度就属于典型的单一评估。综合评估时评估指标比较复杂、抽象，比如本书中所要研究的对整个环境事件综合应急能力的评估就是一个非常复杂的多指标综合评估。

进行环境事件应急能力的综合评估的关键是建立一套科学的、可行的评估指标体系。科学合理的评估指标体系是对应急能力作出公正评估的前提。由于应急能力涉及的因素非常多，并且很多要素之间存在相互联系与制约的关系，所以，在建立应急能力评估指标体系时，不仅要考虑指标体系的完备性，而且要估计到指标间反应管理主体的非重复性，尽可能使所建立的指标体系为指标集中的最小完备集。这样建立的指标体系既涵盖了环境事件应急能力评估所需的主要变量，达到了评估环境应急管理水平的目的，又剔除了对主体贡献不大甚至模糊判断结果的非主要变量，减少了工作量和明晰了分析结果。

（1）环境应急能力评估指标体系的构建原则

① 完备性原则。对于所有应急管理状态及其变化，都能从指标体系中找到相应的指标或加工后的统计指标来度量。满足该性质的目的旨在使该评估指标体系满足应急管理能力评估的需要，但是所建立指标体系要满足这一特性是困难的。

② 最小性原则。指环境事件应急能力评估体系 T 满足以下条件，即对于任意的完备集 X 属于 D，均有 T 属于 X。最小性使得该指标体系在精简到最下限额指标的前提下，仍能获得计划与其他指标体系同样的信息来满足环境应急管理能力评估的需要。采用少的指标得到等价的效果，这样，一方面减少了大量的工作量，另一方面也排除了一部分多余因素的影响，是理想的选择。

③ 系统性。环境事件应急管理是包括事前预警管理、准备、事中应对管理、事后恢复管理，是一个系统工程，在建构应急管理评估指标体系时必须以系统论为理论依据，结合应急管理的全过程管理，全面系统地反映应急能力的实际能力。

④ 科学性。环境应急能力评估指标的设计，应符合客观实际。构建的模型符合已被实践证明了的科学理论，指标的物理意义必须明确，测算方法标准，统计计算方法规范，具体指标能够反映应急能力的含义和目标的实现程度。

⑤ 可操作性。环境应急能力评估指标体系是对各级政府应急能力的具体评估，因此指标的设置要实用，容易理解，其每项指标的基本数据都应有实现可达的收集渠道，如与我国现行统计部门提供的资料相互衔接。评估指标的选择尽量选取可以量化的指标，对于一些难以量化的指标用定性指标来表示。

⑥ 实用性。评估环境应急能力的目的在于分析当前应急救援的现状、发现问题、有针对性地实施科学管理，提高救援能力。因此，拟定的评估指标体系应当思路清楚、层次分明，能准确全面地反映应急能力的实际状况。评估指标应当简单明确、使用方便、便于统计和量化计算。评估指标的测定必须有良好的可操作性，才能保证评估指标值可以准确、快速地获取，以确保评估工作的正常进行。指标个数的多少应以说明问题为准，同时保证指标的公正性。

（2）环境应急能力评估指标体系的指标选取原则

① 代表性。评估体系涉及的因素很多，但我们只能选择一定数量的指标来说明问题。因此，所选的指标必须具有代表性，以便能全面地反映城市应急能力的客观情况。

② 可操作性。评估指标要能为实际工作所接受，并能反映我国环境应急管理的特点和实际情况，指标的选取应该考虑其数据来源是否可行和可靠，是否便于获取加工，口径是否一致，并且是否能够便于进行横向和纵向的相互比较。同时，评估指标应与我国现行统计部门的指标相互衔接，并尽可能保持一致，这样能便

于工作、测量与计算。

③ 可比性。评估指标集中的每一项指标都应是确定的、可比的。本研究的主要目标之一，就是要实现不同环境应急部门之间减灾管理水平的比较。因此，在选择评估指标时，要能体现出可比性，以客观地反映出环境应急部门间整体减灾水平的差异。

④ 全面性。评估指标的选择，应当尽可能考虑进各种不同类型的事故对环境带来的威胁与损失，考虑到救援能力的各方面具体情况，尽可能地反映重大事故的实际应急水平。

⑤ 定量指标与定性指标相结合。环境应急管理系统内涵十分丰富，既包含了客观的、具体的、可以直接度量的内容，又包含了一些主观的、模糊和抽象的、难以直接用数量加以测量的内容。在设计评估体系时就要遵循定量指标与定性指标相结合的原则，对于能够用客观数量指标反映的，尽量用定量指标，无法定量的，只能适宜用程度等评估描述测评的内容，就必须选择适当的模糊性指标，再通过模糊评估方法加以评估。

三、环境应急能力标准化建设

当前，我国正处于突发环境事件高发期，工业化、城镇化加速发展，企业为追求利益最大化忽视安全生产和环境保护导致安全生产事故和违法排污行为频发，长期以来积累的排污效应使环境不堪重负，自然灾害引发次生环境问题时有发生，群众对环境安全诉求和领导对环境安全要求不断提高，环境应急管理工作面临严峻形势。

与之相对应的是，我国环境应急管理工作起步晚、基础弱、人员少、素质低、资金缺、装备差，且各地应急管理工作发展不平衡，缺乏统一的环境应急能力建设的标准。而中国特色环境应急管理体系的建立和完善也迫切需要一个统一的标准作为指导。

（一）环境应急能力标准化建设的依据和目的

2007 年颁布实施的《中华人民共和国突发事件应对法》中提出政府及其有关部门要建立应急队伍、培养应急管理人才、配备应急处置装备。国务院《关于全面加强应急管理工作的意见》（国发[2006]24 号）、国务院办公厅《关于加强基层应急管理工作的意见》（国办发[2007]52 号）、《关于加强基层应急队伍建设的意见》（国办发[2009]59 号）、环境保护部《关于加强环境应急管理工作的意见》（环发[2009]130 号）对基层的应急队伍建设和装备配备均提出了明确要求。

　　为了进一步加强全国环境保护部门环境应急能力建设，提升突发环境事件应对水平，规范环境应急管理机构，2010 年底，环境保护部出台了《全国环保部门环境应急能力建设标准》（环发[2010]146 号）。该文件明确规定了省、市、县三级环保部门环境应急能力建设标准，内容包括环境应急管理机构与人员、硬件装备、业务用房等方面。并按照实际情况，分别将省、市、县级标准分为三级，旨在指导和规范各级环保部门抓住"十二五"环保事业快速发展的契机，加强环境应急能力的标准化建设，提高防范和应对突发环境事件的能力，推进环境应急全过程管理，建立健全中国特色环境应急管理体系。

　　（二）《全国环保部门环境应急能力建设标准》编制原则

　　（1）突出重点。加强队伍建设，提高人员素质。以规范和完善环境应急管理体制、机制建设为核心，加强机构建设，建立一支业务精、能力强的环境应急管理队伍，大幅提高突发环境事件预防、应对的专业水平。

　　（2）按需发展。配备必要装备，提高工作能力。按照环境应急常态管理和应急状态的实战需求，针对应急指挥、应急交通、应急防护和应急调查取证几个环节的特点和实际工作情况提出环境应急需要配备的基本装备。

　　（3）各有侧重。强化分级响应，提高应对水平。省级环保部门主要以提高环境应急指挥能力为重点，市级环保部门以增强突发环境事件现场应对能力为重点，县级环保部门以具备信息快速报告和现场调查取证能力为重点，各有侧重的开展应急能力建设。

　　（三）《全国环保部门环境应急能力建设标准》的主要内容

　　标准主要包括机构与人员、硬件装备、业务用房三个方面 42 项具体指标，将省、市、县三级环保部门各划分为三个等级，提出了相应的环境应急能力建设标准，具体情况见下表。

机构与人员

指标内容	序号	省级建设标准			地市级建设标准			县级建设标准		
		一级	二级	三级	一级	二级	三级	一级	二级	三级
环境应急管理机构	1	有行使环境应急管理职能的专门机构或部门								
人员规模	2	31人以上	11~30人	5~10人	16人以上	6~15人	3~5人	11人以上	5~10人	2~4人
人员学历	3	本科以上100%	本科以上90%	本科以上80%	本科以上80%	本科以上70%	本科以上60%	大专以上90%	大专以上80%	大专以上70%
培训上岗率	4	100%			100%			80%		

硬件装备

类别		指标内容	序号	省级建设标准			地市级建设标准			县级建设标准		
				一级	二级	三级	一级	二级	三级	一级	二级	三级
环境应急指挥系统	固定指挥平台	应急指挥平台、综合应用系统的服务器及网络设备	1	1套	1套	1套	1套	1套	自定	1套	自定	自定
		视频会议系统和视频指挥调度系统	2	1套	1套	1套	1套	1套	自定	1套	自定	自定
	移动指挥通信系统	车载应急指挥移动系统及数据采集传输系统	3	3套	2套	1套	2套	1套	自定	1套	自定	自定
		便携式移动通信终端	4	6套	4套	2套	4套	2套	自定	2套	自定	自定
应急交通工具		应急指挥车	5	3辆	2辆	1辆	2辆	1辆	自定	1辆	自定	自定
		应急车辆	6	1辆/3人	1辆/4人	至少2辆	1辆/3人	1辆/4人	至少1辆	1辆/4人	1辆/5人	至少1辆
		高性能应急监测车	7	1辆	1辆	自定	1辆	自定	自定	自定	自定	自定
		多功能水上（近海）快艇	8	自定	自定	自定	1艘	自定	自定	——		

类别	指标内容	序号	省级建设标准			地市级建设标准			县级建设标准		
			一级	二级	三级	一级	二级	三级	一级	二级	三级
应急防护装备	气体致密型化学防护服	9	6套	4套	2套	4套	2套	2套	2套	自定	自定
	液体致密型化学防护服或粉尘致密型化学防护服	10	16套	10套	4套	10套	5套	3套	4套	3套	2套
	应急现场工作服（套）	11	2套/人	2套/人	1套/人	2套/人	1套/人	1套/人	2套/人	1套/人	1套/人
	易燃易爆气体报警装置	12	6套	4套	2套	4套	2套	2套	2套	2套	2套
	有毒有害气体检测报警装置	13	6套	4套	2套	4套	2套	2套	2套	2套	2套
	辐射报警装置	14	6套	4套	2套	4套	2套	2套	2套	2套	2套
	医用急救箱	15	1套/人	1套/人	1套/2人	1套/人	1套/2人	至少2套	1套/人	1套/2人	至少2套
	应急供电、照明设备	16	3套	2套	1套	2套	1套	自定	1套	自定	自定
	睡袋	17	10套	6套	4套	8套	4套	自定	4套	自定	自定
	帐篷	18	5套	3套	2套	4套	2套	自定	2套	自定	自定
	防寒保暖、给氧等生命保障装备	19	1套/辆高性能越野车			自定	自定	自定	自定	自定	自定
应急调查取证设备	高精度GPS卫星定位仪	20	1台/辆车	1台/辆车	至少2台	1台/辆车	2台	1台	1台	自定	自定
	激光测距望远镜	21	3台	2台	1台	2台	1台	自定	1台	自定	自定
	应急摄像器材	22	5台	3台	1台	2台	1台	自定	1台	1台	自定
	应急照相器材	23	10台	6台	2台	4台	2台	1台	3台	2台	1台
	应急录音设备	24	10台	6台	2台	6台	4台	2台	4台	3台	2台
	防爆对讲机	25	12台	8台	4台	10台	6台	4台	6台	4台	2台
	无人驾驶飞机及航拍数据分析系统	26	1套	自定	自定	—					

类别	指标内容	序号	省级建设标准			地市级建设标准			县级建设标准		
			一级	二级	三级	一级	二级	三级	一级	二级	三级
办公设备	台式电脑	27	1台/人	1台/人	1台/2人	1台/人	1台/2人	1台/3人	1台/2人	1台/3人	至少1台
	固定电话	28	1部/2人	1部/3人	至少2部	1部/3人	1部/4人	至少2部	1部/3人	2部	1部
	打印机	29	6台	4台	2台	4台	2台	1台	2台	1台	1台
	传真机	30	5台	3台	2台	2台	1台	1台	1台	1台	1台
	复印机	31	2台	1台	1台	1台	1台	自定	1台	自定	自定
	无线上网笔记本电脑	32	1台/2人	1台/3人	至少2台	1台/3人	1台/4人	至少1台	1台/4人	至少1台	自定
	便携式打印、传真、复印一体机	33	5套	3套	1套	3套	2套	1套	1套	自定	自定

业务用房

指标内容		序号	省级建设标准			地市级建设标准			县级建设标准		
			一级	二级	三级	一级	二级	三级	一级	二级	三级
行政办公用房		1	人均不低于 15 m²			人均不低于 12 m²			人均不低于 10 m²		
特殊业务用房	环境应急指挥大厅	2	400 m²	200 m²	200 m²	200 m²	100 m²	自定	100 m²	自定	自定
	环境应急会商室	3	300 m²	200 m²		200 m²		自定		自定	自定
	环境应急值班室	4	200 m²	100 m²	50 m²	150 m²	100 m²	50 m²	100 m²	50 m²	自定
	辅助用房	5	200 m²	100 m²	50 m²	150 m²	100 m²	50 m²	100 m²	50 m²	自定

思考题

1. 风险源分析步骤及其调查内容是什么？

2. 常用的风险源分析方法有什么区别？

3. 应急能力评估有哪几种？它们的原理分别是什么？

4. 环境应急演习分为哪几类？各类特点是什么？

5. 演习的组织结构有哪些？请阐述它们在演习筹备过程中各自承担的职责和作用。

第四章　环境应急响应

突发环境事件影响范围广、波及面大，其应急响应工作涉及社会各个层面，包括各级人民政府及各部门、专业机构、企事业单位、社会团体和公众，是一项复杂的系统工程。根据"统一领导、综合协调、分类管理、分级负责、属地管理为主"的原则，在应急响应过程中，各级人民政府履行其指挥和协调职责，各级政府有关部门、专业机构、社会团体等按照职责分工承担相应的应急任务，充分发挥各类应急救援队伍的作用，保障人民群众生命财产安全和环境安全。

第一节　环境应急响应内容和程序

环境应急响应是指在突发环境事件发生以后，各级人民政府及各部门、有关企事业单位和社会团体为保护人民群众生命财产安全，维护公共安全、环境安全和社会秩序，根据各自的法定职责和义务，按照科学的技术规范，实施的一切旨在控制、减轻和消除突发环境事件危害的紧急应对活动。应急响应包括从启动应急预案到响应终止的全过程。内容包括应急救援、人员疏散、应急监测、现场调查、现场应急处置、信息发布和报告、治安管制等工作。

一、环境应急响应基本原则

1. 以人为本，减少危害

一切应急响应活动必须把保障公众健康和生命财产安全作为首要任务，最大程度地保障公众健康，保护人民群众生命财产安全。

2. 统一领导，分类管理

应急响应工作在人民政府应急救援指挥机构的统一领导下组织实施。现场应急指挥机构具体负责现场的应急处置工作，各部门、专业机构、社会团体等救援力量按照职责分工承担相应的应急任务，听从应急救援指挥机构的应急指挥，充分发挥自身优势，形成指挥统一、各负其责、协调有序、反应灵敏、运转高效的应急指挥机制。

按突发环境事件的可控性、严重程度和影响范围，突发环境事件的应急响应分为特别重大（Ⅰ级响应）、重大（Ⅱ级响应）、较大（Ⅲ级响应）和一般（Ⅳ级响应）四级。超出本级人民政府应急处置能力时，应及时请求上一级人民政府启动突发环境事件应急预案。

一般（Ⅳ级响应）及以下时，由县级人民政府负责启动突发环境事件的应急处置工作；

较大（Ⅲ级响应）时，由地级市人民政府负责启动突发环境事件的应急处置工作；

重大（Ⅱ级响应）时，由省级人民政府负责启动突发环境事件的应急处置工作；

特别重大（Ⅰ级响应）时，由国务院负责启动突发环境事件的应急处置工作。

3. 属地为主，先期处置

强调属地管理为主，是由于突发环境事件发生地政府的反应迅速和应对措施准确有效，是有效遏制突发环境事件发生、发展的关键。各级人民政府负责本辖区突发环境事件的应对工作。由于企事业单位原因造成突发环境事件时，企事业单位应进行先期处置，控制事态、减轻后果，并报告当地环境保护部门和人民政府，加强企事业单位应急责任的落实。

4. 部门联动，社会动员

建立和完善部门联动机制，充分发挥部门专业优势，共同应对突发环境事件；实行信息公开，建立社会应急动员机制，充实救援队伍，提高公众自救、互救能力。

5. 依靠科技，规范管理

积极鼓励环境应急相关科研工作，重视环境应急专家队伍建设，努力提高应急科技应用水平和指挥能力，最大限度地消除或减轻突发环境事件造成的影响；依据有关法律和行政法规，加强应急管理，维护公众合法环境权益，使突发环境事件应对工作规范化、制度化、法制化。

二、环境应急响应主要内容

1. 肇事单位

发生事故或违法排污造成突发环境事件的单位，应立即启动本单位突发环境事件应急预案，迅速开展先期处置工作，并按规定及时报告。具体应急响应工作包括：

（1）立即组织本单位应急救援队伍和工作人员营救受害人员，疏散、撤离、安置受到威胁的人员。

（2）控制危险源，标明危险区域，封锁危险场所，并采取其他防止危害扩大的必要措施。

（3）立即采取清除或减轻污染危害的应急措施。

（4）立即向当地政府和有关部门报告，及时通报可能受到危害的单位和居民。

（5）服从人民政府发布的决定、命令，积极配合人民政府组织人员参加所在地的应急救援和处置工作。

（6）接受有关部门调查处理，并承担有关法律规定的赔偿责任。

2. 人民政府

突发环境事件发生后，履行统一领导职责并组织处置事件的人民政府，启动本级突发环境事件应急预案，成立现场应急指挥部，立即组织有关部门，调动应急救援队伍和社会力量，依照有关规定采取应急处置措施。超出本级应急处置能力时，及时请求上一级应急指挥机构启动上一级应急预案。具体应急响应工作包括：

（1）组织营救和救治受害人员，疏散、撤离并妥善安置受到威胁的人员以及采取其他救助措施。

（2）迅速控制危险源，标明危险区域，封锁危险场所，划定警戒区，实行交通管制以及其他控制措施。

（3）启用本级人民政府设置的财政预备费和储备的应急救援物资，根据《中华人民共和国突发事件应对法》的规定调用其他急需物资、设备、设施、工具，或请求其他地方人民政府提供人力、物力、财力或者技术支援。

（4）组织公民参加应急救援和处置工作，要求具有特定专长的人员提供服务。

（5）采取防止发生次生、衍生事件的必要措施。

（6）要求生产、供应生活必需品和应急救援物资的企业组织生产、保证供给，要求提供医疗、交通等公共服务的组织提供相应的服务。

（7）及时向上级人民政府报告，必要时可越级上报；及时向当地居民公告；及时向毗邻和可能波及的地区政府及相关部门通报。

3. 环境保护部门

突发环境事件发生后，在当地政府统一领导下，环境保护部门要及时做好信息报告及通报、环境应急监测、污染源排查、污染事态评估、事故调查、提出信息发布建议等工作，严格执行"第一时间报告、第一时间赶赴现场、第一时间开展监测、第一时间向社会发布信息、第一时间组织开展调查"的要求。具体应急响应工作包括：

（1）启动突发环境事件应急预案，成立应急指挥部及综合、监测、处置、专家、宣传、后勤保障等小组。保障有关人员、器材、车辆到位。

（2）及时、准确地向同级人民政府和上级环境保护主管部门报告辖区内发生的突发环境事件。

（3）向涉及的相关部门及毗邻地区进行通报。

（4）在政府统一领导下，参与突发环境事件的应急指挥、协调、调度。

（5）尽快赶赴现场，调查了解情况，查看污染范围及程度，进行污染源排查，对事件性质及类别进行初步认定。

（6）开展环境应急监测，对数据进行分析，寻找规律，判断趋势，为应急处置工作提供决策依据。

（7）推荐有关专家，成立专家组，对应急处置工作提供技术和决策支持。

（8）根据现场调查情况及专家组意见预测事态发展趋势。

（9）向地方政府提出控制和消除污染源、防止污染扩散、人员救援与防护、信息通报与发布等方面的建议。

（10）向政府提出维护社会稳定、恢复重建等建议。

三、环境应急响应程序

一般而言，政府及其部门应急响应工作程序包括接报、甄别和确认、报告、预警、启动应急预案、成立应急指挥部、现场指挥、开展应急处置、应急终止等环节。

1. 一般程序

（1）接报

接到投诉举报、上级交办、下级报告、相关部门通报、媒体报道等突发环境事件信息后，应详细了解、询问并准确记录事件发生的时间、地点、影响范围及可能造成或已造成的环境污染危害与人员伤亡、财产损失等情况。接报的有关政府和部门准备进入预警期。相关职能部门和专业机构加强环境信息监测、预测和预警工作，迅速布置现场调查。

（2）甄别和确认

及时向信息来源核实情况，必要时组织人员现场核实，对未发生突发环境事件的，可解除警报；对可能或已发生突发环境事件的，组织事件初期调查与评估，初步对突发环境事件的性质和类别作出认定、建议和发布预警，进入预警期。

（3）报告

根据事件报告的有关规定，有关部门及时向本级政府和上级主管部门报告，本级政府向上级政府报告，情况严重、确有必要时，可越级报告。及时向可能受影响的地区和单位通报情况。及时向公众预警。

（4）启动应急预案

对突发环境事件情况核实属实的，按照属地为主、分级响应的原则，事发地县级以上人民政府根据事态级别确定响应级别，并启动或建议上级人民政府启动相应的突发环境事件应急预案，有关部门启动部门应急预案。成立现场应急指挥部等应急指挥机构，明确其组成和各职能部门职责。根据情况开展初期处置工作。开始各类应急救援力量动员工作。加强信息监测、收集、分析和交流工作。调集应急物资、器材、工具。安排人员救治、疏散、转移、安置等应急救援工作。

（5）指挥、协调与指导

指挥、监督事件责任主体或有关部门、机构和其他应急救援力量启动并执行应急预案。视情况建议上级政府和部门启动上一级应急预案，采取扩大应急措施。命令有关部门、机构进入应急待命，并指挥其开展应急救援。指导下级政府和部门开展应急处置工作。提供专家指导和必要的人力、物力和财力支援。

（6）现场处置

突发环境事件发生后，责任企事业单位应按照相应的应急预案进行先期处置工作。事发地人民政府应立即派出有关部门及应急救援队伍赶赴现场，迅速开展处置工作。开展应急监测、迅速查明污染源、确定污染范围和污染状态；迅速组织、实施控制或切断污染源，收集、转移和清除污染物，清洁受污染区域和介质等消除和减轻污染危害的措施，严防二次污染和次生、衍生事件发生。

（7）信息发布

根据事件报告的有关规定，及时向上级续报进展情况，及时向可能受影响地区和单位通报进展情况。

按照有关规定，通过政府公报、政府网站、新闻发布会以及报刊、广播、电视等多种方式和途径，统一、及时、准确地发布突发环境事件应急的有关信息，及时向社会公布应急处置情况。

（8）应急终止

有关职能部门根据现场应急处置进展情况，在符合应急终止条件时提出终止应急预案的建议。国家和地方政府在突发环境事件的威胁和危害得到控制或者消除后，下令停止应急处置工作，结束应急响应状态，采取必要的后续防范措施。

凡符合下列条件之一的，即满足应急终止条件：

（1）事件现场危险状态得到控制，事件发生条件已经消除；

（2）确认事件发生地人群、环境的各项主要健康、环境、生物及生态指标已经降低到常态水平；

（3）事件所造成的危害已经被彻底消除，无继发可能；

（4）事件现场的各种专业应急处置行动已无继续的必要；

（5）采取了必要的防护措施以保护公众免受再次危害，并使事件可能引起的中长期影响趋于合理且尽量低的水平。

按照以下程序应急终止：

（1）环境应急现场指挥部决定终止时机，或事件责任单位提出，经环境应急现场指挥部批准；

（2）环境应急现场指挥部向组织处置突发环境事件的人民政府和各专业应急救援队伍下达应急终止命令；

（3）应急状态终止后，国务院突发环境事件应急指挥机构组成部门应根据国务院有关指示和实际情况，继续进行环境监测和评价工作，直至无需采取其他补救措施，转入常态管理为止。

2．Ⅰ级响应的内容和程序

特别重大（Ⅰ级）响应。发生特别重大突发环境事件时，由国务院负责启动特别重大（Ⅰ级）响应。国务院或者国务院授权国务院环境保护主管部门成立应急指挥机构，负责启动突发环境事件的应急处置工作，根据预警信息，采取下列应急处置措施：

（1）立即取得与突发环境事件发生地的省级突发环境事件应急指挥机构、现场应急指挥部、相关专业应急指挥机构的通信联系，随时掌握突发环境事件变化及应急工作进展情况。

（2）通知有关专家组成专家组，分析情况。根据专家组的建议，通知相关应急救援力量随时待命，为地方或相关专业应急指挥机构提供技术支持。

（3）派出相关应急救援力量和专家赶赴现场参加、指导现场应急救援，必要时调集事发地周边地区专业应急力量实施增援。

国务院突发环境事件应急指挥机构其他组成部门接到特别重大环境事件信息后，根据各自职责采取下列行动：

（1）启动并实施本部门应急预案，及时报告国务院突发环境事件应急指挥机构。

（2）成立本部门应急指挥机构。

（3）协调组织应急救援力量开展应急救援工作。

（4）需要其他应急救援力量支援时，向国务院突发环境事件应急指挥机构提出请求。

突发环境事件发生地省级人民政府结合本地区实际，调集有关应急力量，配合国务院突发环境事件应急指挥机构，组织突发环境事件的处置。

根据规定成立的环境应急现场指挥部，负责组织协调突发环境事件的现场应急处置工作。主要内容包括：

（1）提出现场应急行动原则要求，依法及时公布应对突发事件的决定、命令。

（2）派出有关专家和人员参与现场应急处置指挥工作。

（3）协调各级、各专业应急力量实施应急支援行动。

（4）协调受威胁的周边地区危险源的监控工作。

（5）协调建立现场警戒区和交通管制区域，确定重点防护区域。

（6）根据突发环境事件的性质、特点，通过报纸、广播、电视、网络和通信等方式告知单位和公民应采取的安全防护措施。

（7）根据事发时当地的气象、地理环境、人员密集度等，确定受到威胁的人员疏散和撤离的时间和方式。

（8）及时向国务院应急管理办公室报告应急行动的进展情况。

现场应急指挥部可根据污染事件的类型，下设综合协调组、专家组、应急监测组、信息新闻组、污染控制组、现场处置组、现场救治组、治安保障组、文件资料组等。

综合协调组：负责统筹事故应急工作。负责联系上级部门与跨界政府，协调后勤保障工作等。

专家组：指导突发环境污染事件应急处置工作，为应急工作决策提供科学依据。

应急监测组：组织实施应急监测、监测质量保障、数据审核、汇总分析。

信息新闻组：向上级部门报送信息和最新状况，联系新闻媒体，收集境内外新闻报道，编写信息简报。

污染控制组：负责清查污染源，督促落实污染源整治措施，对违法排污单位依法查处。

现场处置组：负责现场污染防控和现场应急工程的实施。

现场救治组：为现场救治提供医疗保障，实施现场救治。

治安保障组：负责现场的警戒，提供交通管制及周边人员的疏散与撤离。

文件资料组：负责资料的发放与接收等。

3．Ⅱ级响应的内容和程序

重大（Ⅱ级）响应。发生重大突发环境事件时，由省级人民政府负责启动重大（Ⅱ级）响应，会同环境保护主管部门成立应急指挥机构，负责启动突发环境事件的应急处置工作，并及时向国务院环境保护主管部门报告事件处置工作进展情况。国务院环境保护主管部门为事件处置工作提供协调和技术支持，并及时向国务院报告情况。

有关部门、单位应当在事故应急指挥机构统一组织和指挥下，按照应急预案的分工，开展相应的应急处置工作。

4．其他级别响应的内容和程序

较大（Ⅲ级）响应及一般（Ⅳ级）响应。发生较大或一般突发环境事件时，由地市级或县级人民政府负责启动应急处置工作。地方各级人民政府根据事件性质启动相应的应急预案，同时将情况上报上级人民政府和环境保护部门。超出其应急处置能力的，及时报请上一级应急指挥机构给予支持。

第二节　环境保护部门主要任务

在突发环境事件应急处置过程中，环境保护部门在应急指挥部的统一领导下，本着"以人为本、减少危害"的原则，按照"第一时间报告、第一时间赶赴现场、第一时间开展监测、第一时间向社会发布信息、第一时间组织开展调查"的要求，积极参与突发环境事件应对工作，做到不缺位、不越位，认真履行环境保护部门应有职责。

一、报告、通报

1. 及时、准确地向同级人民政府和上级环境保护部门报告

根据《环境保护主管部门突发环境事件信息报告办法（修订稿）》规定，各级环境保护部门应当按照职责范围，做好本辖区突发环境事件的处理工作，及时、准确地向同级人民政府和上级环境保护部门报告辖区内发生的突发环境事件。

（1）报告时限

发生一般（Ⅳ级）、较大（Ⅲ级）突发环境事件时，事发地市、县（区）级环境保护行政部门应在发现或得知突发环境事件信息后立即进行核实，并在 4 小时内向同级人民政府和上一级环境保护行政部门报告。

发生重大（Ⅱ级）、特别重大（Ⅰ级）突发环境事件时，事发地市、县（区）级环境保护行政部门应当在发现或得知突发环境事件信息后立即进行核实，并在 2 小时内报告同级人民政府和省级环境保护行政部门，同时上报环境保护部。省级环境保护行政部门在接到报告后，应当进行核实并在 1 小时内将有关情况报告环境保护部。

发生下列突发环境事件，事态紧急、情况严重的，或一时无法判明等级的，市、县（区）级环境保护行政部门在报告同级人民政府和省级环境保护行政部门的同时，应当直接向环境保护部报告：

① 因环境污染造成人员伤亡的。

② 对饮用水水源地造成或可能造成影响的。

③ 涉及居民聚居区、学校、医院等敏感区域和敏感人群的。

④ 涉及重金属或类金属污染的。

⑤ 有可能产生跨省或跨国影响的。

⑥ 因环境污染引发群体性事件，或者社会影响较大的。

⑦ 核与辐射突发环境事件。

⑧ 地方认为有必要报告的其他突发环境事件。

各级地方人民政府接到报告后，应根据突发环境事件的响应级别，向上一级人民政府报告。

对特别重大（Ⅰ级）、重大（Ⅱ级）环境事件，发生在敏感时期、敏感地区，或事件本身敏感，或可能演化为重大以上的事件，国务院有关部门应立即向国务院应急管理办公室报告。当突发环境事件发生初期无法按突发环境事件分级标准确认等级时，报告上应注明初步判断的可能等级。随着事件的续报，可视情况核定突发环境事件等级并报告应报送的部门。

（2）报告形式和内容

突发环境事件的报告分为初报、续报和处理结果报告。

初报是在发现和得知突发环境事件后上报；续报是在查清有关基本情况、事件发展情况后随时上报；处理结果报告是在突发环境事件处理完毕后上报。

信息报告可采用电话或书面报告。情况紧急时，初报可采用电话直接报告，并在随后补充书面报告，包括传真、网络、邮寄和面呈等方式；续报和处理结果报告应当采用书面报告。书面报告中应明确事件报告单位、报告签发人、联系人及联系方式等内容，并尽可能提供地图、图片及多媒体资料。

初报的主要内容一般应当包括：突发环境事件的发生时间、地点、信息来源、事件起因和性质、基本过程、主要污染物质和数量、人员受害情况、饮用水水源地等环境敏感点受影响情况、事件发展趋势、处置情况、拟采取的措施以及下一步工作建议等初步情况。初报应当提供可能受到突发环境事件影响的环境敏感点的分布示意图。

续报视突发环境事件处置进展可一次或多次报告。续报应当在初报的基础上报告突发环境事件有关的监测数据和分析、发生原因、过程、进展情况、趋势分析、危害程度以及采取的措施、效果等情况。

处理结果报告应当在初报和续报的基础上，报告处理突发环境事件的措施、过程和结果，突发环境事件潜在或间接的危害及损失、社会影响、处理后的遗留问题、责任追究等详细情况。

2. 对可能波及的相邻地区进行通报

突发环境事件已经或可能涉及相邻行政区域的，事发地环境保护主管部门应当在向同级人民政府和上一级环境保护主管部门报告的同时，及时通报相邻区域环境保护主管部门，并向同级人民政府提出向相邻区域人民政府进行通报的建议。接到通报的环境保护主管部门应当及时调查了解情况，并视情况向同级人民政府和上一级环境保护主管部门报告。

二、赶赴现场开展调查

环境保护部门应在突发环境事件发生后第一时间赶赴现场，积极组织实施现场调查，及时了解事件发生的时间、地点、经过、可能原因、污染物来源、污染物性质、排放泄漏形式和数量、污染途径及波及范围、饮用水源类型及人口分布、人员伤亡与疏散、可能产生的污染隐患与后果、已采取的应急救援和污染防控措施等。

1. 确定事件污染性质

根据不同污染影响，初步判断突发环境事件的污染性质。

化学性污染：指以工业为主的污染如化工、冶炼、造纸、电镀等重污染企业集中排污或事故排污，交通事故导致的化学品泄漏，火灾消防废水排放，重金属污染等情况。农业为主的污染如农药泄漏、废弃农药处置不当、农药和化肥面源污染等情况。化学性污染健康危害多为急性化学性中毒。

生物性污染：指以生活污染为主的污染和医院污水排污污染，其健康危害多为急性肠道传染病。

化学性与生物性混合污染：主要表现是化学性和生物性复合污染因素导致的急性中毒和急性传染病等。

放射性污染：发生辐射安全事件，如放射源丢失、急性放射病报告等。

2. 污染源调查

根据水源水系寻找、排查污染源；根据原料、生产工艺和排污成分寻找可疑污染物，并估算排污量；对事故发生地周围环境（居民住宅区、农田保护区、水流域、地形）做初步调查。

对固定源（如生产、使用、储存危险化学品、危险废物的单位和工业污染源等）可通过对相关单位有关人员（如管理人员、技术人员和使用人员）调查询问的方式，对企业生产工艺、原辅材料、产品等信息进行分析；通过对事故现场的遗留痕迹进行跟踪调查分析以及采样对比分析，确定污染源等。

对流动源（危险化学品、危险废物运输）所引发的突发性环境污染事故，可通过对运输工具驾驶员、押运员的询问以及危险化学品的外包装、准运证、上岗证、驾驶证、车号等信息，确定运输危险化学品的名称、数量、来源、生产或使用单位；也可通过污染事故现场的一些特征，如气味、挥发性、遇水的反应特性等，初步判断污染物质；通过采样分析，确定污染物质等。

污染源调查的一般程序和内容：

（1）根据接报的有关情况，组织环境监察、监测人员携带执法文书、取证设备，以及有关快速监测设备，立即赶赴现场。

（2）根据现场污染的表观现象（包括颜色、气味以及生物指示），初步判定污染物的种类，利用快速监测设备确定特征污染因子以及浓度。

（3）根据特征污染因子，初步确定流域、区域内可能导致污染的行业。

（4）根据污染因子的浓度、梯度关系，初步确定污染范围。

（5）根据造成污染的后果，确定污染物量的大小，在确定的范围内，立即排查行业内的有关企业。

（6）通过采用调阅运行记录等手段，检查企业排放口、污染处理设施及有关设备的运行情况，最终确定污染源。

三、组织环境应急监测

环境监测人员在事故影响和可能影响的区域，按照监测规范，在第一时间制定应急监测方案，对污染物质的种类、数量、浓度、影响范围进行监测，分析变化趋势及可能的危害，为应急处置工作提供决策依据。

应急监测是各级环境保护部门在应急工作中的重要法定职责，各级环境保护部门在现场应急指挥部的统一领导下组织开展应急监测工作。应急监测主要包含以下工作内容。

（一）制定环境应急监测方案

根据突发环境事件污染物的扩散速度和事件发生地的气象及地域特点，制定应急监测方案。应急监测方案包括确定监测项目、监测范围、布设监测点位、监测频次、现场采样、现场与实验室分析、监测过程质量控制、监测数据整理分析、监测过程总结等，并根据处置情况适时调整应急监测方案。

（二）确定监测项目

确定监测项目是应急监测中的技术关键，对突发环境事件控制和处理处置有举足轻重的作用，对于已知固定污染源，可以从厂级的应急预案中获得各种污染物信息，如原料、中间体、产品中可能产生污染的物质以确定监测项目；对于已知流动污染源，可以从移动载体泄漏物中获得可能产生污染的污染物信息以确定监测项目；对于未知污染源，监测项目的确定须从事故的现场特征入手，结合事故周边的社会、人文、地理及可能产生污染的企事业单位情况，进行综合分析。必要时须咨询专家意见。

（三）确定监测范围和布点

监测范围确定的原则是根据事发时污染物的特性、泄漏量、泄漏方式、迁移和转化规律、传播载体、气象、地形等条件确定突发环境事件的污染范围。在监测能力有限的情况下，按照人群密度大、影响人口多优先，环境敏感点或生态脆弱点优先，社会关注点优先，损失额度大优先的原则，确定监测范围。如果突发环境事件有衍生影响，则距离突发环境事件发生时间越长，监测范围越大。

应急监测阶段采样点的设置一般以突发环境事件发生地点为中心或源头，结合气象和水文等自然条件，在其扩散方向上合理布点，其中环境敏感点、生态脆弱点、饮用水源地和社会关注点应有采样点，应急监测不但应对突发环境事件污染的区域进行采样，同时也应在不会被污染的区域布设背景点作为参照，并在尚未受到污染的区域布设控制点位以对污染带移动过程形成动态监测。

（四）现场采样与监测

现场采样人员须严格按照采样规范和应急监测方案的要求进行采样和现场监测。采样量应同时满足快速监测和实验室监测需要。采样频次主要根据污染状况、不同的环境区域功能和事故发生地的污染实际情况制定，争取在最短时间内采集有代表性的样品。距离突发环境事件发生时间越短，采样频次应越高。如果突发环境事件有衍生影响，则采样频次应根据水文和气象条件变化与迁移状况形成规律，以增加样品随时空变化的代表性。现场采样方法及采样量、现场监测仪器及分析方法可参照相应的监测技术规范和有关标准，并做好质量控制及记录工作。监测数据的整理分析应本着及时、快速、准确的报送原则，以电话、传真、监测快报、手机短信等形式立即上报给现场指挥部，重大和特大突发性污染事故还应上报环境保护部。

（五）分析和预测

根据监测结果，分析突发环境事件变化趋势，并通过专家咨询和讨论，预测并报告事件发展和污染物变化情况，作为突发环境事件应急决策的科学依据。

四、参加现场应急处置

在应急处置过程中，环境保护部门应积极参与现场应急处置，向地方人民政府提出控制和消除污染源、防止污染扩散、人员救护与防护、信息通报与发布等建议。积极参与对各类应急救援队伍的指导，为科学处置提供环保技术支持。上级环境保护部门根据现场应急需要，通过电话、文件或派出人员等方式对现场应急工作进行指导。

（一）提出应急处置建议

环境保护部门根据现场调查和应急监测情况，向应急指挥部提出调查分析结论，包括：事故的污染源、污染物、污染途径、波及范围、污染暴露人群、危害特点，以及事故的原因、经过、性质、教训等。

根据现场调查、监测数据，提出控制和消除污染源、防止污染扩散的建议；提出请专家制定科学处置方案的建议；通过组织专家讨论，根据不同化学物质的理化特性和毒性，结合地质、气象等条件，提出疏散距离建议；提出向受害群众提供自我防护建议；提出通过加大供水深度处理、启用备用水源、水利工程调节、终止社会活动、生产自救等措施减少污染危害等建议。

（二）提供专家咨询和指导

各级环境保护部门根据突发环境事件应急工作需要可建立由不同行业、不同部门组成的专家库。专家库一般应包括监测、危险化学品、生态保护、环境评估、卫生、化工、水利、水文、船舶污染控制、气象、农业、水利等方面的专家。

突发环境事件发生后，环境保护部门可组织应急专家迅速对事件信息进行分析、评估，提出应急处置方案和建议；根据事件进展情况和形势动态，提出相应的对策和意见；对突发环境事件的危害范围、发展趋势作出科学预测；参与污染程度、危害范围、事件等级的判定，为污染区域的隔离与解禁、人员撤离与返回等重大防护措施的决策提供技术依据；指导各应急分队进行应急处理与处置；指导环境应急工作的评价，进行事件的中长期环境影响评估。

（三）参与现场处置指导

根据现场情况，监督企事业通过停产、禁排、封堵、关闭等措施切断污染源，通过限产限排、加大治污效果等措施控制污染源。指导有关应急救援机构和队伍，根据不同的污染物性质和污染类型，采取科学的处置方法和措施：通过采用拦截、覆盖、稀释、冷却降温、吸附、吸收等措施防止污染物扩散；通过采用中和、固化、沉淀、降解、清理等措施减轻或消除污染。

第三节　环境应急监测

作为环境保护部门应急响应工作的重要内容，环境应急监测工作在突发环境事件应对中发挥了不可替代的作用。

一、环境应急监测的作用

环境应急监测是指环境应急情况下，为发现和查明环境污染情况和污染范围而进行的环境监测。包括定点监测和动态监测。其目的是为了发现和查明环境污染状况，掌握污染的范围和程度以及变化趋势。环境应急监测包括突发性污染事故监测、对环境造成自然灾害等事件的监测，以及在环境质量监测、污染源监测过程中发现异常情况时所采取的监测等。环境应急监测是环境应急体系中的重要组成部分，是突发环境事件处置中的重要环节，是对污染事故及时、正确地进行应急处理、减轻事故危害和制定恢复措施的根本依据。其作用主要有：

（1）对污染物进行现场快速定性监测，及时判明污染物与污染类型，为现场应急救援和疏散工作提供快速的科学依据。

（2）对污染物和相关环境进行快速定量监测，对环境污染物的性质、污染范围、污染变化趋势、受影响的范围、危害程度做出准确的认定，为污染事故的应急处理与环境保护提供技术保障。

（3）对污染物扩散和短期内不能消除、降解的污染物进行跟踪监测，为环境污染的预防、环境恢复、生态修复提出建议措施等。

（4）对污染事件的相关污染源和相关生态环境进行监控监测，为污染事故的原因分析与事故处理提供技术支持。

（5）避免突发事故后果被人为夸大，以致造成经济损失，造成紧张气氛，甚至影响社会稳定。通过环境应急监测，可以及时发布信息，以正视听，让人民群众满意，让政府放心。因此，环境应急监测也是一项严肃的、特殊的、重要的政治任务。

二、环境应急监测工作的性质和特点

1．应急监测是事故处理的依据

应急监测是根据突发环境事件及其产生的污染物的特点，在事故发生后，及时、准确、科学地为政府提供事故污染危害程度和影响范围的信息，为有效控制事故和处理事故提供依据，它直接涉及保护人民生命、稳定社会和使用巨额财力（如人员疏散、无人区域设置、紧急救援、停止供水）措施的选择，作用十分重要，责任非常重大。

2．应急监测日常工作是基础

应急监测工作包括应急监测日常准备工作（应急监测日常工作）和应急事故监测。应急监测日常工作是应急事故监测的基础，主要是围绕可能发生突发性事故的监测做好人员、设备等各方面条件的准备，它决定了应急事故监测能否满足为政府提供决策依据的要求。

三、环境应急监测技术

为满足突发环境事件应急监测的需要，应急监测技术不断发展，国外继简易检测管、检测箱后已出现了小型便携、检测分析快速且智能化的应急监测仪器与设备，我国应急监测技术也已经起步。目前应急监测技术主要有以下几方面。

1．快速检测管或检测箱

国内生产的比长式气体检测管可检测部分无机气体及有机污染物的蒸气，诸如甲醇、乙醇、丙酮、丁酮、丁烷、汽油、苯、甲苯等。

德国公司生产的快速检测管有 350 个品种之多，检测气体通过检测管即引起颜色的变化，利用检测管变色的长度可以定量检测的无机有毒气体主要有：NH_3、AsH_3、PH_3、CO、Cl_2、HCl、CNCl、HCN、HF、H_2S、SO_2、NO、NO_2、O_3、CO、Cl_2 和汞蒸气等，可检测的有机污染物质主要有：甲醇、乙醇、丙酮、CS_2、CCl_4、$CHCl_3$、环己烷、正己烷、苯、甲苯、乙苯、环氧乙烷、二甲苯、苯乙烯、苯胺、二乙醚、苯酚、硫醇、硫醚、易燃的碳氢化合物（石油烃、正辛烷）等。

检测管也可通过一个洗气瓶把水中挥发性污染物气提至检测管中，比较检测管变色的长度来确定污染物的浓度。

日本快速检测管也有 160 多种，可用于作业环境和污染应急事故的监测。

2．单项的简易快速监测仪器

气体污染方面有固定式的报警器，也有移动式的污染气体检测器，如德国公司生产的可燃气检测器（CH_4、有机蒸气等）、袖珍式气体检测仪（CO、H_2S、SO_2、NO_2）、智能化袖珍式气体检测仪（CO、NO、NO_2、NH_3、HCN、PH_3、AsH_3 等）。

水质方面有 pH 计、溶氧仪、COD 速测仪、电导仪、氨浓度测定仪等。

3．野外水质化验室

在一个水质检测箱中配有多种试剂包；加上光电比色计，可以检测数十种甚至上百种化学成分。其中美国公司生产的一种便携试验箱值得一提，它包括一台小型分光光度计、一台不间断数字滴定仪、便携式 pH 计、电导仪（总可溶固体测定）及试剂包等，可以测定水质的酸碱度、钙、CO、游离 Cl_2、电导、Cu、F^-、总硬度、Fe、Mn、NH_3、NO_2^-、DO、Pb、Zn 等。

4．便携式气相色谱仪

便携式气相色谱仪很适合于突发性环境污染事故应急监测，这种仪器常备有 2~3 种检测器：PID（光离子化检测器）、ECD（电子俘获检测器）、紫外检测器或热导检测器等。其中 PID 可检测无机有害气体 AsH_3、PH_3、H_2S 和有机气体或蒸汽，如：烷烃类、芳香烃类、醛类、酮类、醇类、醚类（硫醇、硫醚）及有机磷杀虫剂等。其灵敏度一般较 FID 检测器高 1~2 个数量级。用 ECD 检测器可测定卤代烃、氯代苯类、硝基苯类、有机氯杀虫剂等。这种仪器配有可充电电源，可配合应急监测车用于现场空气、水质、固体废弃物和土壤的快速监测。因此这类仪器监测方法目前来说是一种比较理想的应急监测手段，在国外已得到广泛应用。

5. 实验室仪器

对于一些特大的污染事故，污染物质成分复杂，污染范围大，影响时间长，有时需进行全面的检测分析，以全面了解和掌握事故发生后对空气环境、地表水、地下水、饮用水、生物、食品、土壤、固体废物的污染情况（污染物质的种类、浓度和污染范围），以及可能产生的影响。适用的实验室仪器法有：无机污染物可用原子吸收光谱法、等离子体发射光谱法、离子色谱法、离子选择电极法等。有机污染物质可用气相色谱法、液相色谱法、红外光谱法及色谱/质谱法等。

四、环境应急监测方法的选择

1. 方法选择的基本思路

为迅速查明突发性环境化学污染事故污染物的种类、污染程度和范围以及污染发展趋势，在已有调查资料的基础上，充分利用现场快速监测方法和实验室现有的分析方法进行鉴别、确认。在具体实施现场监测时，应优先选择检测管法、便携式仪器法等快速检测方法，对污染物种类进行定性分析，在确定了特征污染物后再选择较为精密的实验室法进行定量检测，同时可参考现有自动监测站的监测数据，保证在最短的时间里获取有效的监测数据。

对于现场不能分析的污染物，应快速采集样品，尽快送至实验室采用国家标准方法、统一方法或推荐方法进行分析。必要时，可采用生物监测方法对样品的毒性进行综合测试。为了保证现场监测数据的准确性，分析人员应充分了解所选用的分析技术方法，还应注意所用分析器材的有效使用期限，绝不能误用过期的检测器材。

2. 方法选择的基本原则

进行简易分析技术方法的研究，其难度不亚于一些实验室的分析测定方法或仪器分析方法的研究。因为，简易分析方法要求操作简便、快速、灵敏、结果可靠、干扰小。在选择具体的监测方法和器材时，要尽量遵循以下筛选原则：

（1）分析方法的操作步骤要简便，具有易实施性和可操作性，无需特殊的专门知识，一般人稍经训练就能掌握（任何时间、任何地点、任何人均能使用）。

（2）分析方法要快速，分析结果直观、易判断。

（3）检测器材要轻便，易于携带，采样与分析方法均应满足现场监测要求，体积小、重量轻。如泵吸式传感器，具有反应快、可实时监测的特点。

（4）分析方法的灵敏度、准确度和再现性要好，检测范围宽；尽量结合我国的现状与水平，力求做到在国内应用的普适性；分析仪应具有数据采集、存储和传输等功能。

（5）分析方法或仪器适应性强，干扰物质对仪器及分析方法的影响要小。

（6）试剂用量少，稳定性好。

（7）检测器具最好是一次性使用，避免用后进行洗刷、晾干、收存等处理工作。

（8）投入要最小化，方法具有较好的性价比，简易检测器材的价格要便宜，易于推广；对于不得不采用实验室方法分析的项目，应选择现有最简单快速的分析方法。

3．常见污染物应急分析方法的选择

对快速测试方法的选择主要依赖于准确度的要求，一般应基于"尽量准确"的原则，选择范围包括简单的试纸、测试条（棒）、显色比色法、滴定法、光度法等。以下方法的选择方案主要针对的是空气和/或水体污染物的快速检测方法。对于土壤污染，当发生的是挥发性污染物的污染事故时，挥发物的检测可借鉴气体污染物的快速检测方法；当发生的是半挥发性或难挥发性污染物的污染事故时，污染物的检测可借鉴水体快速检测方法。

以下介绍一些常见污染物（检测对象）现场快速应急分析方法的选择方案，对于实验室标准分析方法可参见有关内容。

（1）氯气（环境空气）检测试纸法；气体检测管法（0.1～10 mg/m³ 或 1～30 mg/m³）；便携式电化学传感器法（0～5 mg/m³）；便携式分光光度法。

（2）CO（环境空气）检测试纸法；气体检测管法（0.1～10 mg/m³ 或 1～10 mg/m³）；便携式电化学传感器法（0～1 000 mg/m³），便携光学式（非分散红外吸收）检测器法。

（3）HCl（环境空气）检测试纸法；气体检测管法（0.1～10 mg/m³）；便携式传感器法（0～200 mg/m³）；便携式分光光度法。

（4）HF 和氟化物（环境空气）检测试纸法；气体检测管法（0.1～10 mg/m³，无动力，或 1～20 mg/m³）；化学测试组件法（茜素磺酸锆指示液）。

（5）NH_3（环境空气）检测试纸法；气体检测管法（0.1～10 mg/m³）；便携光学式检测器法（0～500 mg/m³）。

（6）NO_x（环境空气）检测试纸法；气体检测管法；便携式电化学传感器法（0～

30 ppm）；便携光学式检测器法。

（7）H_2S（环境空气）检测试纸法；气体检测管法（0.1～10 mg/m³）；便携式电化学传感器法（0～200 mg/m³）；便携光学式检测器法；便携式分光光度法；便携式离子色谱法。

（8）SO_2（环境空气）检测试纸法；气体检测管法；便携式电化学传感器法（0～20 ppm）；便携光学式检测器法。

（9）O_3（环境空气）气体检测管法（0.1～10 mg/m³）；便携式电化学传感器法（0～5 mg/m³）；便携光学式检测器法。

（10）HCN（环境空气）检测试纸法；气体检测管法（0.1～5 mg/m³ 或 5～100 ppm）；便携式电化学传感器法（0～200 mg/m³）；便携式分光光度法。

（11）光气（环境空气）检测试纸法（二甲苯胺指示剂）；气体检测管法（0.1～10 mg/m³ 或 0.1～20 ppm）；便携式仪器法（0～5 mg/m³）；便携式分光光度法。

（12）总烃（环境空气）气体检测管法；目视比色法；便携式 VOC 检测仪法。

（13）硫酸雾/硝酸雾（环境空气）检测试纸法（pH 试纸）；气体检测管法（1～5 mg/m³ 或 1～20 ppm）；便携式仪器法（酸度计）。

（14）铅（气态）（环境空气）气体检测管法（0.1～10 mg/m³）；便携式离子计法；便携式比色计/光度计法。

（15）酸度（水、土壤）检测试纸法；化学测试组件法（滴定法，0.2～7 μL/L 或＞5 mg $CaCO_3$/L）。

（16）碱度（水、土壤）检测试纸法；化学测试组件法（滴定法，0.2～7 μL/L）。

（17）色度（水）简易器具法（2～100 度）；便携式比色计/光度计法（50～500 度或 0.5～500 mg/L）；便携式分光光度计法（50～1 000 度）。

（18）COD（水）水质检测管法（0～1 500 mg/L）；快速回流法；化学测试组件法（0～100 mg/L 或 0～10 000 mg/L 或 0～10 mg/L）；便携式比色计/光度计法（2～15 000 mg/L）；便携式分光光度计法。

（19）碳氢化合物（油、水、土壤）检测试纸法（定性）；水质检测管法（目视比色法）（0～85 mg/L）；便携式比色计/光度计法（0.5～5.6 mg HC/L 或 30～300 mg HC/kg）；便携式红外光谱仪器法；现场萃取—实验室分析法。

（20）Cd（水、土壤）水质检测管法（0～0.1 mg/L）；便携式比色计/光度计法（0.002～2.0 mg/L）；便携式分光光度计法；便携式 X 射线荧光光谱仪法。

（21）Cr（水、土壤）检测试纸法[Cr（III）定性，≥2 mg/L；Cr 定性，≥0.1%]；水质检测管法（0～1.5 mg/L）；便携式比色计/光度计法（0.05～30 mg Cr/L 或 0.011～1.0 mg Cr/L 或 5.0～100 mg Cr^{3+}/L）；便携式分光光度计法（0.02～1.0 mg Cr/L）；便携式 X 射线荧光光谱仪法。

（22）Pb（环境空气、水、土壤）检测试纸法（定性，≥5 mg Pb^{2+}/L）；水质检测管法（0～1 mg/L）；便携式比色计/光度计法（0.005～5.00 mg/L 或 0.1～1.99 mg/L 或 0.05～10.0 mg/L）；便携式分光光度计法（0.2～5.0 mg/L）；便携式 X 射线荧光光谱仪法。

（23）Zn（水、壤）检测试纸法（2～20 mg/L 或 2～100 mg/L）；水质检测管法（0～2 mg/L）；化学测试组件法（0.25～3 mg/L 或 0.5～10 mg/L）；便携式比色计/光度计法（0.02～4.0 mg/L 或 0.05～2.0 mg/L）；便携式分光光度计法（0.1～2.0 mg/L）；便携式 X 射线荧光光谱仪法。

（24）氰化物（水、土壤）检测试纸法（定性，≥0.2 mg/L；定量，1～30 mg/L）；水质检测管法（自制或商品检测管，0～0.5 mg/L）；化学测试组件法（0.002～1 mg/L 或 20～500 mg/L 或 0.2～20 mg/L 或 0.02～2 mg/L）；便携式比色计/光度计法（0.001～0.50 mg/L）；便携式离子计法；便携式分光光度计法（0.01～0.4 mg/L）；便携式离子色谱法。

（25）总氮（水、土壤）水质检测管法（0～25 mg/L）；便携式比色计/光度计法（0.5～220 mg/L）；便携式分光光度计法。

（26）总磷（水、土壤）　水质检测管法（0～1.5 mg/L）；化学测试组件法；便携式分光光度计法。

（27）烷烃类（环境空气、水、土壤）气体检测管法（10～500 mg/m³）；便携式 VOC 检测仪法；便携式气相色谱法；便携式气相色谱—质谱联用法；实验室快速气相色谱法；便携式红外分光光度法。

（28）石油类（环境空气、水、土壤）气体检测管法（10～500 mg/m³）；水质检测管法（0～85 mg/L）；便携式 VOC 检测仪法；便携式气相色谱法；便携式红外分光光度法。

（29）烯炔烃类（环境空气、水、土壤）气体检测管法（1～50 mg/m³）；便携式 VOC 检测仪法；便携式气相色谱法；便携式气相色谱—质谱联用法；便携式红外分光光度法。

（30）醇类（环境空气、水、土壤）气体检测管法（1～50 mg/m³ 或 100～6 000 mg/m³）；便携式气相色谱法；便携式气相色谱—质谱联用法；实验室快速气相色谱法；便携式红外分光光度法。

（31）甲醛（环境空气、水、土壤）检测试纸法（10～200 mg/L）；气体检测管法（0.01～40 ppm）；水质检测管法（0～5 mg/L）；化学测试组件法（0.1～2 mg/L）；便携式检测仪法（0～200 mg/m³）。

（32）醛酮类（环境空气、水、土壤）气体检测管法（0.2～10 mg/m³）；便携式气相色谱实验室快速气相色谱法；便携式气相色谱—质谱联用法；实验室快速液相色谱法；便携式红外分光光度法。

（33）卤代烃类（环境空气、水、土壤）气体检测管法（0.5～60 ppm 或 20～100 mg/m³ 或 23～500 ppm）；便携式 VOC 检测仪法；现场吹脱捕集—检测管法；便携式气相色谱法；便携式气相色谱—质谱联用法；实验室快速气相色谱法；便携式红外分光光度法。

（34）氰/腈类（环境空气、水、土壤）气体检测管法（0.1～5 mg/m³ 或 0.25～20 ppm）；便携式气相色谱法；便携式气相色谱—质谱联用法；实验室快速气相色谱法；便携式红外分光光度法。

（35）苯系物（芳香烃类）（环境空气、水、土壤）气体检测管法（0.2～10 mg/m³ 或 20～400 ppm 或 20～1 000 ppm 或 50～1 000 mg/m³）；现场吹脱捕集—检测管法；便携式 VOC 检测仪法；便携式气相色谱法；便携式气相色谱—质谱联用法；实验室快速气相色谱法；便携式红外分光光度法。

（36）氯苯类（环境空气、水、土壤）气体检测管法（0.2～10 mg/m³）；便携式气相色谱法；便携式气相色谱—质谱联用法；实验室快速气相色谱法；便携式红外分光光度法。

（37）苯胺类（环境空气、水、土壤）气体检测管法（0.2～10 mg/m³ 或 1～30 ppm）；便携式气相色谱法；便携式气相色谱—质谱法；实验室快速气相色谱法；便携式红外分光光度法。

（38）硝基苯类（环境空气、水、土壤）气体检测管法（0.2～10 mg/m³）：便携式气相色谱法；便携式气相色谱—质谱联用法；实验室快速气相色谱法；便携式红外分光光度法。

五、环境应急监测常态准备

1. 应急监测方案制定

每个区域（省、地市、跨省等）的应急监测方案，建立在摸清本地区潜在突发环境事件污染源的基础上。方案的主要内容包括：

（1）建立应急监测机构。包括安排负责人、联系人、各项监测项目采样分析的工作人员、报告人员、交通和后勤保障人员等。

（2）设备准备。包括根据污染源的实际情况，定期进行人员防护设备、快速检测设备、采样设备、实验室分析设备、质控样品和试剂等检查和准备。

（3）污染事故环境评价分析准备。主要包括国内外相关环境质量标准和污染物排放标准、对分析结果的分析评价、作图、报表和报告方式等准备。

（4）后勤保障准备。主要包括通信系统安排、现场使用车辆安排、实验室分析样品运送安排、后续试剂和消耗品来源保证；对较远的污染事故，还包括污染源邻近实验室借用和必要的实验室分析设备安排计划；对区域或本地不能单独完成的事故准备，还包括与上级或其他单位的联系与协作计划等。

（5）建立应急监测分级处理制度。根据事故可能造成的影响范围和程度，确定参加人员、协作单位（本地）和请求支援单位（上级）范围，并建立相关联系和通报制度。

2. 应急监测方案修订

应急监测方案修订主要根据单位人员变化、所辖区域污染源变化、所配备设备变化和实战经验的总结，及时调整人员、防护、采样、分析、评价和后勤保障等计划。

3. 应急监测日常工作

在日常的应急监测工作中，工作内容包括：

（1）制定工作计划：年度和近期的应急监测工作计划、能力建设计划、人员培训计划、应急监测演习计划等。

（2）建立监测方法和模型开发研究：建立水质、空气等要素的各种特征污染项目监测方法和监测点位的预设研究等；针对本辖区可能发生的突发性环境污染事故，研究建立扩散影响模型。

（3）建立和完善危险污染源数据库：结合日常污染源监测，定期开展危险污染源调查和核查，并结合环境应急机构、环境监察部门监察结果，建立包括危险污染源位置、污染物种类和数量、所在企业及联系人、污染物特性和已有处理方法在内的污染源数据库，并根据污染源变化情况定期加以完善。

（4）建立和完善专家咨询系统：根据本辖区危险污染源情况，建立包括标准、监测分析方法、事故处理、信息系统、社会经济等方面的应急监测专家咨询系统。

（5）能力建设与维护更新：根据污染源变化和技术发展，配备应急监测设备、建立应急监测方法和开展人员培训；根据应急设备与物资的特点，进行维护与更新。

（6）建立制度，开展应急监测演习：通过与环境应急机构、环境监察部门和企业等联系，建立定期的应急监测演习，使监测人员通过演习，熟悉风险源周边环境，熟练掌握监测的技术，在发生事故后能够及时开展应急现场工作。

六、环境应急监测工作保障

1. 合理计划和安排

应急监测工作作为环境应急管理工作的一项重要内容，必须有人员、装备和资金保证，在目前监测站各种条件比较差的情况下，合理计划和安排显得尤为突出和重要。

应急监测工作要列入到单位的年度和中长期计划中，将日常的应急监测工作与开展的其他常规监测一样对待，做到有人负责，有装备保障，并安排必要资金，保障各项日常应急监测工作的开展。

2. 人员保障

应急监测人员，无论是专职或兼职，都需要安排一定的时间和工作量；通过开展应急监测的日常工作，并结合其他日常工作，提高其应急监测水平，如负责快速监测方法的人员在日常工作中，应安排时间对设备进行维护；实验室分析人员在分析环境质量和污染源样品时，应安排研究特征污染物的准确快速分析，特别是环境质量和污染源监测中不涉及，但又是潜在突发环境事件发生后的主要特征污染物的分析方法；采样人员在日常采集样品工作中应了解当事故发生后，什么条件下在哪里采集样品比较合理，比较容易实现；分析评价人员在日常数据处理和编报时，应注意汇总各种特征污染物在排放口和各个预设应急监测点位的正常浓度水平等。通过与日常其他工作的有效结合，并有计划和有目标地积累，做到人员保证的落实。同时，加强对监测技术人员的技术培训，对辖区内可能造成较大环境污染的潜在风险源，安排定期的、有一定人员规模的演习。

3．装备保障

应急监测装备是应急监测正常开展的重要保障，包括人员防护、交通工具、采样和分析设备等。其中，人员防护设备的配备和更新应放到装备的首位，它是现场应急监测的必要保障。交通工具、采样和分析手段由于各地区经济发展的不平衡而不尽相同，但一般监测机构都具备一定的条件，差异只在先进程度上，为保证应急监测工作顺利开展，分析手段可以根据经济发展的水平逐步改进。

4．资金保障

开展应急监测日常工作要有必要的资金保障，应按照每年应急监测工作的需要，列入年度经费计划，特别是要列入向财政申请的业务经费预算中。同时还需要充分有效地利用资金，使有限资金得到最大利用。如可在应急监测专用试剂更新时，安排使用即将过期的试剂进行演习等。

第四节　突发环境事件处置措施

突发环境事件发生后，污染物质通过水、大气和土壤等介质，迁移、转化和累积进入环境，对生态环境带来短期和长期的影响，并对人身健康和财产安全造成损失。突发环境事件的现场处置是一项综合性、系统性、专业性比较强的工作，其核心要素就是要根据突发环境事件的特点，科学地组织各类应急救援队伍，充分发挥各自的专业优势，统一、有序地开展现场救援和处置，最终实现有效控制和消除事件影响的目的。

根据发生的原因，突发环境事件可分为安全生产事故引发的环境污染事件、交通事故引发的环境污染事件、自然灾害引发的环境污染事件和企事业单位违法排污引发的环境污染事件等；根据污染对象，突发环境事件一般分为突发水污染事件、突发大气污染事件、突发土壤污染事件、突发噪声与震动污染事件等。针对不同的突发环境事件，采取不同的现场处置方法及时有效地进行处置，以最大限度地降低危害、减少损失。本节针对发生频率高、社会影响大的饮用水源突发环境事件、跨

界突发水环境事件、毒气泄漏突发环境事件、城市光化学烟雾突发环境事件、交通
事故引发的突发环境事件、危险废物突发环境事件和重金属突发环境事件，对预防、
处置原则和处置方法进行介绍。

一、饮用水水源突发环境事件应急处置措施

（一）预防和处置原则

（1）充分考虑现实环境风险，合理划分饮用水水源保护区，采取预防性保护措施。

（2）加强对饮用水保护区日常监控，及时排除隐患。

（3）加强环保、水利、交通等部门的信息交流和监测，做好早期预警。

（4）事件发生后及早报告，及早采取初期处置措施。

（5）及早通报下游可能受污染的对象，特别是可能受到影响的取水口、用水单
位和群众，以便及时采取防范措施。

（6）及早采取一切措施控制污染影响，避免波及事发地及下游饮用水水源，及
时消除污染影响。

（7）及时、准确发布信息，消除群众的疑虑和恐慌，积极防范污染衍生的群体
性事件，维护社会稳定。

（二）现场应急处置措施要点

（1）加强对流域断面水质异常情况的预警。当污染因子浓度超过水环境功能区
划要求或规定，污染因子浓度明显超过日常监测水平，流量突然变大和鱼、虾、水
生植物等动植物大量死亡，人因饮水而中毒，水的感官（视觉、嗅觉）出现明显异
常等情况时，上下游环境保护部门要及时组织对水域、重点支流、饮用水源地以及
沿岸重点污染源水质水量实施加密监测，并及时预警。

（2）调查流域基本情况，明确保护目标和基本风险状况。包括流域构成，环境
功能区划情况，支干流水文资料，主要引水工程或调水段及其输水、调水情况，重
要饮用水水源地和重点控制城市（向水体直接排污的城市）等情况。

（3）上下游环境保护部门对流域污染源进行排查，确定污染原因、污染范围和
程度，建议政府采取措施，减轻或消除污染。

（4）开展监测与扩散规律分析。上下游环境保护部门确定联合监测方案，组织

有关专家，对污染扩散进行预测和预报，密切跟踪事态变化趋势，为政府决策提供技术支持。

（5）加强对流域内出现重大涉水污染事故等突发环境事件的信息监测（企业污水处理系统、城市污水处理厂等污染源不正常排放，因企业爆炸或泄漏、运输过程等而导致向河流排入污染物），采取措施及时控制污染源。

（6）在发生或可能发生跨界突发水环境事件时，上下游政府加强协调、合作，及时整合资源，开展处置工作：

① 督促水利部门限制引水量，控制水库下泄流量，实施水利调控措施，制定环境用水调度方案。

② 实施采取拦污、导污、截污措施，减少污水排放量和控制污染影响范围。

③ 采取各种措施，减轻或消除污染。

④ 引水期间，对所有排污口进行封堵，对河道沉积的污染物进行清理，确保输水河道形成清水廊道，避免因引水而导致受纳水体污染。

⑤ 根据水污染预警信息，提前做好水源备用和防止重大供水污染事故的应急工作，保证水厂水质。

⑥ 对废水排放企业实施停产、停排或限产、限排。

二、跨界突发水环境事件应急处置措施

（一）预防和处置原则

（1）属地管理，先期处置。无论事件大小，地方政府应在第一时间对事件进行先期处置，采取有效措施，控制事态蔓延，尽最大限度减轻污染后果。

（2）区域联动，信息通报。事发地政府应及时向下游政府通报情况，下游发现水质异常并确认由上游来水引起的，及时通报上游。

（3）密切协作，团结治污。上下游政府加强沟通协调，整合资源，共同开展救援和处置。下游政府有责任采取措施消除本辖区内的污染。

（4）建立长效机制。建立定期会商机制、联合预警机制、联合防控机制、联合监测机制、联合处置机制、信息共享及发布机制、联合执法监督机制、联合应急演习机制等。

（二）现场应急处置措施要点

（1）加强对流域断面水质异常情况的预警。当污染因子超过水环境功能区划要求或规定，污染因子超过日常监测水平，流量突然变大和鱼、虾、水生植物等动植物死亡，人因饮水而中毒，水的感官（视觉、嗅觉）出现明显异常等情况时，上下游环境保护部门要及时组织对水域、重点支流、饮用水水源地以及沿岸重点污染源水质水量实施加密监测，并及时预警。

（2）调查流域基本情况，明确保护目标和基本风险状况。包括流域构成，环境功能区划情况，支干流水文资料，主要引水工程或调水段及其输水、调水情况，重要饮用水水源地和重点控制城市（向水体直接排污的城市）等情况。

（3）上下游环境保护部门对流域污染源进行排查，确定污染原因、污染范围和程度，建议政府采取措施，减轻或消除污染。

（4）开展监测与扩散规律分析。上下游环境保护部门确定联合监测方案，组织有关专家，对污染扩散进行预测和预报，密切跟踪事态变化趋势，为政府决策提供技术支持。

（5）加强对流域内出现重大涉水污染事故等突发环境事件的信息监测（企业污水处理系统、城市污水处理厂等污染源不正常排放、因企业爆炸或泄漏、运输过程等而导致向河流排入污染物），采取措施及时控制污染源。

（6）在发生或可能发生跨界突发水环境事件时，上下游政府加强协调、合作，及时整合资源，开展处置工作：

① 督促水利部门限制引水量，控制水库下泄流量，实施水利调控措施，制定环境用水调度方案。

② 实施采取拦污、导污、截污措施，减少污水排放量和控制污染影响范围。

③ 采取各种措施，减轻或消除污染。

④ 引水期间，对所有排污口进行封堵，对河道沉积的污染物进行清理，确保输水河道形成清水廊道，避免因引水而导致受纳水体污染。

⑤ 根据水污染预警信息，提前做好水源备用和防止重大供水污染事故的应急工作，保证水厂水质。

⑥ 对废水排放企业实施停产停排或限产限排。

三、有毒气体泄漏突发环境事件应急处置措施

（一）预防和处置原则

（1）加强企业日常安全防范。有毒有害化学品生产、储存、使用、运输等环境风险源单位按照有关规定，制定切实可行的事故应急救援预案，并采取预防性保护措施。

（2）加强日常监控。安监、环保、公安、交通等部门加强对有毒有害化学品生产、储存、使用、运输等环境风险源单位的监督管理工作，督促存在问题单位及时排除隐患。

（3）加强安监、环保、公安、交通等部门的信息交流和监测，做好早期预警。

（4）事件发生后及早报告，及早采取初期处置措施。

（5）遵循"以人为本、救人第一"的原则，积极抢救已中毒人员，立即疏散受毒气威胁的群众。

（6）做好现场应急人员的个人防护，制定现场安全规则，禁止抢险现场的不安全操作。

（7）采取一切措施，迅速阻止有毒物质泄漏。

（8）提早采取一切措施控制和消除污染影响。在保证人员安全的前提下，积极实施扩散、稀释、降解、吸附等人工干预，迅速降低毒气浓度。

（9）及时、准确发布信息，消除群众的疑虑和恐慌，积极防范污染衍生的群体性事件，维护社会稳定。

（二）现场应急处置措施要点

（1）相关部门接到毒气事故报警后，必须携带足够的氧气、空气呼吸器及其他特种防毒器具，在救援的同时迅速查明毒源，划定警戒区和隔离区，采取防范二次伤害和次生、衍生伤害的措施。

（2）调查事故区和毗邻区基本情况，明确保护目标和基本风险状况。包括居民区、医院、学校等环境敏感区情况，上下风向等气象条件，其他相似隐患等。

（3）开展监测与扩散规律分析。根据污染物泄漏量、各点位污染物监测浓度值、扩散范围、当地气温、风向、风力和影响扩散的地形条件，建立动态预报模型，预

测预报污染态势，以便采取各种应急措施。

（4）积极采取污染控制和消除措施。应急救援人员可与事故单位的专业技术人员密切配合，采用关闭阀门、修补容器和管道等方法，阻止毒气从管道、容器、设备的裂缝处继续外泄。同时对已泄漏出来的毒气必须及时进行洗消，常用的消除方法有以下几种：

① 控制污染源。抢修设备与消除污染相结合。抢修设备旨在控制污染源，抢修越早受污染面积越小。在抢修区域，直接对泄漏点或部位洗消，构成空间除污网，为抢修设备起到掩护作用。

② 确定污染范围。做好事故现场的应急监测，及时查明泄漏源的种类、数量和扩散区域。污染边界明确，洗消量即可确定。

③ 控制影响范围。利用就便器材与消防专业装备器材相结合。对毒气事故的污染清除，使用机械设备、专业器材消除泄漏物具有效率高、处理快的明显优势。但目前装备数量有限，难以满足实践需要，所以必须充分发挥企业救援体系，采取有效措施控制污染影响范围。通常采用的方法有三种：

a）堵。用针对性的材料封堵下水道，截断有毒物质外流以防造成污染。

b）撒。用具有中和作用的酸性和碱性粉末抛撒在泄漏地点的周围，使之发生中和反应，降低危害程度。

c）喷。用酸碱中和原理，将稀碱（酸）喷洒在泄漏部位，形成隔离区域。

常见的毒气与可使用的中和剂见表 4-1。

表 4-1　常见的毒气与可使用的中和剂

毒气名称	中和剂
氨气	水
一氧化碳	苏打等碱性溶液、氯化铜溶液
氯气	硝石灰及其溶液、苏打等碱性溶液
氯化氢	水、苏打等碱性溶液
氯甲烷	氨水
液化石油气	大量的水
氰化氢	苏打等碱性溶液
硫化氢	苏打等碱性溶液、水
光气	苏打、碳酸钙等碱性溶液
氟	水

④ 污染洗消。利用喷洒洗消液、抛撒粉状消毒剂等方式消除毒气污染。一般在毒气事故救援现场可采用三种洗消方式。

a）源头洗消。在事故发生初期，对事故发生点、设备或厂房洗消，把污染源严密控制在最小范围内。

b）隔离洗消。当污染蔓延时，对下风向暴露的设备、厂房，特别是高大建筑物喷洒洗消液，抛撒粉状消毒剂，形成保护层，污染物降落或流经时即可产生反应，降低甚至消除危害。

c）延伸洗消。在污染源控制后，从事故发生地开始向下风向对污染区逐次推进全面而彻底的洗消。

四、城市光化学烟雾突发环境事件应急处置措施

光化学烟雾是由汽车、工厂等污染源排入大气的碳氢化合物（HC）和氮氧化物（NO_x 主要是指 NO 和 NO_2）等一次污染物，在阳光的作用下发生化学反应，生成臭氧、醛、酮、酸、过氧乙酰硝酸酯（PAN）等二次污染物，参与光化学反应过程的一次污染物和二次污染物的混合物所形成的烟雾污染。

（一）预防和处置原则

（1）合理规划，加强预防。地方人民政府对光化学烟雾突发环境事件进行风险评估，科学规划城市交通布局，加强城市交通管理，开展汽车尾气治理。按照有关规定，制定切实可行的事故应急预案，规定部门职责和预防性保护措施。

（2）加强监测和预警。环保、气象、公安、交通等部门加强对光化学烟雾及其产生条件的监测，加强监测网络、体系建设和信息交流，做好早期预警工作。

光化学烟雾污染级别按照代表性污染物臭氧的浓度水平划分为三个级别：

Ⅰ级。城区和近郊区有两个或两个以上监测站点的臭氧小时平均浓度大于或等于 $550\,\mu g/m^3$（臭氧 API 指数 400），根据预测并仍将持续两个小时以上。

Ⅱ级。城区和近郊区有两个或两个以上监测站点的臭氧小时平均浓度大于或等于 $450\,\mu g/m^3$（臭氧 API 指数 300），根据预测并仍将持续两个小时以上。

Ⅲ级。城区和近郊区有两个或两个以上监测站点的臭氧小时平均浓度大于或等于 $320\,\mu g/m^3$（臭氧 API 指数 200），根据预测并仍将持续两个小时以上。

（3）及时采取指导、管制等方法，规范城市交通行为，积极消除诱发光化学烟

雾的条件。

（4）事件发生后及早报告，及早采取应急处置措施。

（5）及时、准确发布信息，消除群众的疑虑和恐慌，积极防范污染衍生的群体性事件，维护社会稳定。

（二）现场应急处置措施要点

根据城市光化学烟雾污染的级别，分别采取以下防治措施：

（1）Ⅰ级污染事故采取强制级控制措施。在采取限制级防治措施的基础上，可以通过各种渠道在全城范围发布环境污染警报，并保持信息发布直至烟雾污染事故警报解除；对重点大气污染源实施停产、禁排措施；实施严格交通管制，污染物排放水平较高的机动车禁止上路行驶，重点区域内机动车禁行；城区全部小学和幼儿园保持关闭。环境保护部门加强对重点污染源的监督和执法检查，对未安装连续在线自动监测设备的重点污染源派专人蹲点监督；环境保护部门在光化学烟雾污染重点区域和烟雾下风向开展应急流动监测，及时向指挥部报告实时监测数据，每五分钟至少应报告一次重点监测点位的监测数据；气象部门开展临界气象预报，每十分钟至少应进行一次预报，环境保护部门同时进行污染预报。

（2）Ⅱ级污染事故采取限制级控制措施。在采取通告级防治措施的基础上，应采取以下措施：在主要道路沿线和公共场所里的电子显示牌及时向市民通告污染水平和污染区域，并保持信息发布直至烟雾污染事故警报解除；对重点大气污染源采取限产、限排措施；实施交通管制，污染物排放水平较高的机动车限行；重点污染区域的小学和幼儿园保持关闭。环境保护部门加强对重点污染源的监督和执法检查；环境保护部门在重点区域开展应急流动监测，并及时向指挥部报告实时监测值，每十分钟至少应报告一次重点监测点位的监测数据；气象部门开展临界气象预报，每十五分钟至少应进行一次气象预报，环境保护部门同时进行污染预报。

（3）Ⅲ级污染事故采取通告级控制措施。在事故发生后的一小时内，通过广播、电视、互联网和报纸等媒体及时向市民通告污染水平，公布污染严重区域，并发布针对不同人群的健康保护和出行建议；鼓励公众减少有污染物排放的活动，鼓励企业自愿减排；保持信息发布直至烟雾污染事故警报解除。

五、交通事故引发的突发环境事件应急处置措施

据统计，近几年由交通事故引发的突发环境事件已约占危险化学品泄漏事故总次数的 30%。危险化学品运输车辆的流动性和运输危险化学品的不确定性，给应急处置工作带来很大难度。

（一）预防和处置原则

（1）加强危险化学品运输监管。根据《危险化学品管理条例》的规定，公安部门负责对危险化学品道路运输安全进行监督管理。主要内容有规定运输计划和车辆行驶路线、行驶状态，杜绝超速行驶、超时驾驶等行为，防止和减少运输事故，对有关运输工具进行跟踪，并在发生紧急情况时及时展开救援。降低环境敏感区域环境风险。

（2）开展流动风险源信息监控工作。加强多部门信息交流、监测，重点掌握运输物品名称、数量、包装方式、运输车辆类型、行驶路线和时间等基础信息及交通事故信息。

（3）加强早期预警，事件发生后及早报告，及时采取处置措施。

（4）遵循"以人为本、救人第一"的原则，积极抢救已中毒人员，必要时疏散受污染威胁的群众。

（5）采取必要措施，积极预防和控制污染物泄漏、起火、爆炸等次生事故和污染事件。

（6）根据交通事故泄漏污染物的危险性质，做好现场应急人员的个人防护，制定现场安全规则，禁止抢险现场的不安全操作。

（7）制定考虑环境保护要求的交通事故应急救援预案，加强环保、公安、交通等部门的联动。

（8）按照环境安全标准，收集、清理和无害化处理受污染介质。

（9）及时、准确发布信息，消除群众的疑虑和恐慌，积极防范污染衍生的群体性事件，维护社会稳定。

（二）现场应急处置措施要点

（1）划定紧急隔离带，实施交通管制。一旦发生危险化学品运输车辆泄漏事故，

首先应由交警部门对道路进行戒严,在未判明危险化学品种类、性状、危害程度时,严禁通车。

(2) 判明危险化学品种类。立即进行现场勘察,通过向当事人询问、查看运载记录、利用应急监测设备等方法迅速判明危险化学品种类、危害程度、扩散方式。根据事故点地形地貌、气象条件,依据污染扩散模型,确定合理警戒区域,采取防范二次伤害和次生、衍生伤害的措施。

(3) 调查事故区和毗邻区基本情况,明确保护目标和基本风险状况。迅速查明事故点的周围敏感目标,包括:1 km 范围内的居民区(村庄)、公共场所、河流、水库、水源、交通要道等。为防止污染物进入水体造成次生污染和群众转移做好前期准备工作。

(4) 开展监测与扩散规律分析。根据污染物泄漏量,各点位污染物监测浓度值,扩散范围和当地水文、气象、地理等信息,建立动态预报模型,预测预报污染态势,以便采取各种应急措施。

(5) 根据交通事故泄漏化学品性质,开展现场处置。在交通事故应急处置工作中,环境保护部门要加强协调、沟通,根据受影响环境敏感目标的保护要求,提供专业指导,采取科学措施,避免因处置措施不当,造成二次污染或污染范围扩大。

① 气态污染物。修筑围堰后,由消防部门在消防水中加入适当比例的洗消药剂,在下风向喷水雾洗消,消防水收集后进行无害化处理。

② 液态污染物。修筑围堰,防止污染物进入水体和下水管道,利用消防泡沫覆盖或就近取用黄土覆盖,收集污染物进行无害化处理。在有条件的情况下,利用防爆泵进行倒罐处理。

③ 固态污染物。易爆品:水浸湿后,用不产生火花的木质工具小心扫起,做无害化处理。剧毒品:穿全密闭防化服配戴正压式空气呼吸器(氧气呼吸器),避免扬尘、小心扫起收集后做无害化处理。

六、危险废物突发环境事件应急处置措施

(一)预防和处置原则

(1) 加强危险废物日常监管。各级环境保护部门要严格执行危险废物申报、危险废物转移联动、危险废物处置经营许可、危险废物集中无害化处置等制度,防止

危险废物违法违规处置、丢弃、监管失控等情况发生。

（2）开展对产生危险废物单位、临时储存场所、处置场所等风险源的信息监控工作。

（3）加强早期预警，事件发生后及早报告，及时采取处置措施。

（4）遵循"以人为本、救人第一"的原则，积极抢救已中毒人员，必要时疏散受污染威胁的群众。

（5）采取必要措施，积极预防和控制废弃污染物泄漏、起火、爆炸等事故次生安全和污染事件。

（6）根据危险废物危险性质，做好现场应急人员的个人防护，制定现场安全规则，禁止抢险现场的不安全操作。

（7）按照环境安全标准，收集、清理和无害化处理受污染介质。

（8）及时、准确发布信息，消除群众的疑虑和恐慌，积极防范污染衍生的群体性事件，维护社会稳定。

（二）现场应急处置措施要点

（1）警戒与治安。事故应急状态下，应在事故现场周围建立警戒区域，维护现场治安秩序，防止无关人员进入应急现场，保障救援队伍、物资运输和人群疏散等交通畅通，避免发生不必要的伤亡。

（2）人员安全及救护。明确紧急状态下，对伤员现场急救、安全转送、人员撤离以及危害区域内人员防护等方案。

以下情况必须部分或全部撤离：①爆炸产生了飞片，如容器的碎片和危险废物。②溢出或化学反应产生了有毒烟气。③火灾不能控制并蔓延到厂区的其他位置，或火灾可能产生有毒烟气。④应急响应人员无法获得必要的防护装备情况下发生的所有事故。

撤离方案应明确保障单位/厂区人员出口安全的措施、撤离的信号方式（如报警系统的持续警铃声）、撤离前的注意事项（如操作工人应当关闭设备等）、发出撤离信号的权限（如事故明显威胁人身安全时，任何员工都可以启动撤离信号报警装置）、撤离路线及备选撤离路线、撤离后进行人员清点等。

（3）现场处置措施。明确各事故类型的现场应急处置的工作方案。包括现场危险区、隔离区、安全区的设定方法和每个区域的人员管理规定；切断污染源和处置污染物所采用的技术措施及操作程序；控制污染扩散和消除污染的紧急措施；预防和控制污染事故扩大或恶化（如确保不发生爆炸和泄漏，不重新发生或传播到单位/厂区内其他危险废物）的措施（如停止设施运行）；污染事故可能扩大后的应对措施；有关现场应急过程记录的规定等。

现场应急处置工作的重点包括：① 迅速控制污染源，防止污染事故继续扩大，必要时停止生产操作等。② 采取覆盖、收容、隔离、洗消、稀释、中和、消毒（如医疗废物泄漏时）等措施，及时处置污染物，消除事故危害。

（4）紧急状态控制后阶段。事故得到控制后，应急人员必须组织进行后期污染监测和治理，包括处理、分类或处置所收集的废物、被污染的土壤或地表水或其他材料；清理事故现场；进行事故总结和责任认定；报告事故；在清理程序完成之前，确保不在被影响区域进行任何与泄漏材料性质不相容的废物处理储存或处置活动等安全措施。危险固废无害化处置技术及回收利用的方法主要有：焚烧法、固化法、化学法和生物法。

七、重金属突发环境事件应急处置措施

重金属突发环境事件按发生的形式一般分为两种：一是污染源突然、集中排放，引起重金属在土壤、空气、水体的含量急剧升高，从而超过安全水平，对生态系统和人身健康构成威胁和影响。二是重金属通过长时间在土壤、空气、水体的传递、扩散、积累，并在植物、动物组织中富集，突然显现人群发病、动植物畸变等对生态系统造成的破坏和影响。此类事件对人体健康危害大，处置复杂，持续时间较长，极易引发群体性事件。

（一）预防和处置原则

（1）综合防控，积极预防和控制重金属污染。将重金属污染作为影响可持续发展和危害群众健康的突出环境问题优先解决。调整和优化产业结构，编制重金属污染防治规划，强化执法监督和责任追究，在整治历史遗留问题的同时，积极预防新的污染产生。

（2）加强早期预警，事件发生后及早报告，及时采取处置措施。建立和完善重金属健康危害及监测制度，特别是对多次反映人员健康问题的上访案件保持密切关注，及早开展调查处理。

（3）遵循"以人为本、救人第一"的原则，积极抢救已中毒人员，必要时疏散受污染威胁的群众。

（4）提早采取一切措施控制污染影响，避免事态扩大。

（5）及时、准确发布信息，消除群众的疑虑和恐慌，积极防范污染衍生的群体性事件，维护社会稳定。

（二）现场应急处置措施要点

（1）初步判断和控制污染源。根据重金属污染的特点、污染方式和途径、污染影响表征等情况，按照排查程序初步判断重金属污染源。采取防止事态扩大的措施，对其进行限产限排或停产禁排，控制和切断污染源。

（2）调查污染事故区和毗邻区基本情况，明确保护目标和基本风险状况。包括居民区、医院、学校、饮用水水源保护区等环境敏感区情况，当地气象条件、水文条件，调查是否还存在其他相似隐患等。

（3）确认重金属污染物的种类和危害范围。通过监测分析，确认污染物及其危害与毒性。在重金属污染企业周边区域广泛布点监测，全面监测水、气、土壤环境质量，准确判断重金属污染物的浓度变化趋势和变化规律、污染范围与程度。开展生物样品检测，对长期受重金属污染的区域内人群、农作物重金属含量进行检测，对环境污染地质病开展流行病学调查。

（4）积极采取降低和消除重金属污染影响的措施。

① 迅速开展人员救治。对受重金属污染侵害的人群，特别是未成年人和涉重金属行业产业工人，迅速开展疾病诊断，并根据病情制定救治方案，积极组织实施。

根据 2006 年卫生部发布的《儿童铅中毒分级标准》（试行）：

高铅血症：连续两次静脉血铅水平为 100～199 μg/L。

铅中毒：连续两次静脉血铅水平等于或高于 200 μg/L；并依据血铅水平分为轻、中、重度铅中毒。

轻度铅中毒：血铅水平为 200～249 μg/L。

中度铅中毒：血铅水平为 250～449 μg/L。

重度铅中毒：血铅水平等于或高于 450 μg/L。

一般对血检轻度铅中毒以下儿童，在专业医务人员指导下，开展饮食干预治疗，多食用牛奶、蔬菜和干果进行排铅。中度铅中毒以上的须住院，接受驱铅治疗。

② 采取保护和改善环境质量的相应措施。消除和控制重金属污染难度大，持续时间长。一般而言，应对受重金属污染的土壤、场地、地表水、地下水和底泥等采用工程、物理化学、化学、农艺调控措施以及生物修复等修复措施。在事件处置期间，主要是收集、拦截和采用吸附、物化混凝等技术处理含重金属废水，收集，清理，清除和采用氧化、还原、资源综合利用等无害化处理技术处理水体重金属沉积物和含重金属废渣。

③ 广泛开展宣传教育，指导群众科学认识重金属污染，宣传安全防范知识，消除恐慌心理。

④ 信息公开。向社会公布采取的处置措施和取得的阶段性成果，保障人民群众的知情权。在事件前期、中期和后期主动、及时地发布权威信息，引导媒体，避免过度炒作。

思考题

1. 环境保护部门可以从哪些来源获取突发环境事件的环境信息？作为一名环保应急工作者，试谈如何做好突发环境事件预测和预警工作。

2. 什么是环境应急响应？简述应急响应的基本程序和环境保护部门应对突发环境事件现场应急处置工作的主要内容。

3. 试述环境应急监测在突发环境事件响应中的作用和我国目前采用的主要环境应急监测技术。

第五章　突发环境事件后评估与恢复重建

《中华人民共和国突发事件应对法》规定突发事件应急处置工作结束后，履行统一领导职责的人民政府应当立即组织对突发事件造成的损失进行评估，组织受影响地区尽快恢复生产、生活、工作和社会秩序，制定恢复重建计划，并向上一级人民政府报告。履行统一领导职责的人民政府应当及时查明突发事件的发生经过和原因，总结突发事件应急处置工作的经验教训，制定改进措施，并向上一级人民政府提出报告。

第一节　突发环境事件后评估概念

突发环境事件后评估是指突发环境事件发生后，对事件造成的环境和生态影响进行定性、定量评价，对事件造成的损失进行币值量化评估，对事件发生原因以及各部门在响应、救援和处置中是否得当进行分析和评估活动。

一、突发环境事件后评估目的

突发环境事件后评估是突发环境事件应急处置工作结束后恢复重建的决策依据。其主要目的：①为明确事件的生态环境影响的物理程度以及空间、时间范围，为采取有效措施，防范次生环境事件的发生，消除突发环境事件的后续不利影响，尽快恢复当地生态环境服务。②通过对环境污染损害进行货币量化评估，明确损害大小，并促使污染者在承担行政罚款和民事赔偿的同时，对现在主要由政府开展的污染场地清理、现场修复及污染事故应急等行动支付相应费用，切实贯彻"污染者负担"原则。③依法追究责任，达到吸取经验教训、警示后人、提高应急管理水平的目的。它应满足"巩固成果、消除影响，汲取教训、总结经验，惩罚分明、警示教育"的要求。通过后评估，作用于应急管理全过程，真正实现微观和宏观层面上环境应急工作水平和能力的提升。

二、突发环境事件后评估原则

（1）以人为本，消除影响。突发环境事件后评估要为政府切实履行社会管理和公共服务职能服务，把保障公众健康和生命财产安全作为首要任务，既要考虑到突发环境事件应急处置后对当前环境的影响，又要充分考虑其可能会对环境产生的长远影响，最大限度地保障公众健康，保护人民群众生命财产安全。

（2）统一领导，各负其责。突发环境事件后评估应在各级政府的领导下，在环境保护部门的统一协调下，联合公安、交通、安监、卫生、农业、林业、渔业等部门，共同对突发环境事件的影响做出综合评估。

（3）依法依规，专群结合。突发环境事件后评估应在当地政府、各职能部门、企业、公众等各个层面展开，开展警示教育，全面提高环境应急管理水平。突发环境事件后评估要依据法律法规，正确做出评判。在后评估的具体实施中，既要充分发挥各领域专家的作用，又要充分依托公众，全面评估其受影响程度。

（4）实事求是，客观公正。突发环境事件后评估要坚持科学的态度，采用科学的方法和遵循科学规范的程序。评估工作人员需要深入实际，对被评估的项目本身及其各种条件做周密的调查和研究；要收集突发环境事件发生、救援等全过程的调查数据、信息和资料，进行认真而深入的分析；要尊重客观实际。

三、突发环境事件后评估内容

（1）事件环境影响评价。对短期环境影响进行评价，预测评价事件污染造成的中长期环境影响，并提出相应的环境保护措施。

（2）事件损失价值评估。评价突发环境事件对环境所造成的污染及危害程度，计算财务损失、生态环境损失，为善后赔偿和处罚提供依据。

（3）环境应急管理全过程回顾评价。评价事件发生前的预警、事件发生后的响应、救援行动以及污染控制的措施是否得当，并调查事件发生的原因，为突发环境事件责任的认定及其处理提供依据。

四、突发环境事件后评估工作程序

突发环境事件后评估工作，应以事件的成因调查、环境影响评价和损失调查为核心展开，通过调查、评价和明确环境影响的前因后果、时空范围和强度，在调查和评价的基础上进行损失价值评估，并以调查、评价、评估结果为依据，进行相关方的责任追究（图 5-1）。

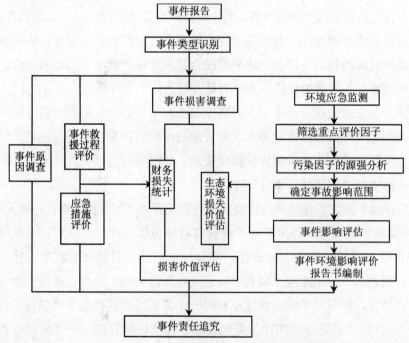

图 5-1　突发环境事件后评估的工作程序

第二节　突发环境事件后评估实施

目前，我国针对突发环境事件后评估的研究和实践尚处于起步阶段，系统性的论著较为缺乏。北京师范大学环境学院、环境保护部华南环境科学研究所等科研院所在此方面进行了有益的探索。本节内容主要参阅了这些单位的研究成果。

一、突发环境事件环境影响评价

（一）突发环境事件环境影响评价的概念

突发环境事件是"已经发生"的风险。突发环境事件环境影响评价应包括两方面的内容：一方面，是在事件发生后的应急状态下，及时对事件造成的实际影响进行短期预测分析，为制定抢险救灾方案，制止和防范污染范围和程度扩大提供依据。事件源项具有较大的不确定性，是应急处置中需要及时查实的首要问题。事故源释放具有瞬时或短时间的特点。评价方法采用应急监测及环评预测相结合的方法。这样的"突发环境事件环境影响评价"实际上是"应急性"事件环评。

另一方面，是在应急状态结束后，对事件起因和事件的中长期影响进行回顾性分析评价，为制定环境灾害后重建方案及中长期的污染防护和生态恢复计划提供依据；为进行突发环境事件损失价值评估提供依据。此时进行的"突发环境事件环境影响评价"实际上是"回顾性"事件环评。

作为"后评估"的突发环境事件环境影响评价，应以"回顾性"事件环评为主。"突发环境事件环境影响评价"与"建设项目环境影响评价"不同。建设项目环境影响评价是在项目的建设之前进行，其分析重点是项目建成后正常运行工况下，向空气、地表水、地下水或土壤长时间连续释放污染物、噪声、热污染等造成的连续、累计效应，源项的不确定性较小。另一个需要区别的概念是"建设项目环境风险评价"。建设项目环境风险评价是建设项目环境影响评价的一部分，是对建设项目存在的潜在危险、有害因素，建设项目建设和运行期间可能发生的突发性事件（一般不包括人为破坏及自然灾害）引起有毒有害和易燃易爆等物质泄漏，所造成的人身安全与环境影响的可能性和损害程度（"环境风险"）进行分析和预测，并提出合理可行的防范、应急与减缓措施。源项具有较大的不确定性，事故源释放具有瞬时或短时间的特点。评价方法采用概率方法。

由上可见突发环境事件环境影响评价，与建设项目环境影响评价以及建设项目环境风险评价有着显著的差别。

（二）突发环境事件环境影响的调查、预测及评价

当突发环境事件发生后，应尽快开展现场调查工作，在应急监测的基础上，通

过询问责任单位和实地踏勘现场，详细了解其对土壤、水体、大气的危害，动物、植物及人身伤害，设备、物体的损害等，确定污染程度及范围，根据应急监测及初步源强判断的结果，利用模型模拟计算事件的短期环境影响范围。并可根据人员及动植物伤害情况和生态损害情况初步给出经济损失的等级，以便初步认定事件的级别。

在应急状态结束以后，应继续开展有针对性的环境监测，利用各种手段测定事故地点及扩散地带有毒有害物质的种类、浓度、数量，以及各污染物在环境各要素（如土壤、水体、大气）中存在的状态。根据监测以及源强调查，结合模型模拟，预测事件对生态环境中、长期影响的范围、程度和持续时间，给出人员及牲畜回迁的时间和范围，提出生态环境恢复重建的建议方案，并制定事件结束后长期监测方案。

1. 现场监测与调查方法

（1）影响受体为生态系统

1）根据突发环境事件污染物的扩散速度和事件发生地的气压、风向、风速等气象资料、河流水流流向和流速等水文资料以及环境特点，确定污染物扩散范围。

2）在此范围内布设相应数量的监测点位。在应急监测阶段，根据事件发生地的监测能力和突发事件的严重程度按照尽量多的原则进行监测，随着污染物的扩散情况和监测结果的变化趋势适当调整监测频次和监测点位。在进行应急终止后的现场监测布点时，应根据污染物扩散及迁移的方向在事故现场附近分别选取受污染和不受污染影响的相对清洁地区并同时进行对比监测。

生态环境现状调查遵循的一般原则和方法，参考《环境影响评价技术导则》（HJ/T 2.1）。

生态环境现状调查的内容，参考《环境影响评价技术导则》（HJ/T 2.1～2.3—93）中环境现状调查部分和《环境影响评价技术导则—非污染生态影响》（HJ/T 19—1997）中生态环境状况调查部分。

大气、地表水、地下水和土壤环境质量现状评价需依据《地表水环境质量标准》（GB 3838—2002）、《地下水质量标准》（GB/T 14848—93）、《环境空气质量标准》（GB 3095—1996）和《土壤环境质量标准》（GB 15618—1995）以及清洁对照点进行判定。

（2）影响受体为人群

1）现场调查内容

① 污染物危害人群健康的事实经过、性质、起因和特点；

② 高危险人群的范围、暴露特征、病人的临床特征和分布特征；

③ 污染源、污染物、污染途径、暴露水平的实测水平及对照区的实测水平。

2）数据收集

① 流行病学数据。适当选择暴露人群与对照组人群，采用科学的数据采集方法控制数据质量；注意疾病人口统计及诊断中的复杂因素及其说明；采用数据处理的统计方法、专用公式和估算参数进行数据处理。

② 污染物的主要理化性状。包括溶解度、沸点、燃点、主要的化学反应和生物降解过程以及有关生成物的毒性等。

2. 危害评价方法

（1）影响受体为生态系统

1）在环境介质中的扩散及浓度分布

① 大气中的扩散及浓度分布。根据《建设项目环境风险评价技术导则》里推荐的扩散数学模式计算事故瞬时、中长期对事故发生地周围地区大气环境的影响。

② 水体中的扩散及浓度分布。污染物在水体中的扩散模式和浓度计算可参考《建设项目环境风险评价技术导则》里推荐的扩散数学模式并由此计算事故中长期对事故发生地周围地区水环境的影响。

③ 土壤中的扩散及浓度分布。污染物在土壤表面的总沉积量，土壤表层、植物根系区域的浓度计算以及植物根部对土壤中有毒污染物的吸收可参考以下方法进行：

a）土壤表面的总沉积量

事故期间释放的有毒污染物烟云飘过生长有 j 类植物的区域时，土壤表面 i 类有毒污染物的总沉积量可采用下式进行估算：

$$A_{sij}(t_e) = \rho_i v_{dij,\max}(1 - f_a \frac{LAI_j}{LAI_{j,\max}})\Delta t + (1 - f_{wi})\sum_k \left\{ \frac{8\Lambda_{ik}Q_i}{\pi uk}\Delta t_k \right\} \quad (5\text{-}1)$$

$$f_{wi} = \frac{LAI_j S_j}{R}\left[1 - \exp\left(\frac{-\ln 2}{3S_j}R \right) \right] \quad (5\text{-}2)$$

式中：$A_{sij}(t_e)$ —— 沉积结束时刻土壤表面 i 类有毒污染物的总沉积量，g/m^2；

$A_{dijs}(t_e)$ —— 沉积结束时刻土壤表面 i 类有毒污染物的干沉积量，g/m^2；

$A_{wijs}(t_e)$ —— 沉积结束时刻土壤表面 i 类有毒污染物的湿沉积量，g/m^2；

$v_{dij,max}$ —— i 类有毒污染物向 j 类植物的最大沉积速度，即 j 类植物叶子生长最茂盛时的沉积速度，m/s，表 5-1 中给出《导则》推荐值；

LAI_j —— 沉积结束时刻的 j 类植物的叶面积指数；

$LAI_{j,max}$ —— j 类植物的最大叶面积指数；

t_e —— 沉积结束时刻，s；

ρ_i —— 事故发生后某处地面空气中 i 类有毒污染物的质量浓度，g/m^3；

f_a —— 未被叶面截获而到达土壤的份额，在此可取 $f_a=0.5$；

Δt —— 有毒污染物烟云飘过计算区的时间长度，s，一般取事故持续释放时间；

O_i —— i 类有毒污染物的源强，g/s；

x —— 计算区距事故发生点的下风距离，m；

Λ_{ik} —— 烟云飘过期间发生的第 k 次降水过程（降水强度 I_k）所对应的 i 类有毒污染物的冲洗系数，$1/s$，表 5-2 中给出冲洗系数参考值；

Δt_k —— 烟云飘过期间发生的第 k 次降水过程的持续时间，s；

f_{wi} —— j 类植物的截获份额；

S_j —— j 类植物的有效储水能力，mm；

R —— 有毒污染物烟云飘过期间的降水总量，mm。

表 5-1 沉积速度 $v_{dij,max}$

表面类型	粒子态元素沉积速度/（10^{-3} m/s）
土壤	0.5
牧草	1.5
树	5
其他植物	2

表 5-2 其他粒子态元素的冲洗系数

降水强度 I/（mm/h）	粒子态元素的冲洗系数 Λ/（s^{-1}）
<1	2.9×10^{-5}
1~3	1.22×10^{-4}
>3	2.9×10^{-4}

b) 土壤表层有毒污染物的浓度

土壤表层是指 0～0.1 cm 的土壤层。

对于生长有 j 类植物的土壤表层，土壤表层 i 类有毒污染物的浓度可由下式给出：

$$A_{sij}(t) = A_{sij}(t_e) \exp[-(\lambda_{per})(t - t_e)] \tag{5-3}$$

式中：$A_{sij}(t)$ —— 沉积事件结束后经 t 时刻在生长 j 类植物的土壤表层中 i 类有毒污染物的浓度，g/kg;

λ_{per} —— 入渗常数，需根据实际做对比实验确定。

c) 土壤根系区域有毒污染物的浓度

土壤根系区域是指 0.1～25 cm 的土壤层。

进入根系区的有毒污染物的浓度由下式给出：

$$A_{rij}(t) = \{A_{sij}(t_e)[1 - \exp(-\lambda_{per}(t - t_e))] / L\rho\} \exp[-(\lambda_s + \lambda_f)(t - t_e)] \tag{5-4}$$

式中：$A_{rij}(t)$ —— 沉积事件结束后经 t 时刻在生长 j 类植物的土壤根系区域的土壤中 i 类有毒污染物的浓度，g/kg;

L —— 根系区土壤深度，m；对生长牧草的土壤，L 取 0.1 m，对于耕田，L 取 0.25 m;

ρ —— 土壤密度，kg/m³;

λ_s —— 元素通过浸出过程迁移出根系区域造成浓度减少的速率常数，1/d;

λ_f —— 被土壤固着的速率常数，1/d。

d) 植物根部有毒污染物的浓度

因根部吸收贡献的植物中 i 类有毒污染物的浓度由下式给出：

$$A_{srij}(t) = B_{vij} A_{rij}(t) f_{gj} \tag{5-5}$$

$$f_{gj} = \frac{\text{沉积结束至} j \text{类植物采集的时间(d)}}{j \text{类植物整个生长期(d)}} \tag{5-6}$$

$$B_{vij} = \frac{j \text{类植物（干重）中} i \text{类有毒污染物浓度（g/kg）}}{\text{土壤（干重）中} i \text{类有毒污染物浓度（g/kg）}} \tag{5-7}$$

$A_{srij}(t)$ —— t 时刻因根部吸收贡献的 j 类植物中 i 类有毒污染物的浓度，g/kg;

B_{vij} —— j 类植物对土壤中 i 类有毒污染物的摄入转移因子；

f_{gi} —— 时间份额因子。

2）暴露途径、暴露方式和暴露量

评价受体的暴露途径，如事故排放—大气—呼吸道。

评价受体的暴露方式，一般有吸收、接触、食入等。

污染物通过上述暴露途径、以一定的暴露方式进入评价受体中的浓度或剂量，即暴露量的具体计算可参考以下方法：

① 人体摄入率。人体食入途径有毒污染物摄入率可由下式估算：

$$A_{Hi}(t) = \{\sum_j A_{ijT}(t_p)V_j(t)F_{rj}/P_{ej}\} + \{\sum_k C_{mki}(t_s)V_k(t)F_{rk}/P_{ek}\} \quad (5\text{-}8)$$

式中：$A_{Hi}(t)$ —— t 时刻人体对 i 类有毒污染物的摄入速率，g/d；

$A_{ijT}(t_p)$ —— 采集时（t_p）第 j 类植物中 i 类有毒污染物的浓度，g/kg；

F_{rj} 和 F_{rk} —— 分别为 j 类植物与 k 类动物产品的加工滞留因子；

P_{ej} 和 P_{ek} —— 分别为 j 类植物与 k 类动物产品的加工效率；

$C_{mki}(t_s)$ —— m 类动物宰割时（t_s）k 类动物产品中 i 类有毒污染物的浓度，g/kg 或 g/L；

$V_j(t)$ 和 $V_k(t)$ —— 不同年龄组居民对 j 类植物制品与 k 类动物产品的日消费量，kg/d。

② 有毒污染物对人体暴露量的计算。通常以个体或人群终生日平均暴露剂量率来表示：

$$D = C \cdot M / 70 \quad (5\text{-}9)$$

式中：D —— 暴露人群终生日平均暴露剂量率，mg/（kg·d）；

C —— 有毒污染物在环境介质中的平均浓度，饮水（mg/L），空气（mg/m³），食物（g/kg）…；

M —— 成人某环境介质的日均摄入量，饮水（L/d），空气（m³/d），食物（g/d）…；

70 —— 成人平均体重，kg。

3）确定无影响浓度

通过动物实验或模拟生态系统，提供某种环境介质中可接受的与生态效应相应的污染物的剂量或浓度阈值，确定对环境无负面影响的浓度，具体确定方法可参考以下方法：

有毒污染物的环境预测无负面影响浓度（*PNEC*）可由下式计算：

$$PNEC = \frac{L(E)C_{50}或NOEC}{a} \tag{5-10}$$

式中：*PNEC* ——预测无影响浓度；

LC_{50} ——半数致死浓度；

EC_{50} ——半数影响浓度；

NOEC ——未观察到影响的浓度；

a ——评价因子。

评价因子的确定可参考表 5-3。

表 5-3 评价因子

已知信息	评价因子
急性毒性实验的 *L*（*E*）*C*$_{50}$	1 000
一项慢性实验的 *NOEC*	100
两个营养级水平的两个物种的 *NOEC*	50
三个营养级水平的至少三个物种的 *NOEC*	10
野外数据/标准生态系统的数据	根据实际情况而定

大气系统中污染物无影响浓度的确定可参考《大气污染物综合排放标准》（GB 16297—1996）和《保护农作物的大气污染物最高允许浓度》（GB 9137—88）。

水环境系统中污染物无影响浓度的确定可参考《污水综合排放标准》。

土壤系统中污染物无影响浓度的确定可参考《工业企业土壤环境质量风险评价基准》（HJ/T 25—1999）。

（2）影响受体为人群

1）健康危害确认

对出现健康危害的病例，根据其临床症状和体征，首先进行临床确诊，明确健康危害的性质。

2）人群调查

描述和分析异常健康效应在人群和环境中的分布特点，分析并提出可疑环境因素。

3）对照人群的选择

保证与观察人群有可比性，排除其他混杂因素（如年龄、性别、职业等）的干扰。

4）生物标志物的测定

根据可疑污染物在机体内的代谢特点及样本分析的目的来选择样本及测定指标。

5）仪器和方法的选择

选用仪器和方法应符合国家标准。

6）暴露评价

① 暴露环境背景资料的收集。

a）进一步描述污染物暴露时气候、植被、水文等的情况。

b）确定并描述人群有关影响暴露的特征，如人群相对源的位置、活动方式以及敏感群的存在情况等。

② 暴露评价内容。

a）对污染物污染环境的时间、地点、影响范围的详细描述

b）环境污染调查

➢　说明污染物的来源、产生原因，来自何种生产或生活环节；

➢　污染物的主要理化性质；

➢　污染物的排出数量；

➢　污染物的暴露方式和途径；

➢　开始排放的时间；

➢　排入环境介质的种类（包括空气、地面水、地下水、土壤、食物等），分布及扩散范围；

➢　在环境中是否稳定；

➢　是否易分解、自净；是否易转化为二次污染物，造成二次污染；是否易迁移、挥发、沉淀。

c）暴露测量

➢　暴露测量方法：问卷调查，环境监测，个体采样，生物监测（生物标志物）。

➢　暴露测量指标：环境暴露浓度、剂量；吸收进入人体内的污染物浓度。

d）估算暴露浓度

➢　利用监测数据或模式估算潜在暴露人群所在位置的污染物的暴露浓度。

估算通过某一特定暴露途径吸收进入人体内的污染物的暴露量。其计算方法和

公式可以参考本节（1）3）确定无影响浓度中的计算方法。

　　e）暴露综合评定

➢ 描述和分析主要污染源、污染物、暴露水平、暴露时间、暴露途径与严重程度。

➢ 污染浓度（剂量）随时间的变化规律。

二、突发环境事件损失价值评估

（一）突发环境事件损失价值评估的理论基础

　　20 世纪中期，在环境与自然资源问题日益威胁人类的生存和发展的背景下，环境与自然资源也成为了稀缺资源，人们开始关注其价值问题。"环境经济学"承袭和发展了传统西方经济学的效用价值论，形成了一套系统的关于环境与自然资源价值评估的理论和方法。环境经济学认为资源与环境的"总经济价值"分为两部分：一是使用价值，或有用性价值；二是非使用价值，或内在价值。使用价值又可以进一步分解为直接使用价值和间接使用价值。非使用价值可进一步分为选择价值、遗赠（产）价值和存在价值。环境资源价值评估方法分为三类：直接市场评价法、揭示偏好法和调查评价法。直接市场评价法是从直接受到影响的物品的相关市场信息中获得环境资源的价值，包括生产率变动法、疾病成本法、人力资本法和机会成本法。揭示偏好法是通过考察人们与市场相关的行为，特别是在与环境质量联系紧密的市场中所支付的价格或他们获得的利益，间接推断出人们对环境的偏好，以此来估算环境质量变化的经济价值，包括替代价格法、资产价值法、工资差额法、旅行费用法、防护支出法、恢复费用法和影子工程法等。在缺乏市场价格数据时，为了求得效益或需求信息，还可研究出一些其他方法，通过对消费者直接调查，了解消费者的支付意愿或他们对商品或劳务数量的选择愿望，以此来获得环境资源的价值，这类方法为调查评价法（或意愿调查法）。基于以上环境资源价值的理论和评估方法，学者们从生态系统服务价值以及环境污染和生态破坏的损失等方面对环境与自然资源的价值评估在实践中的应用展开了探索和尝试。

（二）突发环境事件损失价值评估的法律基础

　　在我国已有的法律体系中，与突发环境事件损失价值评估相关的内容可以概括为两方面，一是关于损失计算方法的，二是关于损失评估实施主体的。与"损失计算方法"相关的规范性文件有两项：一项是 1996 年农业部发布的《水域污染事故渔业损失计算方法规定》，另一项是 2007 年农业部发布的《农业环境污染事故损失评价技术准则》。这两个文件分别针对水域污染事故渔业损失和农业环境污染事故损失评价进行了较为明确的规定。除此之外，2003 年发布的《最高人民法院关于审理人身损害赔偿适用法律若干问题的解释》、国家标准局 1986 年发布的《企业职工伤亡事故经济损失统计标准》（GB 6721—86）有关条文所规定的关于人员伤亡、财产损失、企业停产减产损失的计算方法，为突发环境事件相关损失的计算提供了部分参考依据。

根据《水域污染事故渔业损失计算方法规定》，污染事故的经济损失分为直接经济损失和天然渔业资源经济损失额两部分。其中直接经济损失包括水产品损失、污染防护设施损失以及清除污染费和监测部门取证、鉴定等工作的实际费用。《农业环境污染事故损失评价技术准则》中规定污染事故的损失包括财产损失、资源环境损失和人员伤亡损失三部分，并对损失的计算方法进行了规定。

与"损失评估实施主体"相关的规定，除《中华人民共和国突发事件应对法》（以下简称《突发事件应对法》）外，还在以下两部规范性文件中有所体现。《国家突发环境事件应急预案》第 5.3 条规定："突发环境事件发生地省级或地市级人民政府组织有关专家对受影响地区的范围进行科学评估，制定补助、补偿、抚慰、抚恤、安置和环境恢复等善后工作计划，并组织实施，做好受害人员的安置等善后处置工作。"规定了评估的实施者即评估的主导者是地方政府，由地方政府组织有关专家进行评估。《水域污染事故渔业损失计算方法规定》中明确规定，对污染事件中所造成的渔业损失由渔政监督管理机构组织有关单位或事故双方评估事故水域中的损失量。

总体而言，目前我国法律体系中，《农业环境污染事故损失评价技术准则》（NY/T 1263—2007）、《水域污染事故渔业损失计算方法规定》中规定的评估方法，虽然只是针对某一种类环境污染事故或某类损失的评估方法的规定，但为今后突发环境事件损失价值评估方法的法律制度的建设提供了可供借鉴的经验；此外，其他相关法律中关于人员伤亡及财产损害的评估方法的内容，也为突发环境事件损失价值评估提供了部分法律依据。然而以上法律规定更多的是关注直接的财产损失、人身伤亡损失，而缺失对环境资源和生态系统的关注，相关损失评估规定也不明确；再有，现有法律体系中，尚没有针对突发环境事件损失价值评估的程序、评估指标的选取、评估的方法及评估的实施者等一系列问题进行专门具体的规定。

（三）突发环境事件损失价值评估的实施步骤

突发环境事件污染及生态破坏损失价值评估可分为事件调查、损失分析及计量、结果分析、撰写评估报告四个步骤，如图5-2所示。

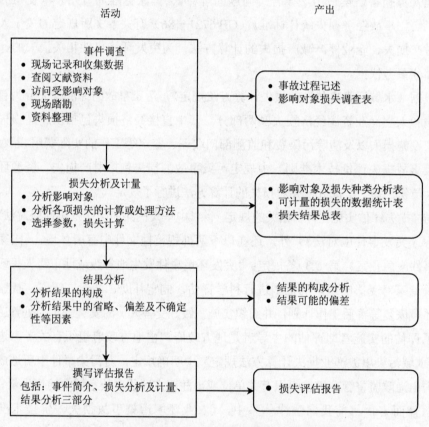

图 5-2   突发环境事件污染及生态破坏损失价值评估步骤

（四）突发环境事件损失价值评估的实施

进行突发环境事件的损失价值评估，需要先明确受影响对象，然后再对价值损失进行科学的分类，以确保评估的"无遗漏"和"非重复"，并建立损失价值评估框架。在此基础上，借鉴国内外研究的成果，选择适当的方法开展价值评估。

1. 受影响对象

根据在一次环境事件中，环境影响对象分为"肇事方"和"外部损失承受者"。外部损失承受者涉及不同的地域、人群、单位，为了统计核算和收集数据方便，可将其划分为生产部门、社会群体、管理部门和生态环境四类。

（1）肇事方

肇事方是突发环境事件的制造者，既可能是企事业单位也可能是个人，可能只包括一方，也可能由多方构成。环境事件大部分情况下都伴随着肇事方的人员伤亡、财产等多种损失，而肇事方主动采取的应急处理处置措施以及对未来生产和生活的影响，也都应该纳入污染损失评估的范围。需说明的是，有些突发环境事件没有确定的肇事方，如类似湖泊突然暴发蓝藻使水源中断的事件等。

（2）外部损失承受者

除肇事方以外的其他所有影响对象，全部归为外部损失承受者，包括环境事件影响所及范围内的所有企事业单位、家庭以及河流、农田等生态系统。根据外部损失承受者的特点，考虑数据统计和收集的合理性和可能性，将其分为生产部门、社会群体、管理部门和生态环境。对涉及不同行政区域的外部承受者，可以按照行政单位边界分别进行调查和数据统计收集。

1）生产部门

是向社会提供产品或服务的企业，包括工业、农业、商业服务企业等。

2）社会群体

是以生活和消费为主的群体，包括城乡社区、村镇居民及其他公共服务部门机构，如学校、幼儿园、医院等。

3）管理部门

包括各级政府部门、环保局、水利局、林业局等相关行政管理部门，以及公安、消防、武警乃至部队等承担突发环境事件应急处置工作的单位。

4）生态环境

上述影响对象都是以人类活动为主的组织，除此之外，突发环境事件的影响对象还包括生态环境。关于生态环境的概念，目前尚无公认的明确的定义。环境科学中的环境是以人类为主体的外部世界，即人类赖以生存和发展的物质条件的整体。生态学中的生态系统是在一定空间中共同栖息着的所有生物与其环境之间由于不断进行物质循环和能量流动而形成的统一整体，它强调的是系统中各个成员的相互作用。这里的"生态环境"是指以人类为主体的外部世界中各种类型、各种尺度的生态系统所组成的统一体。在损失评估过程中，可能受环境污染事件影响的生态系统主要包括森林、湿地（含水体）、草原、农田、海域等。

2．经济损失的分类

根据其与人类生产生活活动的密切程度以及统计计算方法的不同，突发环境事件的损失可以分为"财务损失"和"生态环境损失"。

（1）财务损失

财务损失指与人类的正常生产、生活及管理等活动密切相关，可以进行财务量化的"内部性"损失，其中包括直接损失和间接损失。根据我国侵权行为理论，直接损失是指已得利益之丧失；间接损失是虽受害时尚不存在，但受害人在通常情况下如果不受侵害，必然会得到的利益。《企业职工伤亡事故经济损失统计标准》（GB 6721—86）规定了直接经济损失和间接经济损失的统计范围，本文将突发环境事件的应急处置费用、人员伤亡损失、财产损失归入"直接财务损失"，将临时生活生产成本增加、预期收入减少、事后处置费用归入"间接财务损失"。

1）直接财务损失

① 应急处置费用。主要是事故发生后为遏制事故扩散、防止污染物转移而进行的应急抢险抢修、处理处置的费用支出，包括投入的各种阻止污染物扩散的物资，辅助使用的机器设备以及环境污染监测、事故调查处理、应急工作人员和事故处理专家的费用等。应急处置费用一般发生在肇事方和管理部门，应急状态解除之前所发生的此类损失都应该包括在内。

② 人员伤亡损失。包括丧葬、抚恤、补偿、医疗费用等，除生态环境外，其余受影响对象都可能产生人员伤亡损失。

③ 财产损失。不同的受影响对象所承受的财产损失类型也不相同，其中企业财产损失包括设备、工程设施、原材料、产成品、半成品等损毁造成的经济损失；家庭等其他社会群体（医院、学校等）财产损失包括房屋损失、生活用品损失等；管理部门的车辆、设备等也可能遭受损失；此外，肇事方往往会遭受巨大的财产损失。

2）间接财务损失

① 临时生活或生产成本的增加。突发环境事件发生后，受影响的企事业单位、

居民等可能会采取一些临时措施维持生产和生活的运行。例如，如果突发水源地污染事件，居民的饮用水源临时中断，居民不得不通过购买瓶装水或其他方式获得生活用水；如果企业生产用原材料中断，可能临时使用替代原材料，或到更远的地方购买原材料；再如企业供电中断，企业使用临时供电设施发电等。这些为维持生活和生产运行临时采取的措施所增加的成本，被归入"临时生产生活成本增加"类，主要发生对象是生产部门、社会群体以及肇事方。

② 事后处置费用。事后处置费用是应急处置状态结束转为常态处置及管理后，因采取措施使生产生活回到正常状态而投入的费用。例如重新寻找生产或生活水源地，为避免环境污染的损害而进行的搬迁，后续专项监测及科研等。

③ 预期收入减少损失。主要是指企业生产经营性收入的减少，以及农村居民以家庭为单位经营的农业收入的减少，包括事件造成停产、生产能力下降、声誉受损使订单减少、质量下降导致价格下降等各方面原因所造成的损失。

农、牧、渔业是最易受到污染事件影响的部门，其相应的损失包括：

农业损失。污染事故中的农业损失，是指由于污染事故的发生使得影响范围内的各种农作物的损失，包括谷物、豆类、薯类、棉、油料、糖料、麻类、烟叶、药材、瓜果类和其他农作物死亡或损失，在损失计算中还应包括茶园、果园、桑园等。对于茶园、果园、桑园的损失，按照果实和果木分开进行损失计算。

畜禽养殖损失。在污染事故发生过程中造成的各种畜禽死亡或受伤的损失，需由兽医等专业人士鉴定畜禽死亡或受伤的原因及其数量。

渔业损失量。可以参考 1996 年 10 月农业部发布的《水域污染事故渔业损失计算方法规定》。

（2）生态环境损失

生态环境损失指"外部性"的、不易被财务量化的生态系统破坏及环境质量下降的损失。与财务损失相比，生态环境损失与人类利益相关的密切程度略低，但随着生态环境问题的日益严重，其相关的密切程度正不断增加。

在环境经济学中，生态环境的价值分为使用价值、非使用价值。使用价值又进一步分为直接使用价值、间接使用价值。按照生态环境价值的这种分类方法，生态环境损失也可以分为使用价值损失、非使用价值损失，其中使用价值损失包括直接使用价值损失和间接使用价值损失。考虑到非使用价值损失在实际评估中难以操作，本文对非使用价值损失不再进一步细分。最终将生态环境的损失分为直接使用价值损失、间接使用价值损失和非使用价值损失三类。

1）直接使用价值损失

由生态环境的直接使用价值降低或消失所致。生态环境的直接使用价值主要体现在为人类提供生产生活用水、食物和饲料、生产生活用原材料等物品以及提供休闲娱乐、科教等服务。在进行损失评估时，可按上述物品或服务分类进行损失统计和计算。

不同生态系统提供的物品或服务的种类不同，水域生态系统提供的产品包括鱼、虾、蟹等水产品以及莲、菱、茭、笋、芦苇、药材等水生经济植物，此外，还能提供生产生活用水、航运功能及发电能力等；森林生态系统提供的产品主要为木材及林副产品；草地生态系统提供的主要是牧草；农田生态系统主要提供农产品。需强调的是，此处所说的物品或服务只包括没有人工投入的情况下生态系统所提供的天然的物品或服务（农田生态系统除外）。

由于生态系统所提供的上述物品或服务直接服务于人们的生产、生活之中，因此，直接使用价值的损失很可能已经包含在事件影响对象的财务损失中。如果实际案例中出现这种情况，计算过程中应剔除已经统计的部分，以避免重复计量。

2）间接使用价值损失

间接使用价值是从生态环境所提供的用来支持人类生产和消费活动的某种功能中间接获得的价值。这些功能包括固碳供氧、净化降解、土壤保持、营养物质循环、维持生物多样性、小气候调节和水文调节等。以上功能被破坏，相应的生态系统的服务价值将受到损失。此类损失计算方法相关研究很多，可借鉴相应的研究成果，选取合适的方法和参数进行计算，对于部分无法量化的损失类型应给出定性判断。

3）非使用价值损失

基于人们对生态环境的满意程度降低，或遗赠给后代的意愿降低或丧失，因而生态环境的价值降低。结合环境事件所造成损失的实际情况来看，除了人们承受的直接、间接使用价值降低外，有些影响并不能在生态系统服务价值损失中体现出来，如河流遭受含泥沙的尾矿废水的影响，使河水中悬浮颗粒物增加，虽然河流的直接、间接使用价值没有明显的降低，但人们对河流水质的满意程度已经降低了。这类由于环境质量下降所致，但在直接使价值和间接使用价值中又不能明显体现出的损失，归入非使用价值损失。

3. 经济损失的计算方法

突发环境事件损失的计算方法应力争建立在法律基础之上。对于法律已经有相关规定的，应基于对法律的相关规定的认识、提炼和引用；对于法律中规定得不够具体完善和未加规定之处，则需要根据已有的学术研究成果或实际情况进行补充、完善和发展。对不同类别的损失，应采取不同的方法进行评估。逐项介绍如下：

（1）财务损失

1）应急处置费用

关于突发环境事件的处置费用的统计，在我国现有的法律条文中没有相关规定。在评估时，可以按照所采取的应急措施逐项统计，每项措施中应该包括人力费用、材料费用和设备费用等。

① 人力费用，用投入的人员数量、时间、平均工资（包括加班工资）水平相乘。

② 材料费用，用投入的原材料的数量、价格相乘求得。

③ 设备费用，用投入的设备数量、时间和单位时间的租用价格相乘计算。

在实际评估中，如果无法按照以上思路进行统计计算，也可以根据收集到的数据灵活处理。

统计时，对各级管理部门和肇事方等相关单位进行逐一统计。

2）人员伤亡费用

《最高人民法院关于审理人身损害赔偿案件适用法律若干问题的解释》第十七条对受害人遭受人身损害后，因就医治疗支出的各项费用以及因误工减少的收入给予了明确规定："包括医疗费、误工费、护理费、交通费、住宿费、住院伙食费、必要的营养费。"受害人死亡的，还应当包括"丧葬费、被扶养人生活费、死亡赔偿费以及受害人亲属办理丧葬事宜支出的交通费、住宿费和误工损失等其他费用。"

根据《企业职工伤亡事故经济损失统计标准》（GB 6721—86），企业职工在劳动过程中发生伤亡事故所引起的经济损失中，人身伤亡后所支出的费用包括医疗费用、丧葬及抚恤费用、补助及救济费用、歇工工资四项。

对突发环境事件损失价值评估中的人员伤亡损失，应根据具体情况按照上述法律条文的规定进行逐项统计。

3）财产损失

① 企业财产损失。根据《企业职工伤亡事故经济损失统计标准》中的规定，企业财产损失包括固定资产损失、流动资产损失。

a）固定资产损失值

不可修复的固定资产，其损失为资产净值与残存价值之差值：

$$L_{sn} = V(1-R)^{n'} - V_{n'} \qquad （5-11）$$

$$R = 1 - \sqrt[n]{\frac{V_n}{V}} \qquad （5-12）$$

式中：L_{sn}——不可修复的固定资产损失；

　　　　V——固定资产原值；

　　　　V_n——正常报废的残值；

　　　　n——正常使用年限；

　　　　R——固定资产年折旧率；

　　　　n'——事故发生时，固定资产已经使用的年限；

　　　　$V_{n'}$——事故发生后，固定资产残存价值。

可修复的固定资产损失，以修复费用计算。

b）流动资产损失值。材料的损失计算为：

$$L_m = M_q \left(M_c - M_n \right) \qquad （5-13）$$

式中：L_m——材料的价值损失；

　　　　M_q——材料的损失数量；

　　　　M_c——材料的账面单位成本；

　　　　M_n——材料的残值。

c）成品、半成品与在制品的损失为：

$$L_p = P_q \times \left(P_c - P_n \right) \qquad （5-14）$$

式中：L_p——成品、半成品与在制品的损失；

　　　　P_q——成品、半成品与在制品的损失数量；

　　　　P_c——成品、半成品与在制品的生产成本；

　　　　P_n——成品、半成品与在制品的残值。

② 居民财产损失。包括房屋、水井等生活设施，日用品和其他财产损失。

a）居民房屋等生活设施损失

根据农业部发布的《农业环境污染事故损失评价技术准则》，因污染事故导致房屋、水井等农村生活设施废置或功能受损，污染损失按修缮恢复或重建所需费用计算。从学术研究来看，以上规定也可同样适用于城镇居民。

b）居民日用品及其他财产损失

可修复的，用单位修复费用与修复数量相乘计算；不可修复的，按重置价值减去受损后残值，并与受损数量相乘计算。

4）临时生产生活成本增加

根据受影响对象的具体情况，对维护生产生活运行新增的各种临时费用进行统计。

5）事后处置费用

可以按照采取的事后处置措施逐项统计，每项措施中应该包括人力费用、材料费用和设备费用等。

a）人力费用，用投入的人员数量、时间、平均工资相乘。

b）材料费用，用投入的原材料的数量、价格相乘求得。

c）设备费用，用投入的设备数量、时间和单位时间的租用价格相乘计算。

在实际评估中，如果无法按照以上思路进行统计计算，也可以根据收集到的数据灵活处理。

统计时，将各级政府部门和肇事者等所有相关单位逐一进行。

6）预期收入的减少

① 企业预期收入减少。《企业职工伤亡事故经济损失统计标准》对企业停产、减产损失做了规定，即"按事故发生之日起到恢复正常生产水平止，计算其损失的价值"。

② 农业预期收入减少。《农业环境污染事故损失评价技术准则》，规定了农业环境污染事故中农产品损失的计算办法。农产品损失包括农业生物死亡损失、农产品产量下降损失、农产品质量下降损失三部分，计算按式（5-15）计算。

$$L_p = L_d + L_y + L_q \qquad (5\text{-}15)$$

式中：L_d—— 因污染事故导致农业生物死亡所造成的经济损失；

L_y—— 因污染事故导致农产品产量下降所造成的经济损失；

L_q—— 因污染事故导致农产品质量下降所造成的经济损失。

a）农业生物死亡所造成的经济损失 L_d 按式（5-16）计算：

$$L_d = \sum_{i=1}^{n}(Q_{di} \times P_{di})\qquad\text{（5-16）}$$

式中：Q_{di}—— 指因污染事故死亡的 i 类农业生物的数量；

　　　P_{di}—— 指因污染事故死亡的 i 类农业生物的单位产品市场平均价格；

　　　n—— 指因污染事故死亡的农业生物的种类。

b）因污染事故导致农产品产量下降所造成的经济损失 L_y 按式（5-17）计算：

$$L_y = \sum_{i=1}^{n}(Q_{yi}^0 - Q_{yi})P_{yi}\qquad\text{（5-17）}$$

式中：Q_{yi}^0　—— 指 i 类农产品在正常年份的产量，按近 3 年的平均产量计；

　　　Q_{yi} —— 指 i 类农产品在污染事故后的产量；

　　　P_{yi} —— 指 i 类农产品的单位产品市场平均价格；

　　　n —— 指因污染事故导致产量下降的农产品的种类。

c）因污染事故导致农产品质量下降所造成的经济损失 L_q 按式（5-18）计算：

$$L_q = \sum_{i=1}^{n}(P_{qi}^0 - P_{qi})Q_{qi}\qquad\text{（ 5-18）}$$

式中：Q_{qi} —— 指受污染事故影响质量变差的 i 类农产品数量；

　　　P_{qi}^0 —— 指正常年份 i 类农产品的单位产品市场平均价格，按近 3 年平均价计；

　　　P_{qi} —— 指 i 类农产品在污染事故后的单位产品市场平均价格；

　　　n —— 指因污染事故导致质量下降的农产品的种类。

以上对企业收入损失及以农产品经营者农产品收入损失的计算方法进行了比较具体的规定，在进行损失评估时可按照或根据实际情况参照上述方法计算。

如果损失发生不止一年，应把各年的损失值折现后累加求得。计算公式如式（5-19）所示：

$$L_D = \sum_{i=0}^{n}\frac{L_i}{(1+r)^i}\qquad\text{（5-19）}$$

式中：L_D —— 企业或家庭收入减少损失；

　　　r —— 社会折现率；

　　　n —— 损失持续年数；

L_i —— 第 i 年预期收入损失值。

③ 林业预期收入减少。污染事故森林损失包括材积量的减少损失，其危害计算的步骤如下：

a）取受污染地区森林的分布和材积量的基准值。

b）从现场监测和后果评价预测中获取受污染地区大气污染物浓度的分布。

c）将以上两个分布图叠加得到大气污染物污染所覆盖的森林面积。

d）运用不同大气污染物污染程度的森林材积量损失的基准值（剂量反应关系）与危害面积相乘得到森林材积量损失量。

e）森林材积量损失量乘以木材的单价得到森林木材损失的总经济价值：

$$C = \sum_{i=1}^{n}(S_i \times P_{ni} \times Q_i \times P_i) \tag{5-20}$$

式中：C —— 受污染森林木材经济损失；

S_i —— 第 i 种受污染木材的受害面积；

Q_i —— 第 i 种受污染木材生长的平均薪材基准值；

P_i —— 第 i 种受污染木材单价；

P_{ni} —— 第 i 种受污染木材的材积减产率，其计算公式如下：

$$P_n = C_{ij} \times C_a \times 100\% / D_{ij} \tag{5-21}$$

$$C_{ij} = D_{ij} - d_{ij} \tag{5-22}$$

式中：P_n —— 林木产量损失率；

D_{ij} —— 参照地区同类森林的产量（不受大气污染物危害的）；

d_{ij} —— 评价地区受大气污染物危害的森林产量；

C_{ij} —— 因受大气污染物危害森林产量的损失；

C_a —— 大气污染物对林木生长和产量贡献的得分数或相对百分数；

i —— 地区；

j —— 树种。

（2）生态环境损失

1）直接使用价值损失

① 水资源损失

水资源根据其用途不同，可分为生活用水、工业用水、农业用水和生态用水等。可根据其用途和地区的不同确定水资源的价格，其一般计算公式为：

$$V_W = Q_{生活用水} \times P_{生活用水} + Q_{工业用水} \times P_{工业用水} + Q_{农业用水} \times P_{农业用水} + Q_{生态用水} \times P_{生态用水} \quad (5-23)$$

式中：V_W —— 受污染水资源的损失总价格，元；

　　　$Q_{生活用水}$ —— 受污染的生活用水量，t；

　　　$P_{生活用水}$ —— 受污染地区生活用水价格，元/t；

　　　$Q_{工业用水}$ —— 受污染的工业用水量，t；

　　　$P_{工业用水}$ —— 受污染地区工业用水价格，元/t；

　　　$Q_{农业用水}$ —— 受污染的农业用水量，t；

　　　$P_{农业用水}$ —— 受污染地区农业用水价格，元/t；

　　　$Q_{生态用水}$ —— 受污染的生态用水量，t；

　　　$P_{生态用水}$ —— 受污染地区生态用水价格，元/t。

生态用水并没有市场价格，可参照农业用水价格进行计算。

突发环境事件，特别是水污染事件中，生产生活用水源通常因水污染而被迫中断，使生态系统提供水源的直接使用价值降低。生产生活用水源被污染后，如对这一损失进行评估，可采用恢复费用法，即用重建或修复水源所花费的费用做为生活饮用水源的损失。

需注意的是，如果此项费用在财务损失中已经计入，应避免重复统计。

② 土地资源损失：

$$V_L = \sum_{i=1}^{n}(a_i N_i P_i Q_i) \quad (5-24)$$

式中：V_L —— 各种土地资源因事件受损或者丧失使用价值的总损失价值，万元；

　　　N_i —— 土地资源恢复其原来的使用功能所需的年限，年；

　　　Q_i —— 受损或丧失使用功能的土地面积，hm²；

　　　P_i —— 各种土地资源当期的地租价格，万元/ hm²；

　　　a_i —— 各种土地资源的受损系数取值范围，0～1。

③ 食物饲料及原材料损失。水域生态系统提供的鱼、虾、蟹等水产品以及莲、菱、茭、笋、芦苇、药材等水生经济植物减少造成的损失，森林提供的木材及林副产品减少造成的损失，草地牧草、放养牲畜等数量减少造成的损失，农田粮食、油料、秸秆等产品的数量或质量下降造成的损失，都可采用市场价值法进行计算。如

果损失只发生在评估的基准年，则不必考虑折现，所使用的公式可参照式（5-17）；如果损失持续 n 个年份才能恢复，每年和上一年的比例相同，可用以下公式计算：

$$S = P \times Q_{前} \times \frac{(1+r)}{r}[1-(\frac{1}{1+r})^n] - P \times Q_{后} \times \frac{(1-q^n)}{1-q} \qquad (5\text{-}25)$$

$$q = \frac{\left(\dfrac{Q_{前}}{Q_{后}}\right)^{\frac{1}{n}}}{1+r} \qquad (5\text{-}26)$$

式中： S —— 供给服务价值损失值，元；

　　　$Q_{前}$ —— 影响前产品数量，t；

　　　$Q_{后}$ —— 影响后产品数量，t；

　　　P —— 产品的价格，元/t；

　　　n —— 影响恢复年限，年；

　　　r —— 社会折现率。

对于生态系统所提供的其他服务价值，如对水域生态系统的航运或发电能力减弱的影响，可采用恢复费用法或市场价值法。

④ 游憩及科教功能损失。游憩及科教功能受损的价值评估可用恢复费用法和市场价值法。

恢复费用法，即用景观遭到破坏后，将其恢复原状所花费的费用作为损失值。

市场价值法可参照式（5-17），只需将影响前后产品数量换成影响前后旅游服务的人次或科教服务的人次，将产品价格换成服务价格即可。

2）间接使用价值损失

① 固碳供氧服务价值损失。生态系统的气体调节能力主要体现在系统中的植物在生长过程中，通过光合作用，吸收 CO_2 并释放 O_2。植被数量减少，吸收 CO_2、释放 O_2 的数量也会减少，导致气体调节能力减弱。

根据光合作用反应方程式：

$$6nCO_2（264\,g）+6nH_2O（108\,g）\rightarrow nC_6H_{12}O_6（180\,g）+6nO_2（193\,g）\rightarrow 多糖（162\,g）$$

可知，植物每生产 162 g 干物质可吸收固定 264 g CO_2，释放 193 g O_2，即植物每生产 1 克干物质可以固定 1.63 g CO_2，释放 1.20 g O_2。可用替代价值法评估该项损失值。首先通过有机质分析计算影响前后植物干物质的减少量，然后折算出吸收 CO_2、释放 O_2 的数量的变化，再将 CO_2 量折算成 C 量，假定正常情况下植物固碳供氧的功能可逐年自行恢复，折现后根据 C 的价格和 O_2 价格计算损失值。其计算公式与市场价值法相同，见式（5-16）、式（5-17），只需将其中的"影响前后产品数量（Q）"替换成影响前后固碳能力和供氧能力，将其中的"提供产品的价格（P）"替换为 C 的价格和 O_2 价格。CO_2 的价格参照国际上通用的碳税率的标准，O_2 的价格可采用工厂制氧的实际成本。

② 净化降解服务价值损失。

a）净化水体功能的损失。可用替代价值法，假设污染事件发生后，生态系统净化水体功能下降，正常情况下可自行逐年恢复，其计算公式与市场价值法相同，参见式（5-16）。

b）吸收 SO_2、HF、NO_x 等有害气体，阻滞粉尘功能的损失。可用替代价值法。生态系统被破坏后，面积或植被数量减少，吸收 SO_2、HF、NO_x 等有害气体和阻滞粉尘的功能降低，其计算公式与市场价值法相同，见式（5-16）、式（5-17），只需将其中的"影响前后产品数量（Q）"换成影响前后有害气体吸收能力，将其中的"提供产品的价格（P）"替换为单位污染物处理成本。此损失计算方法可用于森林、草地、农田生态系统吸收 SO_2、HF、NO_x 等有害气体和阻滞粉尘功能降低的损失。

根据文献资料，阔叶林吸收 SO_2 的能力为 88.65 kg/hm²，柏类为 411.60 kg/hm²，杉类为 117.60 kg/hm²，松林为 117.60 kg/hm²，平均为 215.60 kg/hm²。在具体计算时，可根据被破坏的森林面积及种类，选择相应参数。

稻田和其他农田吸收的各种气体量见表 5-4。这一结果目前可以作为估算农田吸收的各种气体量的参考值。

表 5-4　农田吸收 SO_2 等气体及滞尘量

农田种类	SO_2	HF	NO_x	滞尘
稻田/[kg/（hm²·a）]	45	0.057	33	0.95
其他农田/[kg/（hm²·a）]	45	0.38	33.5	0.95

c）杀灭病菌功能减弱的损失。对于如何衡量一个生态系统的杀灭病菌作用的大小，目前还没有定量的参考标准，基于这种情况，对杀菌作用降低的损失值的估算，可用意愿调查法。此损失计算方法可用于森林、草地、农田生态系统杀灭病菌功能减弱的损失。

d）降低噪声功能减弱的损失。可用防护费用法。无论是工厂、企业的厂房，还是娱乐场所，在噪声比较大的情况下，为保障人们的身心健康，一般都会采取降噪措施。例如，使用隔声板、吸声材料等来降低噪声。因此，如果森林被破坏，可以将人们为降低噪声所花费的成本作为其减噪作用降低的损失价值。

此外，还可以用意愿调查法，获得人们忍受噪声污染的接受赔偿意愿。

此损失计算方法只用于森林生态系统降低噪声功能减弱的损失。

e）降解牲畜粪便能力减弱的损失。可用替代价值法，先估计影响发生前后牲畜粪便降解能力，再根据单位粪便中 N、P、K 元素的含量，将其折合成化肥量，假定正常情况下可逐年自行恢复，折现后计算得到损失值。其计算公式与市场价值法相同，见式（5-16）和式（5-17），只需将其中的"影响前后产品数量（Q）"换成影响前后粪便降解能力，将其中的"提供产品的价格（P）"替换为单位化肥价格。此损失计算方法可用于草地、农田生态系统降解牲畜粪便能力减弱的损失。

③ 土壤保持服务价值损失。计量生态破坏后的土壤侵蚀损失价值可采用恢复费用法。水土流失的治理可以通过植树造林、种草等工程来进行恢复。恢复费用法就是用水土流失单位面积的治理成本乘以总面积所得的总治理成本来代替水土流失土壤侵蚀的损失值。

④ 营养循环服务价值损失。可用替代价值法，根据生态系统影响前后净生产力减少量、植物体 N、P、K 营养元素含量，将影响前后营养元素的数量折合成化肥量，根据化肥价格计算损失值。其计算公式与市场价值法相同，见式（5-16）和式（5-17），只需将其中的"影响前后产品数量（Q）"换成影响前后折合化肥量，将其中的"提供产品的价格（P）"替换为单位化肥价格。

⑤ 维持生物多样性功能价值损失。借鉴其他利用意愿调查法研究生物多样性价值的研究（在向有关人群样本介绍其生物多样性功能受损的基本情况的基础上，询问其对于维持生物多样性功能的支付意愿，或对于生物多样性功能受损的接受赔偿意愿）成果，采取"效益转移（Benefit Transfer）方法"，即借用他地生物多样性价值评估值，估算本地生物多样性损失的价值量。

⑥ 小气候调节服务价值损失。小气候调节服务基于下垫面性质不同，小范围特有的气候状况和小气候中的温度、湿度、光照、通风等条件，直接影响人类的生活和工作环境等。对小气候调节服务价值的损失，可以借用公园、景区、避暑地评估游憩价值的方法加以评估。

⑦ 水文调节服务价值损失。损失评估方法有恢复费用法、影子工程法、替代价值法。

恢复费用法。即用蓄洪能力或涵养水源能力恢复原状所需投入的费用作为损失值。

影子工程法。假设生态系统蓄洪量或涵养水源量减少后，可以建造一个与所减少的蓄洪量或涵养水源量相同的水库来弥补原来的损失，则用建设相同容量的水库所需要的总成本来估计蓄洪能力减弱的损失值。计算公式为：

$$L_{wr} = (V_{前} - V_{后}) \times P \tag{5-27}$$

式中：L_{wr} —— 蓄洪能力减弱的损失值；

　　　$V_{前}$ —— 生态破坏前蓄洪容积；

　　　$V_{后}$ —— 生态破坏后蓄洪容积；

　　　P —— 建设单位水库库容的造价。

替代价值法。该方法是假设生态系统蓄洪量或涵养水源量减少后，正常情况下可自行逐年恢复，其计算公式与市场价值法相同，见式（5-16）和式（5-17），只需将其中的"影响前后产品数量（Q）"换成影响前后蓄水能力，将"提供产品的价格（P）"替换为单位供水成本。

3）非使用价值损失

非使用价值损失是基于人们对生态环境的满意程度降低，或遗赠给后代的意愿降低或丧失，从而在人们心目中的价值降低。对于此类价值损失通常用意愿调查法（CVM）。

以上各项损失中，如果损失不只发生在评估的基年，则应对非基年的损失进行贴现。

三、突发环境事件调查与全过程回顾评价

"突发环境事件调查与全过程回顾评价"是对事件发生前的预警、事件发生后的响应、救援行动以及污染控制的措施是否得当进行评价，并调查事件发生的原因，为突发环境事件责任的认定及其处理提供依据。

（一）调查及评价依据

（1）《国家突发环境事件应急预案》。

（2）《省级突发环境事件应急预案》。

（3）《地区/市级突发环境事件应急预案》。

（4）《县、市/社区级突发环境事件应急预案》。

（5）《企业级突发环境事件应急预案》。

（6）环境应急处置过程记录。

（7）现场处置组及各专业应急救援队伍的总结报告。

（8）下发的有关文件、会议纪要、领导批示等。

（9）环境风险隐患排查记录。

（10）现场应急救援指挥部掌握的应急情况。

（11）环境应急救援行动的实际效果及产生的社会影响。

（12）公众的反应等。

（二）调查及评价内容

详细调查各级政府及相关部门、企业是否正确履行了《突发环境事件应急预案》中所赋予的职责与义务。从而对突发环境事件应对工作进行评价，为同类事件的预防提供借鉴。

（1）先期处置

调查责任单位是否编制了针对性及操作性强的应急预案，是否进行了演习；在发生事故时，是否立刻实施应急程序，采取措施，将损失减到最小，将污染控制在本企业内；如需援助是否在开展紧急抢救时立即报告当地政府及相关部门，是否积极投入人力、物力和财力开展应急工作。

（2）接报

调查接报人接收到来自自动报警系统的警报，是否指派人员现场核实，并同时通知救援队伍做好救援准备或其他符合实际的规定。

接到人工报警时是否问清事故发生时间、地点、单位、事故原因、事故性质、危害程度、范围等，是否作好记录并及时向领导报告，领导是否立即部署相关应急工作。

（3）报告

调查责任单位发生突发环境事件后，是否在规定时间内向所在地县级以上人民政府报告，并同时向上一级相关专业主管部门报告。

调查地方各级人民政府是否在接到报告后在规定时间内向上一级人民政府报告。环境保护部门接报后是否在规定时间内向同级人民政府和上级环境保护部门报告。

调查报告的内容是否符合事实，是否有瞒报、谎报、漏报或迟报现象等。

（4）启动应急预案

调查各级政府及相关部门是否及时启动相应应急预案，是否及时向公众预警。

（5）环境监测

环境应急监测是否及时到位。是否制定了应急监测方案，监测结果是否及时向应急指挥部报告。

（6）指挥和协调

重特大突发环境事件的应急救援往往由多个救援机构共同完成，因此，对应急行动的统一指挥和协调是有效开展应急救援的关键。故应调查是否已建立统一的应急指挥、协调和决策程序，是否有效迅速地对事件进行初始评估，是否迅速有效地进行应急响应决策、建立现场工作区域、指挥和协调现场各救援队伍开展救援行动以及合理高效地调配和使用应急资源等。

（7）信息发布

调查政府是否及时、准确地向社会发布突发环境事件及其应急处置的相关信息。

（8）通报

当发生跨地区污染时，应调查：

① 发生突发环境事件的当地人民政府及有关部门，在应急响应的同时，是否及时向毗邻和可能波及的地方政府及有关部门通报突发事件的情况。

② 接到突发环境事件通报的地方人民政府及有关部门，是否及时采取了必要措施，并向上级人民政府报告。

（9）事态评估

应急过程中的初始评估是否正确，是否已监测和探明危险物质的种类、数量及危害特性，是否已正确确定重点保护区域以及相应的防护行动方案。

（10）应急措施和减缓技术

是否及时采取了控制和消除污染的应急措施，应急与减缓措施是否正确，是否会引发新的污染。

（11）事故现场人员防护和救护

救援人员是否迅速救护伤员，并做好自身的防护工作。

（12）部门间配合

公安、消防、交通、安全、水利、农业、卫生等相关部门能否正确履行各自职责，能否互相配合、协调、合作。

（13）事故现场恢复

事故现场恢复是指将事故现场恢复至相对稳定、安全的基本状态。应避免现场恢复过程中可能存在的危险，并为长期恢复提供指导和建议。

在宣布应急结束、人群返回后是否对现场进行有效清理，公共设施是否已基本恢复，是否对受影响区域继续进行连续环境监测，是否将所有环境污染隐患彻底清除以避免产生二次污染。

第三节　责任追究

一、强化突发环境事件责任追究的意义

当前，我国各类环境污染事件频发，环境风险加大，突发环境事件正处于高发期。一些重、特大突发环境事件，特别是最近发生的多起重金属污染事件危害极大，处置困难，严重威胁着群众生命和财产安全，直接影响了社会稳定。加大环保问责力度，是落实环保责任、保障环境安全的有力措施。2006 年，监察部、原国家环保总局印发了《环境保护违法违纪行为处分暂行规定》。2009 年 6 月，中共中央办公厅、国务院办公厅印发了《关于实行党政领导干部问责的暂行规定的通知》，要求对因工作失职、管理监督不力、滥用职权或不作为等造成特别重大事故、事件、案件发生，产生重大损失或对群体性事件、突发性事件处置失当，导致事态恶化造成恶劣影响的，实施党政领导干部问责。为了进一步增强责任意识、全面落实各项环保法律法规和确保环境安全，必须不断强化责任追究力度，以加强警示教育、弥补管理漏洞、杜绝类似事件的发生。

二、责任追究的总体情况

自 2004 年沱江特大水污染事故、2005 年松花江水污染事件发生以来，国家逐步加大了对突发环境事件的问责力度。有关方面对 31 件重、特大突发环境事件进行了问责，依法严肃查处了 361 名相关责任人，其中行政处分 296 名、追究刑事责任 65 名。在受到问责的人员中，地方政府有关责任人为 36 名；环境保护部门有关责任人为 62 名；其他部门有关责任人为 171 名；企业有关责任人为 92 名。在受到行政问责的人员中，约 45%受到降级、责令辞职、免职等处分。在被追究刑事责任的人员中，多数被认定为重大环境污染事故罪、投毒罪、环境监管失职罪、玩忽职守罪和渎职罪等。通过责任追究和法律制裁，严厉打击和震慑了环境违法行为，极大地增强了地方政府、有关部门和企业的环保责任意识，推动了环保工作的进行。

三、被追责的主要原因

（一）地方政府重发展、轻环保，盲目决策，疏于监管，导致突发环境事件，政府主要领导被追究责任。主要有以下四种情况

1. 明知故犯

一些地方政府以牺牲环境为代价发展经济，为发展经济降低环保要求。如 2005 年 4 月，发生在浙江金华东阳市的环境群体性事件：其环评报告已对东阳市画水镇化工区做出无环境容量、不适合建化工集中区的结论，但当地政府置环评结论于不顾，强行招商，引入 13 家化工等各类污染企业，并陆续建成投产，结果对当地的农作物和大气造成严重污染，引起周边群众的强烈反对，最终酿成"4·10"群体性事件。浙江省有关部门决定免去东阳市委、市政府主要领导职务，并给予党纪、政纪处分。

2. 决策失误

一些地方因决策失误造成污染物长期超标，并引发突发环境事件。如云南省玉溪市为拉动阳宗海周边经济增长，盲目兴建污染企业，导致 2008 年阳宗海重大砷污染事件，沿湖 2 万多群众饮水困难。尽管相关责任企业数年间实现工业总产值 6 亿多元，纳税 1 000 多万元，但此次污染致使阳宗海恢复到Ⅲ类水质至少需要 3 年左右时间，而整个污染治理费用将达数十亿元。云南省政府对 26 名涉及阳宗海砷

污染事件的政府相关人员进行行政问责，其中玉溪市副市长被责令引咎辞职，市长助理被免职。

3. 疏于监管

一些地方政府为污染企业大开绿灯，甚至为违法排污企业充当"保护伞"。如甘肃省徽县有色金属冶炼有限责任公司违反环保法律法规和国家产业政策，长期使用明令禁止的淘汰工艺从事生产，并违法排污，严重污染环境，导致300多名村民血铅超标，其中200多人铅中毒。在企业长期违法生产过程中，县政府及有关部门熟视无睹，甚至包庇纵容。在此事件问责中，一些已调离原来岗位的政府和部门的负责同志也被依法追究责任。

4. 应急响应不当

一些地方政府对环境应急工作重视不够，应对不及时，处置不科学，信息迟报现象严重，致使错失最佳处置时机，造成巨大损失和恶劣影响。如2004年2月，四川沱江发生特大水污染事件后，沿江近百万群众饮用水暂停供应，社会生产生活秩序受到很大影响。成都市青白江区政府和区环境保护部门有关领导由于环保责任心不强、环境应急意识淡薄，在发现川化公司超标排放高浓度氨氮废水后，既没有及时上报，也没有跟踪调度水质异常情况，更未对企业采取措施，错过了应急处置的最佳时机，在很大程度上扩大了事态。在事后问责中，青白江区政府副区长等4人受到党纪、政纪处分，青白江区环保局副局长、青白江区环保监测站站长被以环境监管失职罪追究刑事责任。

（二）相关职能部门把关不严，监管失职、渎职，引发突发环境事件，有关责任人员被追究责任。主要有以下两种情况

1. 审批把关不严

一些地方在上项目时，有关部门不依法履行职责，审批把关不严，人为降低污染企业准入"门槛"。如2008年，河南省发生的大沙河砷污染事件，主要原因是成城化工有限公司生产线不符合产业政策，但当地政府及工商、技术监督、经济、安监等部门违规审批，擅自开"绿灯"，导致环境污染事件的发生，有18名责任人因此受到党纪、政纪处分。

2. 监管失职、渎职

一些地方有关部门疏于监管，导致发生安全生产等事故，并引发次生灾害，其

中尾矿库溃坝引发的突发环境事件尤为突出。如 2006 年，内蒙古乌拉特前旗发生了污水蓄存池溃坝事故，因有关部门巡坝不力，没有及时发现安全隐患，导致地方政府及经济局、河灌局等多家单位的有关人员被追究责任。又如 2006 年，陕西省商洛市发生了米粮金矿尾矿库溃坝事故，主要原因是该尾矿库库容已经用完，企业擅自加高尾矿库坝并继续使用，而当地政府及安监等部门没有及时制止，最终酿成溃坝事故，共有 33 人被追究责任。

（三）企业违法建设、违法生产、违法排污，导致环境污染事件，企业主要责任人被判投毒、重大环境污染事故、破坏环境等罪行。主要有以下三种情况

1. 未履行环保审批手续违法建设和生产

有的新建企业未履行环评审批手续就上马，有的企业未经环境保护部门审批擅自改变生产工艺。如 2003 年，福建建阳金山矿业有限公司在环保手续尚未批复、尾矿库等设施尚未建设到位的情况下，擅自投入生产，造成附近多名群众血铅超标，最终于 2006 年酿成了群体性事件，矿长、副矿长都因此受到撤职和解聘。

2. 未按环评审批的要求进行建设和生产

有些企业未建治污设施即投入生产，有的治污设施未建成或未达到环保审批要求即投入生产。如 2008 年，湖北驰顺化工有限公司在环保"三同时"未完全到位的情况下，擅自开工试生产，导致高浓度超标废水进入灌渠，影响了当地群众的生产生活，企业负责人因此被追究刑事责任。再如 2008 年，湖南省怀化市辰溪县硫酸厂违规使用高含砷硫铁矿，废水渗入地下，导致饮用水水源遭受严重污染，90人砷中毒。该企业 4 名负责人被移交司法机关追究刑事责任。

3. 恶意违法排污

造成污染事故的企业漠视环保法律法规，明知会造成严重的污染后果，仍然擅自上马落后、污染严重的生产设备和工艺，肆意偷排偷放。如 2005 年年底，广东韶关冶炼厂将 1 000 多 m^3 含镉废水排入北江，导致南华水厂停水 15 天，肇事企业的 3 名直接责任人被移送司法机关。又如 2006 年 8 月，吉林省蛟河市吉林长白精细化工有限公司工人在将生产废液异地处理的运输途中，将约 10 m^3 废液倾倒于距厂 38 km 处的牤牛河内，致使牤牛河受到污染，影响了社会稳定，并造成了国际影响。最终，肇事司机等 2 名直接责任人均以重大环境污染事故罪被处以 3 年有期徒刑。再如 2009 年 2 月，江苏省盐城市因企业将 30 t 高浓度含酚钾盐废水直接偷排

到饮用水水源地上游，致使 20 万人饮水安全受到影响，我国首次以投放危险物质罪，对违法排放废水的当事人判处有期徒刑 10 年。还有 2009 年 7 月，山东亿鑫化工有限公司趁当地降雨、附近河流水量增加之际，将蓄意隐藏的大量含砷有毒生产废水泵入南涑河中，严重影响了流域内 50 万群众的生命安全和生产生活，临沂市罗庄区法院以投放危险物质罪和非法经营罪一审判处亿鑫化工有限公司责任人于皓有期徒刑 15 年，并判决亿鑫化工于皓、许长贤、于宗友 3 名被告共同赔偿国家经济损失 3 714 万元。

（四）环境保护部门问责情况

1. 未把好环评审批和"三同时"验收关

在已问责的事件中，约有 45%的项目未履行环评审批和"三同时"验收手续。如 2004 年，河北省保定市徐水县铅酸电池等 18 家涉铅企业违法排污，其中 4 家企业未经环境保护部门审批擅自改变生产工艺，3 家企业未办理环保审批手续就擅自建设、开工，尤其是徐水县环保局越权审批了 11 家蓄电池及铅熔炼企业，出具虚假监测数据，擅自为涉铅企业延长排污许可证有效期限，导致 7 名环境保护部门领导受到处分，其中局长和两位副局长被免职。又如 2009 年发生的湖南浏阳镉污染事件中，环评报告书未考虑生产硫酸锌过程中产生的镉污染因子，浏阳市环保局在环评审批和项目验收中也未提出对镉污染进行预防和处置要求，且未能及时发现企业私自建设一条炼铟生产线，市环保局局长和分管副局长已被免职。再如陕西省宝鸡市凤翔县长青镇血铅超标事件，原因之一是在企业未达到环评搬迁要求的情况下，环境保护部门就允许该企业试生产，并通过了环保"三同时"验收。相关责任人已被追究。

2. 未把好执法监督关

具体表现为：① 一些地方作风浮躁，工作走过场，对长期环境违法行为视而不见。如在云南阳宗海事件中，省、市、县三级环境监察部门曾派人现场监察 80 多次，罚款 70 多万元，但未采取有效措施制止企业违法排污，为此县环保局两名环境监察人员被免职。在贵州省独山县瑞丰矿业公司违法排污引发水源地污染事件中，独山县环境监察大队两名负责人因环境监管失职被移送司法机关处理。② 一些地方缺乏解决实际问题的能力和水平，现场执法和隐患排查发现不了问题。如湖南省武冈市一冶炼厂用废料炼锰致使千余人血铅超标，此项目未经环评审批就投入生产，且地方环境保护部门在群众举报污染后多次检查此厂，均认为企业排放没问题，引发了血铅事件，已有 3 名环保官员被立案调查。③ 一些地方纪律严重涣散，甚至充当非法业主"保护伞"。在河南省大沙河砷污染事件中，民权县环保局仅指派一名副局长对民权成城化工有限公司收费和监督检查，而该副局长在多次检查中，对企业擅自拆除部分治污设施的行为未予以纠正，对本应循环使用的含砷超标废水直接外排的行为置之不管，后以环境监管失职罪被追究刑事责任，判处有期徒刑三年缓期两年执行。

3．未把好突发环境事件预警应对关

一些地区没有将环境应急管理摆在应有的位置，内部缺乏有效工作机制，环境风险隐患排查不力，迟报现象比较突出；个别地方应急值守形同虚设，甚至故意关闭手机、拒绝上级部门信息调度。如 2009 年，苏鲁交界邳苍分洪道在不到 200 天的时间内发生了两起砷浓度超标重大突发环境事件，山东省有关地方政府和环境保护部门由于未建立高风险污染因子的有效监控和应对机制，在已经判断可能会造成跨界污染的情况下，未及时通报下游政府并上报环境保护部，影响了社会稳定和对局势的掌控。为此，环境保护部专门约谈了临沂市政府和山东省环保厅主要负责人，并提出警告。

4．未把好有毒有害物质转移监督关

在发生的突发环境事件中，有相当一部分是在转移废液、废渣过程中，恶意倾倒所致。其中主要原因，有的是环境保护部门疏于监管，有的则是充当了帮凶，指使、纵容企业违法转运。如 2009 年 2 月，湖南省湘乡市环保局违规同意五矿铁合金有限责任公司将含铬危险废渣非法转移出界，造成双峰县梓门桥镇檀山坝村地下水受污染，个别村民中毒。8 名涉嫌非法转移铬渣人员已被刑事拘留，相关部门也被追究责任。

5．未把好部门联动关

环境保护部门在工作中未依法履行职责，对该移送移交的问题未及时规范处理而被问责。如在山西省襄汾县尾矿库垮坝事件中，临汾市和襄汾县环境保护部门在检查该企业时，未将发现的尾矿库中存在的问题及时移送移交当地安全生产监督管理部门，襄汾县环境监察大队八中队负责人以玩忽职守罪被判处一年有期徒刑，临汾市环保局局长、副局长、环境监察副支队长及襄汾县环保局局长、副局长等多人均受到党政纪处分。

四、各主体所承担的责任

（一）地方政府落实责任主体的责任

环境保护是关系民生的重大问题。随着经济社会的发展和生活水平的提高，群众对环境问题越来越关注，对环境质量的要求越来越高。各地政府应把环境保护摆上更加突出的战略位置，与经济社会发展统筹考虑、统一安排、同时部署。各地政府要深入贯彻落实科学发展观，围绕"保增长、保民生、保稳定"的科学决策，着力调整经济结构，优化产业布局，创新发展模式，提高发展质量，加强环境保护，解决关系民生的突出环境问题。地方政府应充分利用污染源普查成果，全面开展污染隐患和环境风险，特别是重金属隐患的排查和治理工作，对超标排污和存在环境风险隐患的企业要责令停产整改；对不能实现稳定达标排放的企业要坚决予以关停；对造成重、特大环境事件的要责令停产，达不到整改要求的予以取缔；对超区域环境容量或排放总量的，要调整产业结构，不惜一切代价保障群众生命安全。在突发环境事件应对中，地方政府应按照"属地管理为主"的要求，全面履行政府职能，明确各方面职责，强化各方面的协同配合，组织动员各方面的力量和资源共同参与，形成有效处置突发环境事件的合力。

（二）相关部门落实审批、监管等责任

相关部门应严格审批把关，在新上项目时，工商、质监、发展改革、国土、安全生产监管等部门应依法履行职责，严格把好审批关，提高污染企业准入"门槛"，从源头上预防突发环境事件的发生。相关部门应各司其职，加强监管，公安消防、交通运输、卫生、农业、水利、安监、林业、海洋、气象等相关部门应树立大局意识和责任意识，在处置突发公共事件过程中尽量避免造成次生环境事件，并积极做好突发环境事件应急处置的协同配合工作。

（三）环境保护部门落实审批、监管、应急等环保法律责任

环境保护部门要将环境应急管理摆在更加突出的重要位置，纳入日常环境管理范畴，加强环境应急管理的规范化、制度化和法制化建设，加强风险隐患排查监管，加强应急管理专业队伍和装备建设，完善环境应急预案并加强演习，落实各项工作

职责，重点把好五个"关口"：① 把好环评审批关。要严格执行环评法律法规，所有上马项目必须符合国家产业政策。要特别加强环境风险审查，对存在环境风险的项目要提出具体处理建议。对未经环评的要严肃查处，从源头上防范突发环境事件。② 把好"三同时"验收关。对未落实环评审批要求，未落实环保"三同时"要求，无污染治理设施或污染治理设施达不到要求、污染隐患大的项目要坚决制止生产，特别要杜绝长期违法试生产行为。③ 把好监督管理关。严肃查处超标排污、偷排偷放等环境违法行为，取缔、关闭、淘汰落后生产工艺。强化环境执法监督，加强日常监管，对超标排污的依法责令限期治理，对超排放总量的进行区域限批，对偷排偷放的实施停产治理直至关闭。④ 把好预测预警关。优化环境监测网络，严格特征污染物的监测管理，做好重金属污染的预测预警，做到"有事无事按有事准备，大事小事按大事设防"。⑤ 把好应急响应关。在应对突发环境事件时，严格执行五个"第一时间"，即第一时间报告、第一时间赶赴现场、第一时间开展监测、第一时间向社会发布信息、第一时间组织开展调查，坚决杜绝迟报、漏报、瞒报、谎报等现象，防止出现因应急响应不当引发的不良后果。

（四）企业落实防范处置主体的责任

企业是突发环境事件防范处置工作的第一责任主体，要落实企业环境风险排查和整治的责任。所有企业在新建和改、扩建项目时都要依法履行环评审批手续，都要切实落实环保"三同时"的要求，都要达标排放，不能存在侥幸心理。存在环境风险的企业要编制突发环境事件应急预案，建立健全企业环境应急管理组织体系，加强企业危险源监控，建立专兼职环境应急救援队伍，组织开展应急演习，做好突发环境事件先期处置和突发环境事件信息报告工作。

第四节　恢复重建

根据《突发事件应对法》的有关规定，突发事件应急处置工作结束后，地方政府应组织受影响地区尽快恢复生产、生活、工作和社会秩序，制定恢复重建计划，并组织实施。就突发环境事件而言，其恢复重建主要包括以下几个方面。

一、恢复重建的涵义

恢复重建是消除突发事件短期、中期和长期影响的过程。从字面上看，它主要包括两类活动：一是恢复，即使社会生产、生活运行恢复常态；二是重建，即对因灾害或灾难影响而不能恢复的设施、设备等进行重新建设。

恢复和重建工作对突发环境事件的应急处理意义重大，主要表现在：① 可以有效地恢复正常的生产生活秩序，防止发生突发环境污染事件的次生、衍生事件或者其他危害公共安全的事件。② 可以有效地保障公民的合法权益，提高政府的信誉。

因此，恢复重建不仅意味着补救，也意味着发展，因为恢复重建要在消除突发事件影响的过程中除旧布新。从这个意义上看，恢复重建既包括挑战，又蕴藏着机遇，是突发事件处置过程中实现转"危"为"机"的关键环节。可以将恢复重建作为增强社会防灾、减灾能力的契机，整体提升全社会抵御风险的能力。

二、恢复重建的目标和内容

突发环境事件的恢复重建既包含了对在突发环境事件中受到影响的环境体系本身的恢复和重建，也包含了在突发环境事件中受到损害的人与自然的关系、人与人的关系的恢复和重建。根据突发环境事件后评估的内容，恢复重建的目标和内容可分为以下三方面：

1. 损失赔偿

指依据突发环境事件损失评估的结果，对事件损失采取赔偿、补偿等经济手段，妥善解决突发环境事件对各利益相关方造成的损失，恢复社会正常秩序，避免引发社会矛盾和纠纷，尤其是要避免产生社会群体性事件，危害社会稳定。此外，对相关责任人或责任主体进行合理处罚。

2. 环境恢复

指依据污染事件环境影响评价的结果，消除突发环境事件对事发地的环境影响，恢复重建生态环境。环境恢复是突发环境事件恢复与重建的重点，是防止发生次生、衍生污染事件或者其他危害公共安全的事件的关键。环境恢复必须全面恢复、科学指导，必要时需预先编制突发事件环境恢复方案或规划，有章有序地开展环境恢复与重建工作。

3．应急管理能力提升

指依据环境应急管理全过程回顾评价的结果，总结经验教训，对地方政府、环境保护部门及其他各相关职能部门在日常管理、监督检查、应急处置等各环节存在的问题，采取措施进行改进，真正实现微观和宏观层面上环境应急工作水平和能力螺旋式上升的质的飞跃，避免再次发生类似事件。对肇事方进行整顿，提升其防范突发环境事件的意识和水平，提高其处理突发环境事件、避免影响扩散的能力，并对本地区类似风险源进行排查和处理。

三、恢复重建的原则

突发环境事件恢复重建应遵循以下四个原则：

1．政府主导，公众参与

在恢复与重建过程中，政府必须要起到主导作用，组织、协调有关部门，调动各种资源，尽快恢复生产、生活秩序，消除事件所带来的影响。

2．全面恢复，重点突出

恢复重建不仅要整体规划，全面消除事件对社会、环境、经济乃至社会公众心理的影响，还要分步实施，突出重点、兼顾一般，立足当前、着眼长远，先急后缓、统筹安排，有计划、分步骤地开展。

3．科学发展，以人为本

恢复重建必须深入贯彻落实科学发展观，坚持以人为本、尊重自然、科学重建。必须建立在科学规划的基础之上，认真做好评估等基础工作，考虑经济、社会、文化、自然等各方面因素。

4．提升能力，持续发展

恢复重建的过程，不能仅仅是消除某一次事件的消极影响，还应总结经验，吸取教训，增强预防环境风险及应对突发环境事件的能力。

四、恢复重建实施

受突发环境事件影响地区的人民政府在组织开展对突发环境事件的调查评估后，依据其结果，科学制定恢复重建规划，有针对性地予以组织实施。在环境和社会秩序恢复正常的基础上，全面提升环境应急管理能力和水平。

在恢复重建过程中，地方政府、环境保护部门、其他相关职能部门、肇事方、受害公众等各利益相关方需要各尽其责、各行其职、通力合作、协调一致，尽快尽好地完成突发环境事件恢复重建工作。

1. 地方政府

地方政府不仅在处理处置过程中担负着主导作用，在恢复重建过程中也应担负主导和协调作用。突发环境事件的灾民救助与安置、物资调运、部门协调、补偿与赔偿等工作，都需要地方政府的主导和协调。此外，地方政府还应及时发布事件信息，打消群众疑虑，保持社会稳定。

2. 环境保护部门

环境保护部门是生态环境恢复与重建工作的监督管理部门，还负责突发环境事件应急监测及持续监测，避免次生及衍生环境事故发生，并向社会公布环境影响。

3. 其他政府职能部门

民政部门应当迅速做好灾民安置和救灾款物的接收、发放、使用与管理工作，确保灾民的基本生活，并做好灾民及其家属的安抚工作。卫生部门要做好突发环境事件现场的消毒与疫情的监控工作。财政部门要做好应急处置资金准备工作。

4. 肇事方

应主动承担责任，积极配合开展恢复与重建工作，最大程度上提供人力、物力、财力，主动提供赔偿并接受惩罚。在需要及可能的情况下，应筹措资金建立环境基金，为长远的环境恢复工作提供保障。

5. 受害公众

应积极配合开展恢复与重建工作，对于所受损失提出合理的赔偿要求，避免产生过激行为。

五、恢复重建的保障

1. 组织与管理保障

突发环境事件恢复与重建工作必须有强有力的组织与管理，保障工作的顺利开展。在必要情况下，可以成立以地方政府主要领导为组长、以各相关职能部门领导为成员的领导小组，保障恢复与重建过程中各部门之间的协调一致，有分工、有合作地开展恢复与重建工作。领导小组的任务还体现在强有力的管理，有效调动所需的财力和物力进行恢复和重建工作。

2．专项资金保障

突发环境事件恢复与重建工作必须有足够的资金作保障。恢复与重建资金来源应该以地方政府财政和肇事方为主，并多方位、多渠道筹措资金，例如国家或上级政府拨款、社会捐助和贷款等。

3．监督与监测保障

上级政府部门以及领导小组应对突发环境事件恢复与重建工作进行有效监督，保障工作的顺利开展。同时，恢复与重建工作还必须主动接受社会监督，保障公平、有效地开展恢复与重建工作。环境保护部门应积极开展后续环境监测，对环境恢复与重建进行动态评价，保障生态环境恢复效果。

思考题

1．如何做好突发环境事件原始数据的记录和收集？

2．你认为为了做好突发环境事件后评估和事后恢复重建，我们还需要在法律、体制、机制等方面如何进一步完善？

第六章　中国环境应急管理展望

20 世纪 80 年代以前，"应急管理"在全球范围都是一个比较陌生的词汇，进入 80 年代中后期，除了传统的自然灾害、生产事故、交通事故灾难之外，环境污染、恐怖主义、大规模杀伤性武器扩散、公共设施瘫痪、全球性传染病蔓延等事件以不同形式频繁出现并威胁人类生命安全和社会运行秩序。突发事件的破坏性不仅仅体现在财产损失、生命伤亡或社会秩序的动荡，也破坏了政府的合法性，政府应急管理能力高低直接影响公众对政府的信任度和支持度。从 20 世纪 80 年代开始，"应急管理"在北美地区乃至其他发达国家得到政府和社会前所未有的重视。在 2003 年的 SARS 事件之后，我国环境应急管理与其他领域的应急管理一起在机构组建、制度建设等方面取得了重大进展。但是，与严峻的环境安全形势相对比，我国环境应急管理整体水平依然偏低，体制不顺、机制不畅、法律不完备等问题依然没能从根本上得以解决，突发环境事件应对能力仍然薄弱。因此，在借鉴发达国家有益经验的基础上，结合中国国情，对中国特色环境应急管理体系建设的发展方向进行分析和展望具有重要的意义。

第一节　环境应急管理近期工作重点

当前，我国环境应急管理的一些基础性、关键性工作还处于滞后甚至空白状态，突出表现为：环境风险源状况底数不清，发生突发环境事件时往往要临时调度相关信息，严重影响处置效率，更谈不上事前防范环境风险；有关风险源评估的分级分类方法亟须开展相应研究；环境应急平台尚未建立；企业环境风险隐患排查治理尚无明确标准；环境监测尚不能满足应急预警的需要；一些有毒有害污染物质的应急监测缺少相应的规范标准；应急通信、防护装备严重短缺，应急物资储备体系尚未建立等，诸多问题需要解决。

为加速推进中国环境应急管理工作的快速发展，2009 年 11 月，环境保护部印发了《关于加强环境应急管理工作的意见》（以下简称《意见》），这是环境保护部首次发布的对全国环境应急管理具有全局性、综合性和指导性的文件，对于促进全国环保系统明确目标、强化措施、完善制度、推进环境应急管理迈上新台阶具有重要意义。按照《意见》的要求，"十二五"时期我国环境应急管理工作将重点抓好以下五方面的工作：

（1）完善环境应急管理政策法规体系。抓紧制定《环境应急管理办法》，明确环境保护部门、政府相关部门、企业以及社会公众在环境应急过程中的职责定位，理顺综合监管与专业监管、不同层级监管之间的关系，建立环境应急管理的基本制度。修订《环境保护主管部门突发环境事件信息报告办法（试行）》，制定突发环境事件应急预案管理办法等规章制度，进一步完善相关制度和程序，促进环境应急管理工作走上法制化、规范化的轨道。加快建立环境污染责任保险制度，建立健全污染损害评估和鉴定机制。

（2）健全突发环境事件应急预案体系。环境保护部将发布实施《国家突发环境事件应急预案（修订稿）》和《突发环境事件应急预案管理办法》，各地要结合自身实际尽快修订和完善有关应急预案，建立应急预案动态管理制度。环境保护部门要加强与行业管理部门合作，制定分行业和分类的环境应急预案编制指南，指导企业找准环境风险环节，完善企业环境应急预案。实行预案动态管理，建立企业、部门预案报备制度，规范预案编制、修订和执行工作，提高预案的针对性、实用性和可操作性。针对区域的地理环境、企业污染类型等实际情况，特别是针对辖区内重点风险源及环境敏感区域，定期组织开展多种形式的预案演习，促进相关单位部门之间的协调，提升突发环境事件应急准备、响应以及应急联动水平。加强预案制定和演习过程中的公众参与。

（3）推进环境应急管理体制建设。按照国家统一领导、综合协调、分类管理、分级负责、属地管理为主的应急管理体制总体要求，理顺环境应急管理体制。制定《全国环境保护部门环境应急管理工作规范》，明确各级环境保护部门及其内部各部门日常环境应急管理职责，以及在突发环境事件应对工作中的职责。重点加强省（自治区、直辖市）、省辖市和重点县（区、市）环境应急管理能力和人员力量，切实解决环境应急管理力量不足等问题。各省级环境保护部门要按照《国务院办公厅关于加强基层应急队伍建设的意见》，认真研究制定本辖区基层环境应急队伍建设的具体措施，加强对基层环境应急队伍建设的指导。建立一套完善的以环境保护部环境应急中心、环境保护督查中心、省级应急管理机构为主线的自上而下的国家—区域—省级三级应急管理机构体系。

（4）创新环境应急管理联动协作机制。在突发环境事件应对过程中，参与主体是多样的，既有属地政府及政府部门、上级部门，也有企事业单位、相关救援单位，要实现"反应灵敏、协调有序、运转高效"的应急机制，必须在政府统一领导下，通过建立有效的联动协作机制，形成综合协调的应对能力。① 按照全过程管理的要求，完善内部应急管理工作机制。在规划环评和建设项目环评审批时，都要充分评估环境本底、区域容量、人体危害以及污染物富集等问题，对防范环境风险提出明确的要求；要将减少污染物产生作为减少突发环境事件的重要途径，实施总量控制管理、排污许可证管理等都要体现应急管理的要求；日常执法监督要把应急管理作为重要内容，督促企业切实实施环境风险防范措施；积极开展应急状态下环境标准、监测规范的研究，为应急管理提供科学可靠的支撑；促进交界区域环境保护部门建立跨界环境风险信息互通，实现信息共享、联动联控，强化跨界环境风险的联防联控。② 加强与其他部门交流，建立长效联动机制。建立联动机制，关键是明确有关政府和部门职责，建立信息沟通机制，加强人力、物力、技术等保障。相关地区环境保护部门要协商建立区域、流域联动机制；环境保护部门与发展改革、工商管理、交通、公安、安监、水利、气象、医疗卫生等相关职能部门建立联动机制；大力推进与公安消防部门等综合性及专业性应急救援队伍建立长效联动机制；积极探索依托大中型企业建立专业环境应急救援队伍，促进环境应急救援工作专业化和社会化。与发展改革、工商管理、行业管理等部门建立联动机制，加强"高污染、高环境风险"行业环境安全管理；与交通、公安、安监等部门建立联动机制，加强危险化学品和危险废物运输中的环境管理；与水利部门协调沟通，互相通报重点流域、集中式饮用水源地等有关信息。建立健全预防和处置跨界突发环境事件的长效联动机制。

（5）推动环境应急管理能力建设。通过加强能力建设带动环境应急管理体制、机制各方面工作，是推动环境应急管理最直接、最有力的举措。在人员方面，加强县市级基层环境监察、监测队伍人员能力的提高，建立环境应急专家队伍，试点建设具有一定能力的环境应急预警队伍，建立多个部门参与的综合联动应急队伍以及社会力量参与的多元化社会环境应急人员队伍。建立地区环境应急人员信息库。在装备方面，地域上以东部、中部、西部为标准，层级上以省、市、县为分类，人员上以环境监测、环境监察为区别全面推进环境应急装备标准化建设和针对性建设，重点开展有机物、有毒有害气体、重金属泄漏报警及处置成套设备研发，开展应急人员防护、救生、交通等设备的改进与研发以及开展环境应急指挥协调系统装备改进与研发。在预警预测能力上，建立污染物全过程申报—登记—跟踪制度，加强敏感地区环境监控；开展重点区域、流域以及环境敏感地区环境风险管理的试点和示范研究，开展农药等环境风险大的典型行业环境隐患分级标准体系建设研究以及相关环境隐患排查技术指南研究；构建基于多级基础数据库支持的风险信息研判、报送、预警发布系统与平台，建立国家级—省级—市级三级预警体系。在资源储备方面上，开展市、省、区域三级环境应急救援资源储备体系及调配网络建设；开展省级环境应急救援资源信息库、区域环境应急救援资源信息库及国家环境应急救援资源信息库建设，建立不同层次环境应急救援资源信息库。在支撑技术方面，建立环境应急能力评估机制，定期开展全国环境应急能力评估，以科学指导各地环境应急能力建设；制定《全国环境应急能力建设标准》，指导各地环境应急能力建设；加强环境应急科学技术研发，特别是有毒有害物质报警及处置技术研究；建立以地理信息系统为基础的环境应急管理信息平台体系等。

第二节　远期设想和展望

环境应急管理工作对于我国政府和公众还是一项崭新的工作，现有的法律、法规和应急预案只是确立了宏观应急管理乃至处置的原则，但仍有许多具体的工作领域还亟待确立和发展，需要我们在长期的实践工作中不断认识并予以完善。

（1）建立多主体共同参与的突发事件应对体系。现行的应急预案制度以及《突发事件应对法》所确立的应急体制应有的组织、协调和防范作用并没有在实际工作中完全发挥出来，真正的应急工作还是依靠目前高度统一和一元化的党政领导体制来完成。突发事件应对的体制还呈现高度分割化的特征，每一个部门只应对一个特定的行业或某种特殊的自然灾害，应对各种自然灾害的全国协调机制薄弱。因此，要在环境应急管理体制建设中确立多主题参与的原则，重视应急管理领域民间团体、商业力量和国际组织的作用，在强化部门合作、联动机制的同时，引入民间社会自治与自救机制，建立环境应急管理国际合作机制，在民间乃至国际形成关于环境应急管理的研究、交流和合作制度。如突发环境事件发生时，在较短时间内向民间和国际发出求援信息；同时，在能力许可范围内尽可能地向需要紧急援助的其他国家提供支持。环境应急管理的国际合作制度不仅可以加快突发环境事件处置进程、降低损失，也有助于赢得国内、国际舆论的支持，促进交流和理解，塑造良好的国家形象。引入、运用商业力量包括很多方面，其中迫切需要引起注意的是充分运用商业保险资源；在高环境风险地区，应由政府部门出面组织参与商业保险，为污染损失赔偿、应急处置补偿等提供可靠的资金保障。

（2）建立现代化的应急物资储备和物流系统。古语说："兵马未动，粮草先行。"强有力的物资保障是有效处置重特大突发环境事件的物质基础。我们迫切需要探索一条以最小实物储备量和最大能力储备量，来有效应对最复杂突发环境事件的路子。因此，在今后的工作过程中，建立动态化、扁平化的应急物资储备机制是做好环境应急管理工作的重要内容。应急物资保障可以分为储备、筹调、供应、补充四个环节。这四个环节中，目前比较薄弱的环节是物资储备和应急物流系统。物资储备环节中，目前多数采取的是实物储备，能力储备尚未得到充分重视。能力储备通过建立快速反应的生产系统可以有效降低实物储备的成本，主要采取采购合同和持有两种形式储备应急物资的产能，又称合同储备。应急物流系统是应急物资保障的执行系统，完成物资的供应、运输、保存、配送和分发等工作，联系供应方和需求方，与物资调度中心、储备与生产方共同组成应急物资保障系统。在应急物资的实物储备方式上，要实行市场化储备和政府储备相结合，从单一的政府行为转变为政府主导、全民参与。应急物流虽然要以政府为主导，但仍需要社会各界的广泛参与。其中，鼓励第三方物流企业的加入应是政策设计的重点。第三方物流因其拥有专业化的设施设备和人才，必定会大幅提高应急物流的运行效率，降低运行成本。

（3）建立公开、透明的信息发布平台。作为中国政治改革的一项重要内容，党的十七大明确提出要保障公民的知情权、表达权、监督权和参与权。如何通过有效的危机传播化危机为转机，是政府、媒体应当认真对待、大胆探索的一个重要问题。随着经济社会快速发展，我国已经迈入一个高度"媒介化"的社会阶段。以互联网为代表的"网络媒介"和以手机为代表的"随身媒介"的兴起，把人们裹挟到一个媒介高度饱和的生存状态。在这个高度"媒介化"的社会中，大众传媒由边缘走向中心。在突发事件的处理过程中，大众媒介拥有了强大的话语权和影响力，这就要求我们不断提高应急信息发布机制的科学性。突发环境事件的信息发布机制包括几个核心的支撑结构，即应急信息处置机制、境内外舆情收集研判机制、信息发布协调机制和媒体管理机制。这些机制形成一个系统，有效地支撑突发环境事件信息发布工作的顺利开展，也保证了其他应急工作的有序进行。应急信息处置是指突发环境事件发生后，相关政府部门需要迅速做出反应，协调好各方面力量以应对事件所带来的一切负面后果，并遵行"第一时间原则"立即启动相关新闻处置应急预案，向媒体和公众发出权威的声音，控制舆论制高点。通过境内外舆情收集研判工作可准确地掌握当前媒体和公众最关注的问题，以及对政府处理此事件的满意度。政府部门则可据此调整政策、发布新闻、与媒体公众沟通，达到改善政府执政形象的目的。信息通报核实机制主要包括规定信息通报、核实的责任人，从制度上确保通报、反馈上来的信息是真实的。环境应急管理需要充分协调突发环境事件中多元利益相关者的不同反应和要求，妥善处理需要发布的信息。信息发布协调机制是在突发环境事件发生后，政府在深入调研和充分沟通的基础上及时了解核心利益相关者、次核心利益相关者及边缘利益相关者的不同反应，把握他们有形和无形的要求，然后通过对新闻信息的过滤、综合和解析，做出适当的反应，为不同群体的利益平衡寻求公共支点。

（4）提高全社会突发事件应对能力。有学者研究表明，中国民众的应急知识、应急心理、应急能力与发达国家相比有较大差距，在全民范围内普及应急教育和能力培训将是环境应急管理工作的一项长期而艰巨的内容。加强环境应急教育要突出主体的全面性，具体说，教育的主题包括实践活动的组织者、指挥者和管理者。广义上的环境应急教育主题包括家庭、社区、大众媒体、政府、企业以及非营利组织。由于不同的对象自身的特点、面临的危机情境以及在应急管理和教育中的角色与功能的不同，教育对象是广泛的，内容也是多层次的。具体内容要包括意识教育、管理教育、知识与技能教育。全面的环境应急教育，要求不同的教育主体针对不同层次的教育对象，以及不同的内容采用宽泛的教育策略、方法与方式。面对全体公民要采用广泛的宣传教育方法，通过媒体、公益广告进行基本应急教育，还可以建立专业网站，为公众提供一个网络信息交互学习的平台。在面对学生、军队、专业机构和人员时，可以采用系统的课程教育、情景演习、案例教学和调查法，进行深层次的环境应急教育。

（5）建立环境污染损失赔偿制度。环境责任保险作为对环境污染损害的救济方式，将所有环境污染损害都纳入环境责任保险的承保范围，无疑是最为理想的。但鉴于我国保险业的发展水平、环境污染的现状及相关民事法律的完善程度，将突发性的环境污染事故纳入环境责任保险的承保范围是较为适宜可行的。待条件成熟后，再将持续性的环境污染事故纳入承保范围。这类似于法国"分步走"的做法。当然，扩大承保范围是大势所趋。但这势必会增加保险公司的风险，使他们出于自身利益的考虑而有可能不愿承保。所以为了鼓励保险公司承保持续性的环境污染事故，需要政府在政策上予以扶持。

目前，环境污染责任保险在我国还处于试点推广阶段。原国家环保总局和中国保监会于 2007 年 12 月联合发布了《关于环境污染责任保险的指导意见》（以下简称《指导意见》），正式确立了建立环境污染责任保险制度的路线图。《指导意见》要求在生产、经营、储存、运输、使用危险化学品的企业，易发生污染事故的石油化工企业和危险废物处置企业特别是近年来发生重大污染事故的企业和行业开展试点工作。

实行环境污染责任保险，从表面上看，是企业为易发的污染事故事先支付了费用，一旦发生环境污染事故，造成的损失将由保险公司来埋单，以确保生态环境或者受害方能够得到及时补偿。但是，企业的环境责任和忧患意识反而需要增强，因为一旦发生污染事故，企业的污染责任是转嫁不出去的，肯定还会落到企业的头上。如果出现了重大环境污染事故，还会追究企业领导的刑事责任。所以，从严格意义上说，推行环境污染责任保险制度，不是放松对企业排污行为的管理，而是更多了一份严格约束排污行为的责任。对那些易发生污染事故的高危企业来说，强制推行环境污染责任保险，说到底，还是对企业的生存与发展负责。一旦出现了重大污染事故，从支付赔偿到经济重罚等，有可能使得企业倾家荡产，甚至被当地政府责令关闭。企业加入了环境污染责任保险，不但使企业理赔有了保障，填补了"谁来埋单"的空缺，维护了社会安定秩序，也有利于企业的生存。

思考题

1. 我国环境应急管理建设取得的成果及存在的薄弱环节有哪些？
2. 我国环境应急管理的发展趋势包含哪些方面？
3. 你对我国环境应急管理工作的发展有哪些想法和建议？

参考文献

[1] 张力军.在全国环境应急管理工作会议暨国家环境应急专家组成立大会上的讲话.2009，12.

[2] 田为勇.积极探索环境保护新道路加快建设环境应急管理体系. 环境保护，2010（1）.

[3] 张迅，毛剑英. 推进环境应急管理迈上新台阶——解读《关于加强环境应急管理工作的意见》. 环境保护，2010（2）.

[4] 金辉. 浅谈对突发性环境污染事故的应急监测[J]. 内蒙古环境保护，2000，12（3）：29-30.

[5] 岳英. 关于建立我省农业环境污染事故处理制度的探讨[J]. 云南农业. 1998（6）：23-24.

[6] 李大秋，王东海. 环境污染事故与可持续发展[J]. 山东环境，1997，81（6）：31-32.

[7] 林玉锁，徐亦钢，等. 农药环境污染事故调查诊断方法研究[J]. 湖北农业科学，2000，4：137-144.

[8] 钟善锦. 突发性环境污染事故的对策[J]. 环境监测管理与技术，2000，12（6）：9-11.

[9] 刘凤喜，腾键. 重大环境污染事故危害后果评估方法的探讨[J]. 辽宁城乡环境科技，2003，19（6）：63-65.

[10] 刘诗飞，詹予忠. 重大危险源辨识及危害后果分析[M]. 北京：化学工业出版社，2004.

[11] 突发事件应急演练指南. 2009.

[12] 国家突发环境事件应急预案. 2006.

[13] 三峡库区及其上游水环境污染事件应急预案. 2007.

[14] 重庆市三峡库区流域水环境突发公共事业应急预案. 2007.

[15] 环境保护部关于加强环境应急管理工作的意见. 2009.

[16] 重庆市重特大环境污染和生态破坏事故灾难应急预案. 2009.

[17] 重庆市核安全事故灾难应急预案. 2009.

[18] 陆新元. 环境应急响应实用手册. 北京：中国环境科学出版社，2007.

[19] 环境保护部环境应急与事故调查中心. 我国环境应急管理的有关问题.

[20] 环境保护部环境监察局. 环境监察. 北京：中国环境科学出版社，2002.

[21] 万本太. 突发性环境污染事故应急监测与处理处置技术. 北京：中国环境科学出版社，1996.

[22] 李国刚. 环境化学污染事故应急监测技术与装备. 北京：化学工业出版社，2005.

[23] 傅桃生. 突发性环境污染事故应急监测与处理处置技术及 500 典型案例分析. 北京：中国环境科学出版社，2006.

[24] 陈海群，王凯全. 危险化学品事故处理与应急预案. 北京：中国石化出版社，2005.

[25] 消防工作应急预案编制与培训考核达标实用手册. 2007.

[26] 张慧. 突发环境事件应急监测演习脚本的编写. 环境监测管理与技术，2009，21（1）.

[27] ER-1363596 突发事件应急预案编制与演习操作规范实用手册. 2007.

[28] 报告环境污染与破坏事故的暂行办法. 1987.

[29] 农业环境监测报告制度. 1991.

[30] 广东省环境污染与生态破坏事故应急方案. 2004.

[31] 广州市环境污染事故防范及处理办法. 1996.

[32] 宣武区环境污染与破坏事故应急预案. 2004.

[33] 王亚军，黄平. 2002 年 1—4 月国内环境事件数据[J]. 安全与环境学报，2002，2（3）：61-64.

[34] 王亚军，黄平. 2002 年 5—8 月国内环境事件数据[J]. 安全与环境学报，2002，2（5）：59-64.

[35] 王亚军，黄平. 2002 年 5—8 月国内环境事件数据[J]. 安全与环境学报，2002，2（5）：59-64.

[36] 王亚军，黄平，等. 2002 年 9—12 月国内环境事件数据[J]. 安全与环境学报，2003，3（1）：77-80.

[37] 李生才，王亚军，等. 2003 年 1—4 月国内环境事件数据[J]. 安全与环境学报，2003，3（3）：78-80.

[38] 李生才，王亚军，等. 2003 年 5—8 月国内环境事件数据[J]. 安全与环境学报，2003，3（5）：75-80.

[39] 李生才，王亚军，等. 2003 年 9—12 月国内环境事件数据[J]. 安全与环境学报，2004，4（1）：93-96.

[40] 李生才，王亚军，等. 2004 年 1—4 月国内环境事件数据[J]. 安全与环境学报，2004，4（3）：92-96.

[41] 国务院第 34 号令. 特别重大事故调查程序暂行规定. 1989.

[42] 国务院第 75 号令. 企业职工伤亡事故报告和处理规定. 1991.

[43] 企业职工伤亡事故报告统计问题解答的通知. 1993.

[44] 海洋石油事故报告和调查处理指导意见（安监总海油字[2005]56 号）. 2005.

[45] 化工企业重大污染事故报告和处理制度. 1987.

[46] 中华人民共和国刑法（修改）第 338 条. 1997.

[47] 人民检察院直接立案侦查的渎职侵权重特大案件标准. 2001.

[48] 环境污染与破坏事故新闻发布管理办法. 2002.

[49] 国家突发环境事件应急预案. 2004.

[50] 美国劳工部职业安全卫生管理局（OSHA）. 高度危害化学品处理过程的安全管理（PSM）
      标准[M]. 1992.

[51] 国际劳工组织. 重大事故控制实用手册. 1988.

[52] 国际劳工组织. 重大工业事故的预防. 1991.

[53] 国际劳工组织. 预防重大工业事故公约. 1993.

[54] 常用危险化学品的分类及标志（GB 13690—92）. 1992.

[55] 美国环境保护署（EPA）. 预防化学泄漏事故的风险管理程序（RMP）标准. 1992.

[56] 建筑业企业资质管理规定实施意见（建办建[2001]）. 2001.

[57] 胡二邦. 环境风险评价实用技术和方法[M]. 北京：中国环境出版社，2001.

[58] 国家安全生产监督管理局. 危险化学品安全评价[M]. 北京：中国石化出版社，2002.

[59] 建设项目环境风险评价技术导则（HJ/T 169—2004）. 2004.

[60] 北京市安全生产监督管理局关于印发北京市特大生产安全事故应急救援预案的通知. 2004.

[61] 杨陵区人民政府办公室关于进一步规范生产安全事故快报制度的通知. 2005.

[62] 1996 年中国环境状况公报. 1997.

[63] 方达富，方向亮，等. 论农业污染事故和纠纷及其协调解决[J]. 湖北农业科学. 1994(6)：50-51.

[64] 王琪. 突发性环境污染事故及其防范对策[J]. 环境保护，1997（6）：8-9.

[65] 职音. 对突发性环境污染事故及其应急监测的几点认识[J]. 黑龙江环境通报，2000，24（1）：
      56-58.

[66] 熊德琪，陈钢，等. 重大环境污染事故风险模糊排序方法研究[J]. 中国工程科学，2001，3
      （8）：46-50.

[67] 侯国祥，郑文波，等. 一种河流中突发污染事故的模拟模型[J]. 环境科学与技术，2003，26
      （1）：9-12.

[68] 王凤林，毕彤，等. 突发性环境污染事故大气扩散数学模型初探[J]. 辽宁城乡环境科技，
      2000，20（2）：35-37.

[69] 熊飚，陈炎，等. 突发污染事故易发薄弱环节分析[J]. 环境科学与技术，2003，26（3）：23-25.

[70] 黄学军，张仁泉. 苏州市环境污染事故应急监测系统的建立与实施[J]. 环境监测管理与技
      术，2002，14（2）：5-9.

[71] 张维新，熊德琪，等. 工厂环境污染事故风险模糊评价[J]. 大连理工大学学报，1994，34（1）：
      38-44.

[72] 刘国东，宋国平，等. 高速公路交通污染事故对河流水质影响的风险评价方法探讨[J]. 环境

科学学报，1999，19（5）：572-575.

[73] 齐邦智，贺新展，等. 重大环境污染事故隐患风险评价指标体系研究[J]. 辽宁城乡环境科技，1996，16（4）：30-33.

[74] 姚丽文. 江西省环境污染与破坏事故类型特征分析及对策[J]. 环境与开发，2001，16（4）：53-54.

[75] 林香民，李建峰. 重大危险源辨识的模糊性与分级控制管理[J]. 安全与环境学报，2003，3（6）：3-5.

[76] 吴宗之. 重大危险源控制技术研究现状及若干问题探讨[J]. 中国安全科学学报，1994，4（2）：17-22.

[77] 张稳婵. 光化学烟雾及防治对策的探讨[J]. 太原师范学院学报（自然科学版），2003，2（3）：69-71.

[78] 陈尧. 中国近海石油污染现状及防治[J]. 工业安全与环保，2003，29（11）：20-24.

[79] 黄良民，黄小平，等. 我国近海赤潮多发区域及其生态学特征[J]. 生态科学，2003，22（3）：252-256.

[80] 陆均天，邹旭恺，等. 近 3 年我国沙尘天气较频繁发生的原因分析[J]. 气候与环境研究，2003，8（1）：107-113.

[81] 高明和，高云，等. 农业污染事故的发生规律及防范措施[J]. 农业环境与发展，2000，65（3）：10-11.

[82] 郑明强，庄小洪. 建立港口危险化学品事故应急预案的构想[J]. 交通环保，2003，24（3）：22-25.

[83] 李一. 重大危险源等级，评估和定级方法介绍[J]. 职业卫生与应急救援，2000，18（4）：217-219.

[84] 钟茂华，温丽敏，等. 关于危险源分类与分级探讨[J]. 中国安全科学学报，2003，13（6）：18-20.

[85] 李一铷. 火灾、爆炸危险评价方法选择及介绍[J]. 劳动保护科学技术，2000，20（1）：43-46.

[86] 郑一生，吴飞，等. 吉林省饮用水污染事故分析[J]. 中国卫生工程学，2002，1（1）：26-27.

[87] 杭州市环境保护局. 杭州市突发性环境污染事故应急监测预案[M]. 2004.

[88] 莫晓敏. 1999 年 1 月～3 月广西西江水系水污染事故原因分析[J]. 广西水利水电，1999，3：66-69.

[89] 陈晶中，陈杰，等. 土壤污染及其环境效应[J]. 土壤，2003，35（4）：298-303.

[90] 贾建业，汤艳杰. 土壤污染的发生因素与治理方法[J]. 热带地理，2003，23（2）：115-122.

[91] The European Chemical Industry Federation. CEFIC Views on the Quantitative Assessment of Risks from Installations in the Chemical Industry[M]. 1986.

[92] Canadian Environmental Protection Act，National Environmental Emergencies Contingency Plan[M]. 1999.

[93] UNEP. Awareness and Preparedness for Emergencies at Local Level –UNEP's APELL Programme[M]. 1998.

[94] UNEP. Management of Industrial Accident Prevention and Preparedness[M]. 1996.

[95] UNEP. APELL Handbook[M]. 1988.

[96] UNEP. Hazard Identification and Evaluation in a Local Community[M]. 1992.

[97] UNEP. APELL for Mining[M]. 2001.

[98] UNEP. TransAPELL[M]. 2000.

[99] UNEP. APELL for Port Areas[M]. 1996.

[100] UNEP. Health Aspects of Chemical Accidents[M]. 1994.

[101] UNEP. Manual for the Classification of Risks Due to Major Accidents in Process and Related Industries[M]. 1996.

[102] UNEP. LP Gas Safety, Guidelines for Good Safety Practice in the LP Gas Industry[M]. 1998.

[103] OECD. OECD Guiding Principles for Chemical Accident Prevention, Preparedness and Response[M]. 1992.

[104] UNEP. Classification of Radioactive Waste[M]. 1994.

[105] Transport Canada(TC), the U. S. Department of Transportation(DOT)and the Secretariat of Transport and Communications of Mexico（SCT）. The 2000 Emergency Response Guidebook[M]. 2000.

[106] UNEP. Environmental management in Oil and Gas Exploration and Production[M]. 1993.

[107] UNEP. Tasman Spirit Oil Spill--Assessment Report[M]. 2003.

[108] OECD. International Directory of Emergency Response Centres for Chemical Accidents[M]. 2002.

[109] ATSDR and the EPA. The Comprehensive Environmental Response, Compensation, and Liability Act（CERCLA）[M]. 1999.

[110] UNEP. Management of Industrial Accident Prevention and Preparedness[M]. 1996.